Spark 大数据分析实务

Big Data Analysis with Spark

郑浩森　张荣 ◉ 主编
张良均　杨树例　陈国珍 ◉ 副主编

人 民 邮 电 出 版 社
北 京

图书在版编目（CIP）数据

Spark大数据分析实务 / 郑浩森，张荣主编. -- 北京：人民邮电出版社，2024.7
大数据技术精品系列教材
ISBN 978-7-115-64140-3

Ⅰ. ①S… Ⅱ. ①郑… ②张… Ⅲ. ①数据处理软件－教材 Ⅳ. ①TP274

中国国家版本馆CIP数据核字(2024)第067939号

内 容 提 要

本书以 Spark 大数据分析的常用技术与真实项目相结合的方式，深入浅出地介绍 Spark 大数据分析的重要内容。全书共 8 个项目，内容包括广告流量检测违规识别流程分析、Spark 大数据环境安装搭建、基于 Hive 实现广告流量检测数据存储、基于 Spark SQL 实现广告流量检测数据探索分析、基于 Spark SQL 实现广告流量检测数据预处理、基于 Spark MLlib 实现广告流量检测违规识别模型构建与评估、基于 Spark 开发环境实现广告流量检测违规识别，以及基于 TipDM 大数据挖掘建模平台实现广告流量检测违规识别。本书项目 2～项目 7 都包含知识测试和技能测试，通过练习和操作实践，读者可巩固所学的内容。

本书可以作为大数据分析相关课程的教材，也可以作为数据分析爱好者的自学用书。

◆ 主　　编　郑浩森　张　荣
副 主 编　张良均　杨树例　陈国珍
责任编辑　初美呈
责任印制　王　郁　焦志炜

◆ 人民邮电出版社出版发行　　北京市丰台区成寿寺路 11 号
邮编　100164　　电子邮件　315@ptpress.com.cn
网址　https://www.ptpress.com.cn
保定市中画美凯印刷有限公司印刷

◆ 开本：787×1092　1/16
印张：15.5　　2024 年 7 月第 1 版
字数：362 千字　　2024 年 7 月河北第 1 次印刷

定价：59.80 元

读者服务热线：(010)81055256　印装质量热线：(010)81055316
反盗版热线：(010)81055315
广告经营许可证：京东市监广登字 20170147 号

大数据技术精品系列教材

专家委员会

序

随着大数据时代的到来，电子商务、云计算、互联网金融、物联网、虚拟现实、人工智能等不断渗透并重塑传统产业，大数据当之无愧地成为新的产业革命核心，产业的迅速发展使教育系统面临着新的要求与考验。

职业院校作为人才培养的重要载体，肩负着为社会培育人才的重要使命。职业院校做好大数据人才培养工作，对职业教育向类型教育发展具有重要的意义。2016年，中华人民共和国教育部（以下简称"教育部"）批准职业院校设立大数据技术与应用专业，各职业院校随即做出反应，目前已经有超过800所学校开设了大数据相关专业。2019年1月24日，中华人民共和国国务院印发《国家职业教育改革实施方案》，明确提出"经过5～10年时间，职业教育基本完成由政府举办为主向政府统筹管理、社会多元办学的格局转变"。2021年10月12日，中华人民共和国中央办公厅、国务院办公厅印发了《关于推动现代职业教育高质量发展的意见》，提出了"职业教育是国民教育体系和人力资源开发的重要组成部分，肩负着培养多样化人才、传承技术技能、促进就业创业的重要职责"。

实践教学在职业院校人才培养中有着重要的地位，是巩固和加深理论知识的有效途径。目前，部分高校教学体系配置过多地偏向理论教学，课程设置与企业实际应用契合度不高，学生很难把理论转化为实践应用技能。为此，广东泰迪智能科技股份有限公司与人民邮电出版社共同策划了"大数据技术精品系列教材"，希望能有效解决大数据相关专业实践型教材紧缺的问题。

本系列教材的第一大特点是注重学生的实践能力培养，针对高校实践教学中的痛点，首次提出"鱼骨教学法"的概念，携手"泰迪杯"竞赛，以企业真实需求为导向，使学生能紧紧围绕企业实际应用需求来学习技能，将学生需掌握的理论知识通过企业案例的形式进行衔接，达到知行合一、以用促学的目的；第二大特点是以大数据技术应用为核心，紧紧围绕大数据应用闭环的流程进行教学。本系列教材涵盖了企业大数据应用中的各个环节，符合企业大数据应用的真实场景，使学生从宏观上理解大数据技术在企业中的具体应用场景和应用方法。

在深化教师、教材、教法“三教”改革的人才培养实践过程中，本系列教材将根据读者的反馈意见和建议及时改进、完善，努力成为大数据时代的新型“编写、使用、反馈”螺旋式上升的系列教材建设样板。

教育部计算机职业教育教学指导分委员会委员
中国计算机学会职业教育发展委员会副主席

2022 年 4 月于粤港澳大湾区

前　言

近年来，大数据、云计算、人工智能等数字技术与各行业加速融合，数字经济快速发展，数字经济深化发展的核心引擎是数据要素。企业急需具有数据分析技术能力的人才，以便在数字经济浪潮中保持竞争优势。然而，数据源多变、数据量巨大、处理速度缓慢和计算能力不足等问题，使得企业难以用传统的数据分析方法有效分析和利用海量数据。Spark 作为一种快速、通用的大数据分析框架，具有兼容多种数据源、支持内存计算、支持分布式计算和可扩展性等优点，得到了广泛的认可和应用。为贯彻落实党的二十大提出的“全面贯彻党的教育方针，落实立德树人根本任务，培养德智体美劳全面发展的社会主义建设者和接班人”要求，本书以社会主义核心价值观为引领，加强基础研究、发扬斗争精神，通过理论结合实践的方式，带领初学者快速掌握 Spark 在数据分析方面的基本技能，为发展新质生产力，建设社会主义文化强国、数字中国添砖加瓦。

本书特色

- 落实立德树人根本任务。本书每个项目都融入素质目标，教导学生遵纪守法，养成敬业、精益、专注、创新的工匠精神，树立正确的职业观念。
- 企业真实项目贯穿全书。本书通过一个企业真实项目，按照大数据分析的流程详细地讲解需求分析、数据存储、数据探索分析、数据预处理、模型构建与评估以及模型应用等环节。
- 以项目为导向。本书项目均由项目背景、项目目标、目标分析、知识准备、项目实施、项目总结等构成，让读者对实际项目的流程有初步的认识。
- 将拓展与巩固结合。本书每个项目（项目 1、项目 8 除外）均包含技能拓展，用于讲解项目中没有涉及的知识，以丰富读者的知识。在每个项目（项目 1、项目 8 除外）的最后添加知识测试和技能测试，以帮助读者巩固所学知识，实现真正理解并应用所学知识。

本书适用对象

- 院校中学习 Spark 大数据分析相关课程的学生。

- Spark 大数据分析应用的开发人员。
- 进行大数据分析应用研究的科研人员。

代码下载及问题反馈

为了帮助读者更好地使用本书，本书配有原始数据文件、代码，以及 PPT 课件、教学大纲、教学进度表和教案等教学资源，读者可以从泰迪云教材网站免费下载，也可登录人邮教育社区（www.ryjiaoyu.com）下载。

本书由郑浩森、张荣任主编，张良均、杨树例、陈国珍任副主编，此外李炳武、关安青、龙镇伟也参与了本书的编写，不足之处敬请批评指正。如果读者有更多的宝贵意见，欢迎在泰迪学社微信公众号（TipDataMining）回复“图书反馈”进行反馈。更多本系列图书的信息可以在泰迪云教材网站查阅。

编　者

2024 年 1 月

泰迪云教材

目 录

项目 1 广告流量检测违规识别流程分析

【教学目标】

1. 知识目标

（1）了解大数据的概念和特征。

（2）了解常见的广告流量违规方式。

（3）了解广告流量检测违规识别项目的流程分析。

2. 技能目标

（1）能够根据项目目标进行流程分析。

（2）能够根据业务需求设计项目总体流程。

3. 素质目标

（1）具有良好的信息素养，能够运用正确的方法获取信息进行学习。

（2）具有良好的信息接收能力，能够掌握新知识、新技能。

（3）具有数据安全意识，能够抵制不合法行为，保障多方的数据安全。

【思维导图】

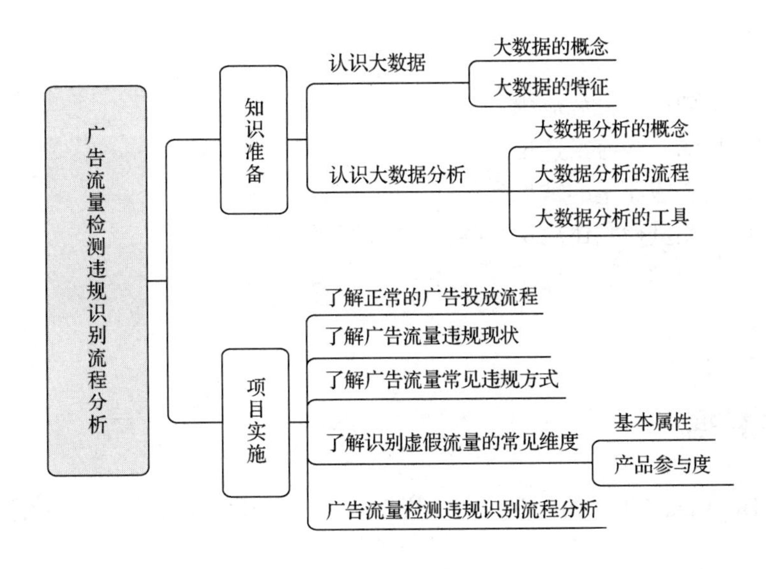

【项目背景】

进入 21 世纪以后，互联网技术得到快速的发展，信息的传播途径丰富起来。今天，互联网的信息流通量已经远超过电视、广播、报刊等传统媒体的信息流通量。随着互联网用户基数不断增大，使用媒体网站对商品进行广告宣传屡见不鲜。

广告主希望通过互联网投放广告，将商品信息传达给目标受众，以此促进商品销售，获取更大利益。媒体网站希望通过提高网站访问量，增加网站内广告的访问次数，产生更多流量数据。浏览量大的网站往往是广告主的第一选择，足够大的浏览量与点击量是商品宣传效果的最大保障。广告给网站带来大量访问量的同时，网站也可能会对广告主收取更高的广告费。

根据秒针系统发布的《2022 流量实效现状及 2023 实操建议》，2021 年互联网广告异常流量占比为 10.1%，2022 年互联网广告异常流量占比为 9.6%，相比 2021 年降低了 0.5 个百分点，但中国互联网广告异常流量占比近 1 成，形势依旧严峻。

部分网站受利益的驱使，为吸引更多广告主的注意，提高自己广告位的价值，会通过违规方式产生虚假流量，以牟取暴利。虚假流量的存在会给广告主带来严重的损失。面对虚假流量这种违规、不合法的行为，每个人都有责任站出来，勇敢地与这种不法行为作斗争，并运用法律武器来保护自己和他人，为实现全面依法治国贡献自身力量。

为减少投放广告的损失，广告主不得不找第三方广告数据监测公司，利用广告监测系统对广告虚假投放、虚假流量进行检测和管理等。广告数据监测公司将根据广告主需求，通过广告流量检测违规识别流程分析，实现广告流量检测违规识别流程的构建，为后续广告流量检测违规识别模型构建做基础准备。

【项目目标】

了解在互联网中常见的广告流量违规方式，结合广告流量检测违规识别案例的需求分析，为后续广告流量检测违规识别项目的实现做好前期准备。

【目标分析】

（1）了解正常的广告投放流程。
（2）了解常见的广告流量违规方式。
（3）了解识别虚假流量的常见维度。
（4）设计广告流量检测违规识别案例的实现流程。

【知识准备】

一、认识大数据

大数据（Big Data）被认为是继人力、资本之后一种新的非物质生产要素，蕴含巨大价值，是不可或缺的战略资源。各类基于大数据的应用正日益对全球生产、流通、分配、消费活动以及社会生活方式产生重要影响。

（一）大数据的概念

尽管“大数据”一词早在20世纪80年代就已提出，并于2009年开始成为IT（Information Technology，信息技术）行业的流行词，但作为一个较为抽象的概念，业界至今没有对“大数据”给出一个确切、统一的定义。目前，大数据的几个较为典型的定义如下。

（1）网络上普遍流行的大数据定义为：在合理的时间内，无法运用传统的数据库管理工具或数据处理软件完成数据捕获、管理和处理等功能的大型、复杂的数据集。

（2）麦肯锡公司对大数据的定义为：在一定时间内无法用传统数据库软件工具采集、存储、管理和分析其内容的数据集合。

（3）研究机构Gartner认为：大数据是指需要借助新的处理模式才能拥有更强的决策力、洞察力和流程优化能力的，具有海量、多样化和高增长率等特点的信息资产。

（二）大数据的特征

大数据在数据层次的特征是最先被整个大数据行业所认识、定义的，其中最为经典的是大数据的“4V”特征，即规模庞大（Volume）、种类繁多（Variety）、处理速度快（Velocity）、价值密度低（Value），如图1-1所示。

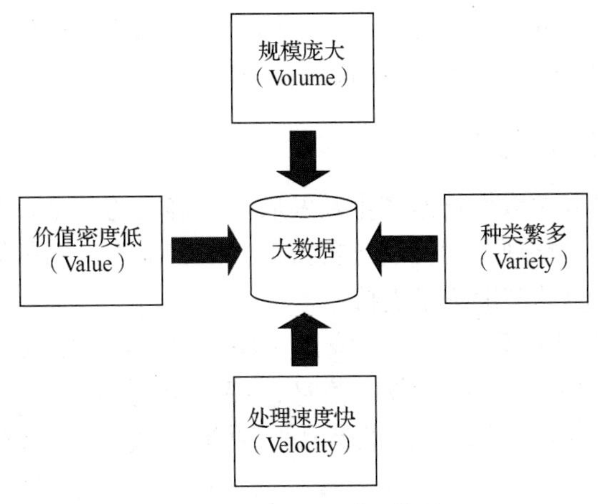

图1-1 大数据的“4V”特征

1. 规模庞大

一方面，由于互联网的广泛应用，使用网络的用户、企业、机构增多，数据获取、分享变得相对容易，用户可通过网络非常方便地获取数据，也可通过有意地分享和无意地点击、浏览快速地产生大量的数据；另一方面，各种传感器获取数据能力的大幅提高，使得人们获取的数据越来越接近原始事物本身，描述同一事物的数据激增。数据规模如此庞大，必然对数据的获取、传输、存储、处理、分析等带来挑战。

2. 种类繁多

数据种类繁多、复杂多变是大数据的重要特征。随着传感器种类的增多及智能设备、社交网络等的流行，数据种类变得更加复杂。数据可以分为结构化数据、半结构化数据和非结构化数据 3 类。

3. 处理速度快

在"Web 2.0"时代下，人们从信息的被动接收者变成信息的主动创造者。数据从生成到消耗的时间窗口非常小，可用于生成决策的时间非常短。大数据对处理数据的响应速度有更严格的要求，例如实时分析而非批量分析，数据输入、处理与丢弃立刻见效，几乎无延迟。数据的增长速度和处理速度是大数据高速性的重要体现。

4. 价值密度低

虽然大数据中有价值的数据所占比例很小，但是大数据背后潜藏的价值巨大。大数据实际的价值体现在从大量不相关的各种类型的数据中挖掘出对未来趋势与模式预测分析有价值的数据，并通过机器学习方法、数据挖掘方法进行深度分析，以创造更大的价值。

二、认识大数据分析

"大数据"时代，一切皆被记录，一切皆被数字化。整个人类社会的信息量急剧增长，个人可获取的信息也呈指数级增长。大数据是数据化趋势下的必然产物。大数据的真正魅力不在于数据量有多大、数据类型有多丰富，而在于通过对大数据进行分析并挖掘其中的价值，来帮助政府、企业和个人做出更明智的决策。

（一）大数据分析的概念

大数据分析与挖掘是大数据技术产生及发展的最终目的，是在数据采集、预处理和存储的基础上，通过收集、整理、加工和分析数据，挖掘提炼出有价值信息的过程，期望为管理者或决策者提供相应的辅助决策支持。

广义的大数据分析是指采用合适的统计方法对采集到的大量数据进行汇总、分析，从看起来没有规律的数据中找到隐藏的信息，探索事物内部或对象之间的因果关系、内部联系和业务规律，以帮助人们进行判断、决策，从而使存储的数据资产的作用最大化。

广义的大数据分析包含狭义的数据分析和大数据挖掘。狭义的数据分析一般要得到某一个或某几个既定指标的统计值，如总和、平均值等，统计值需结合相关业务进行解读，才能体现出数据的价值。目前，在大数据领域常用的数据分析方法有回归分析、对比分析、交叉分析等。大数据挖掘是指从海量数据中，通过统计学、人工智能、机器学习等的方法，挖掘出未知的、有价值的信息和知识的过程。在计算机硬件性能和云计算技术的支持下，大数据挖掘强调的是从海量数据中、从不同类型的数据中寻找未知的模式与规律。与传统的抽样调查方法相比，大数据挖掘是对整体数据进行处理。而海量整体数据正是存储在分布式文件系统、非关系数据库系统等新型的大数据存储系统之中的。目前，在大数据领域，大数据挖掘主要侧重于解决分类、聚类、关联和预测等方面的问题，所采用的方法包括决策树、神经网络、关联规则和聚类分析等。

（二）大数据分析的流程

大数据分析源于业务需求，一个完整的大数据分析流程可分为 5 个部分，如图 1-2 所示。

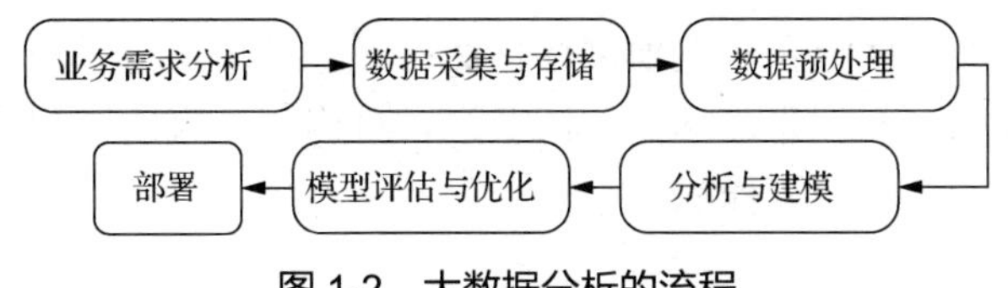

图 1-2　大数据分析的流程

1. 业务需求分析

业务需求是指项目中需要解决的问题或达到的目标。业务需求分析涉及收集和整理相关数据，讨论和沟通与业务相关的方方面面，以及与业务团队合作定义关键特征和分析要点。业务需求分析可为数据的采集、存储、分析及处理提供清晰的指引方向。同时，通过业务需求分析，可以识别和定义对业务决策具有重要影响的特征（关键特征）。

2. 数据采集与存储

根据特征的分解确定数据选取范围，采集目标数据，再存储采集到的数据。数据无处不在，其既可以是企业内部数据库中的历史数据，也可以是企业内部 Excel 表格数据、文本文件和一些实时数据，还可以是来自互联网和行业领域的相关数据等。相比于传统数据，大数据多是半结构化和非结构化的数据。以往的关系数据库只能完成某些简单的存储、查询和处理请求，当数据存储和处理任务的需求超过关系数据库能力范围时，就需要对其进行改进，可利用大型分布式数据库、集群或云存储平台实现功能升级。

3. 数据预处理

数据源的多样性以及数据传输中的某些因素使得大数据质量具有不确定性。噪声、冗余、缺失、不一致等问题严重影响了大数据的质量。为了获得可靠的数据分析和挖掘结果，必须利用预处理手段提高大数据的质量。数据预处理包括数据合并、数据清洗、数据标准化、数据变换等，如将来自不同部门的数据表合并，补充部分数据缺失的字段值，统一数据格式、编码和度量，进行归一化处理，检测和删除异常数据，进行冗余检测和数据压缩等。

4. 分析与建模

大数据分析涵盖了统计分析、机器学习、数据挖掘、模式识别等多个领域的技术和方法。针对大数据，可以采用对比分析、分组分析、交叉分析和回归分析等分析方法，综合考虑业务需求、数据情况、耗费成本等因素，选择最合适的模型，如分类模型、聚类模型、时间序列模型等。在实践中，对于一个分析目标，往往会运用多个模型，然后通过后续的模型评估，进行优化、调整，以寻求最合适的模型。

5. 模型评估与优化

模型评估是指对模型进行较为全面的评估，包括建模过程评估和模型结果评估，相关介绍如下。

（1）建模过程评估：对模型的精度、准确性、效率和通用性进行评估。

（2）模型结果评估：评估是否有遗漏业务，模型结果是否解决了业务问题，需要结合业务专家进行评估。

模型优化则是指模型性能在经过模型评估后已经达到了要求，但在实际生产环境应用过程中，发现模型性能并不理想，继而对模型进行重构与调整的过程。在多数情况下，模型优化的过程和分析与建模的过程基本一致。

6. 部署

部署是指将数据分析结果与结论应用至实际生产系统的过程。根据需求的不同，数据分析师在部署阶段可以提供一份包含现状具体整改措施的数据分析报告，也可以提供将模型部署在整个生产系统上的解决方案。在多数项目中，数据分析师提供的是一份数据分析报告或一套解决方案，实际执行与部署的是需求方。

（三）大数据分析的工具

大数据分析是反复探索的过程，只有将大数据分析工具（技术和实施经验）与企业的业务逻辑和需求紧密结合，并在实施过程中不断地磨合，才能取得较好的效果。常用的几种大数据分析工具如下。

1. MapReduce

MapReduce 是一个分布式计算程序的编程框架，是基于 Hadoop 的大数据分析应用的核心框架，用于大规模（大于 1TB）数据集并行计算。MapReduce 的核心功能是将用户编写的业务逻辑代码和自带的组件整合成一个完整的分布式计算程序，并行地运行在 Hadoop 集群上。

MapReduce 工作流程如图 1-3 所示。

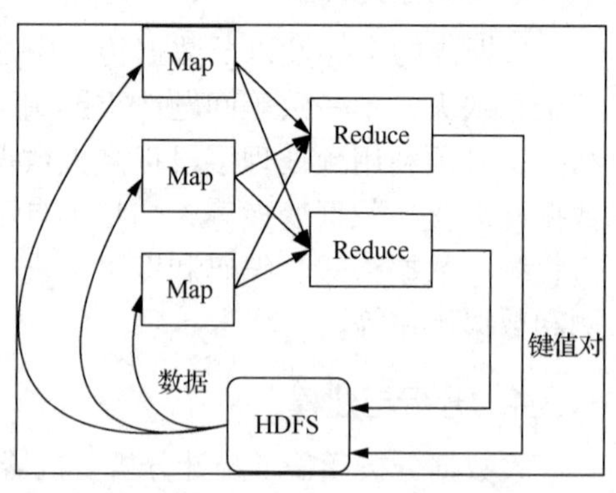

图 1-3 MapReduce 工作流程

MapReduce 工作流程主要包括 Map（映射）和 Reduce（规约）两个阶段。

（1）当启动一个 MapReduce 任务时，Map 端将会读取 HDFS（Hadoop Distributed File System，Hadoop 分布式文件系统）上的数据，将数据映射成所需要的键值对并输出至 Reduce 端。

（2）Reduce 端接收 Map 端键值对类型的中间数据，并根据不同键进行分组，对每一组键相同的数据进行处理，得到新的键值对并输出至 HDFS。

2. Spark

Spark 是一个用于大规模数据处理的统一分析引擎。Spark 提供 Java、Scala、Python 和 R 的高级 API（Application Program Interface，应用程序接口），支持通用执行图的优化引擎。Spark 还支持一组功能强大的高级组件，如图 1-4 所示，包括用于处理 SQL（Structured Query Language，结构查询语言）和结构化数据的 Spark SQL、用于机器学习的 Spark MLlib、用于图形处理的 GraphX 以及用于增量计算和流处理的 Spark Streaming。

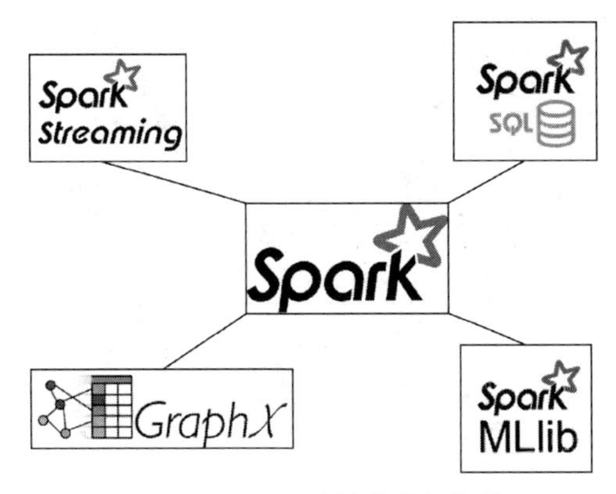

图 1-4　Spark 支持的高级组件

3. Python

Python 是一种面向对象、解释型的计算机程序设计语言，拥有高效的高级数据结构，并且能够用简单而又高效的方式进行面向对象编程。但是 Python 并不提供专门的数据分析环境，Python 提供众多的扩展库。例如，常见的 Python 扩展库 NumPy、SciPy 和 Matplotlib，分别提供了多维数组对象及针对这些数组的操作和函数、数值运算和绘图功能，此外，scikit-learn 扩展库中包含很多分类以及聚类相关的算法。正因为有了扩展库，Python 是大数据分析常用的语言，也是比较适合大数据分析的语言。

【项目实施】

任务一　了解正常的广告投放流程

一般而言，广告投放系统包含四大功能模块，如表 1-1 所示。

表 1-1　广告投放系统的四大功能模块

功能模块	说明
需求方平台（Demand-Side Platform，DSP）	广告主或广告代理商服务平台，广告主通过该平台管理广告创意、设置广告活动、配置广告投放策略、完成广告投放
广告交易平台（AD Exchange，ADX）	连接需求方和供应方，整合媒体方资源，按照预先设置的广告竞价规则，将胜出者的广告发布到广告位进行展示
供应方平台（Supply-Side Platform，SSP）	供应方（媒体方）服务平台，媒体方通过该平台完成广告资源的管理，如管理广告位、控制广告展示（版式）、查询广告位流量库存、管理广告位排期等
数据管理平台（Data Management Platform，DMP）	支持第三方数据接入，为广告投放提供人群标签进行受众精准定向，建立用户画像，进行人群标签的管理以及再投放，整合、管理各方数据且进行数据统计分析，输出各种数据报告，用来指导供、需双方进行广告投放策略优化

广告投放流程如图 1-5 所示。

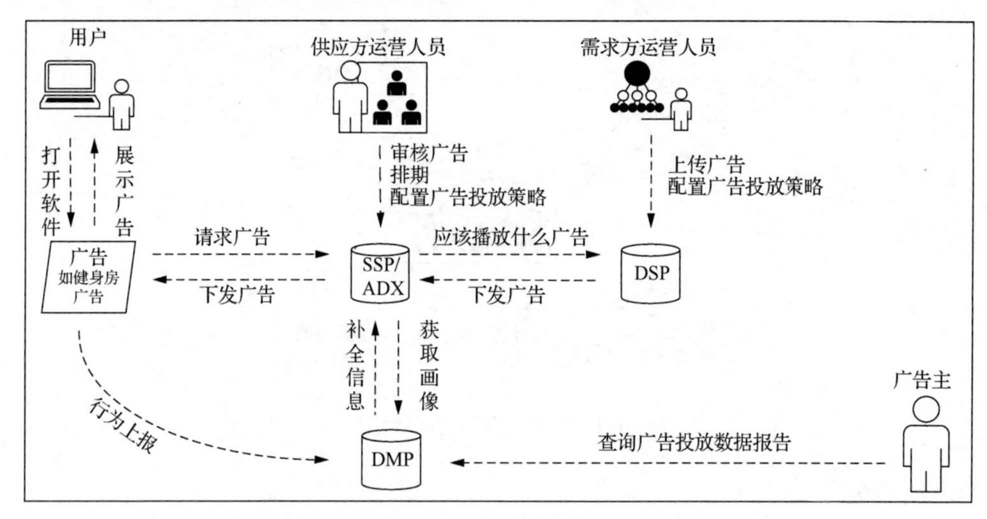

图 1-5　广告投放流程

广告投放流程可分为以下 7 个部分。

（1）需求方运营人员根据广告主的要求，上传广告，并配置广告投放策略。

（2）供应方运营人员审核广告，对广告位的流量进行排期，并配置广告投放策略。

（3）用户打开手机、计算机等的软件，触发终端的广告位请求，终端向广告系统发起广告请求。

（4）DMP 模块通过 SSP/ADX 获取更丰富的用户画像信息，然后将用户画像信息传递给 DSP，由 DSP 根据预先设置的广告投放策略选出需要投放的广告，如健身房广告。

（5）DMP 模块获取应该投放的广告为健身房广告，并将健身房广告在软件终端进行展示，完成广告的投放。

（6）软件终端完成健身房广告播放后，将用户行为上报给 DMP，DMP 根据用户行为等数据生成各种数据报告。

（7）广告主通过 DMP 模块查询广告投放数据报告，作为下次广告投放的决策参考。

任务二　了解广告流量违规现状

在现代生活中，网络作为能够帮助人们随时随地了解到世界各处信息的强大工具，早已渗透人们的生活，人们了解一个新的事物的开始往往是从网络上寻找资源，网络逐渐替代以往获取信息的方式。同时，大批商户选择将商品放置在互联网平台进行推广，巨大的需求推动了网络上投放广告的代理平台，以及利用广告流量作假谋取利益的不法商户的出现。

互联网虚假流量，是指通过特殊的方式，模仿人类浏览行为生成的访问流量。如通过设置程序，每分钟访问一次某网站的主页，即属于虚假流量。广告主寻找媒体投放广告的目的是将信息传达给目标受众，以此促进销售。而媒体的责任则是尽可能引导更多的用户浏览该信息。一般情况下，浏览量的增加可以促进销售量的增加。同等条件下，流量大的网站收取的广告费用更高，因此，部分网站受利益的驱使，会通过违规方式产生虚假流量。

虚假流量在数字营销行业中一直存在，虚假流量的存在给广告主带来了严重的损失。一方面，虚假流量提高了广告费用，直接损害了广告主的利益。另一方面，广告监测行为数据被越来越多地用于建模和决策，如绘制用户画像、跨设备识别对应用户等。但是违规行为，恶意曝光，甚至是在用户完全无感知的情况下被控制访问等产生的不由用户主观发出的行为，这些行为产生的恶意流量给广告监测行为数据带来了大量的噪声，给模型训练造成了很大影响。

任务三 了解广告流量常见违规方式

“互联网”时代以流量为核心，更多的广告流量就意味着更多的关注、更高的收益，广告主在互联网投放广告时往往会依据流量信息来设计投放方案，广告流量违规不仅会使广告主选择错误的广告投放方案，做无用功，后期根据用户浏览信息进而对现有广告的修改方案也会出现偏差，并且会引发蝴蝶效应，甚至造成不可估量的损失。因此，对广告流量进行违规检测进而加以防范是非常有必要的，广告的浏览信息往往十分庞大，人工进行筛选极不现实，一般会通过算法对海量浏览信息进行筛选、甄别。常见的广告流量违规方式说明如表 1-2 所示。

表 1-2 常见的广告流量违规方式说明

广告流量违规方式	说明
脚本刷量	通过设定程序，使计算机按一定的规则访问目标网站，以增加网站的访问量或点击量
控制“肉鸡”访问	利用互联网上受病毒感染的计算机访问目标网站
页面代码修改	通过病毒感染或其他方式，在媒体网站插入隐藏代码，在其页面加载肉眼不可见的指向目标网站的小页面
DNS 劫持	通过篡改 DNS（Domain Name System，域名系统）服务器上的数据，强制修改用户计算机的访问位置，使原本要访问的网站被动修改为目标网站

违规者通过各项技术，不断模拟人的行为，增大识别虚假流量的难度。例如，控制分时间段的 IP（Internet Protocol，互联网协议）地址访问量，使用正常的用户代理（User-Agent，UA），控制在页面曝光的时间、访问的路径等。通过上述技术的处理，虽然识别难度增大了，但并不意味着虚假流量是不可识别的。机器模拟的流量是通过软件实现的，必定与人类的点击流量存在一定的差异。

任务四 了解识别虚假流量的常见维度

一般来说，真实流量自然（真实流量在各个维度中的表现一定是自然的）且多样（用户喜好各不相同，行为也多种多样）。而虚假流量，常表现出一定的目的性（虚假流量的产生一定和某个特定的目的有关）和规律性（特定的目的导致虚假流量一定有特殊的规律）。

由于虚假流量与真实流量在具体访问行为上有较大差异，围绕用户行为可从如下几个方面识别出虚假流量。

（一）基本属性

基本属性具体包括时间维度或地域维度、终端类型、地址分布情况等，其中时间维度或地域维度、终端类型具体说明如下。

（1）时间维度或地域维度。真实流量访问分布在一天中的各个时段，地理位置分布较为均匀（区域性投放或活动除外）、访问趋势较为平缓。而虚假流量会出现时段特殊、地理位置集中、访问趋势突然陡峭的情况。因此，流量产生的时间、地理位置、访问趋势变化都可以成为识别虚假流量的参考方式。

（2）终端类型。由于不同的渠道覆盖不同的用户群，用户终端会有一定的区别。终端类型是一个宽泛的概念，包括设备的物理形态（如计算机、手机、平板电脑等）、操作系统（如 Windows、iOS、Android 等）、联网方式（如 Wi-Fi、4G、5G 等）、运营商（如中国移动、中国联通、中国电信等）等具体属性。如果对方是中国移动的客户，那么终端来自移动运营商。排除特殊渠道的应用商店，大部分渠道的用户终端与整个互联网终端分布是类似的。因此，在正常情况下，用户访问设备应该多元化。同理，用户设备的操作系统、联网方式、运营商等属性，同样可以成为识别虚假流量的参考标准。

（二）产品参与度

产品参与度包括跳出率、平均访问深度、平均访问时长、用户行为路径、页面点击情况、流量留存情况、单页面人均访问次数等，如表 1-3 所示。

表 1-3 产品参与度说明

产品参与度	说明
跳出率	通常通过跳出率来衡量网站性能与质量等，跳出率也可以作为识别虚假流量的参考特征。如果跳出率过高，那么除了要判断投放渠道的质量和定位客户群体是否精准外，还要警惕虚假流量
用户访问深度	用户访问深度是用户浏览网站、App 的深度，是衡量网站、App 服务效率的重要特征之一。以刷量为目的的虚假流量，对应的用户访问深度通常非常低。当然，造成用户访问深度低的原因有多种，如新投放的落地页面的失败引导等。在观察此特征时，应先排除产品较大改动造成的访问深度不足等特殊情况，或与其他渠道的流量数据综合比较，进行科学评估
平均访问时长	平均访问时长特征主要用来衡量用户与网站、App 交互的深度。交互越深，相应停留的时长也越长。显然虚假流量追求的是“量”，而非“时长”，平均访问时长可以结合几个产品参与度特征一起分析
用户行为路径	用户行为路径是用户在 App 或网站中的访问行为路径，用户路径的分析模型可以将用户行为进行可视化展示。通常用户通过渠道访问网站后会有不同的行为，一般会从落地页面开始分流，访问不同的页面，并在不同的页面结束对网站的访问。显然，用户在 App 或网站中的一系列操作行为的顺序是没有规律的。而对于虚假流量，虽然通过某些方式完成 2~3 次点击，但行为路径也是预先设定、有迹可循的
页面点击情况	虚假流量用户的页面点击通常是不点击或杂乱点击的，借助热力图工具可以较为容易地发现此类问题
流量留存情况	流量留存情况可以判断用户忠诚度，真实的流量通常会有一部分访问者会再次访问网站，而虚假流量在合作结束后是不会模拟再次访问或进行点击的
单页面人均访问次数	如果某个落地页面的人均访问次数很高，如人均访问次数为 4 次以上，就很可疑，因为一般情况下，用户不会多次浏览同一个落地页面。为了更准确地评估，可以将该页面人均访问次数与网站整体的人均访问次数进行对比

除基本属性和产品参与度之外，还可以通过业务的转化情况进行虚假流量的识别。很多虚假流量可以模仿人类行为，成功绕过跳出率、平均访问深度这些宏观特征，但是要模仿业务转化则较难，如果宏观特征表现得好，但业务转化很少的话，那么需要提高警惕，该流量很有可能是虚假流量。

任务五 广告流量检测违规识别流程分析

广告流量检测违规识别案例的目标是建立广告流量检测违规识别模型，精准识别虚假流量记录。对广告检测中获得的历史流量数据进行选择性抽取，采用无放回随机抽样法抽取 7 天的流量记录作为原始建模数据，根据目标将广告流量检测违规识别的实现流程进行拆分，如图 1-6 所示。

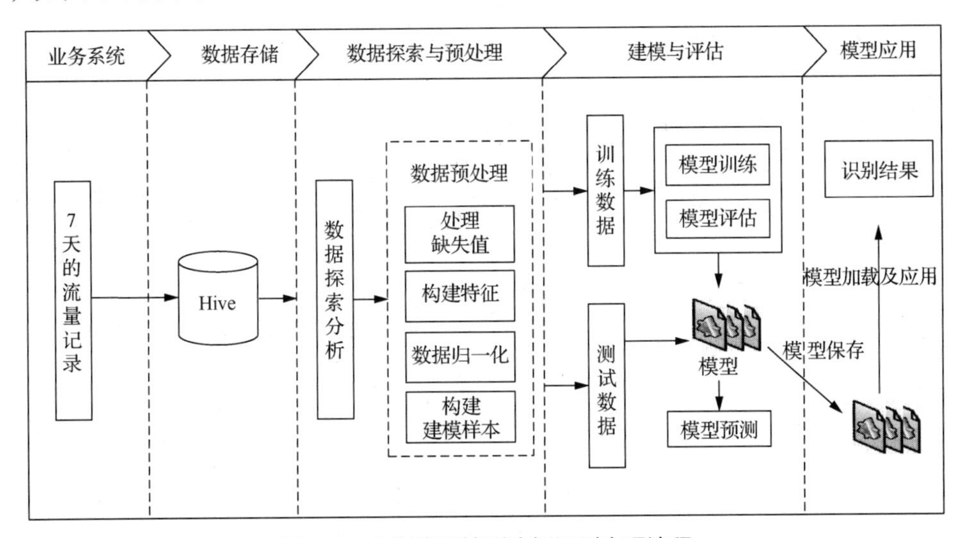

图 1-6 广告流量检测违规识别实现流程

广告流量检测违规识别实现流程说明如下。

（1）将 7 天的流量记录存储至 Hive 数据仓库。

（2）对 Hive 中的数据集进行数据探索分析，包括对数据记录数、缺失值的基础探索和对流量违规的行为特征的业务探索。

（3）根据数据探索分析得出的清洗规则，对数据进行相应的预处理，包括处理缺失值、构建特征、数据归一化、构建建模样本。

（4）建立不同的虚假流量识别模型，并对模型进行评估。

（5）保存效果较好的模型，模拟新数据产生，加载保存好的模型进行应用。

在广告流量检测中，每一秒都会采集一条或多条状态数据。由于采集频率较高，所以数据的规模是非常庞大的。而 Spark 分布式计算框架在大数据处理效率方面具有很大的优势，并且，Spark 提供了机器学习算法库 Spark MLlib，可以简化复杂的建模实现过程，使用更加简便。因此，广告流量检测违规识别案例主要采用 Spark 技术对流量数据进行探索分析和处理，并通过 Spark 技术实现模型构建、预测、评估和应用的完整过程。Spark 框架本身并没有存储功能，但 Spark 可以读取本地文件系统、MySQL 数据库、Hive

数据仓库、HBase 分布式列存储数据库等多种存储系统的数据，因此可以将数据存储至上述多种存储系统中。

【项目总结】

解决广告流量违规问题任重道远，且非一朝一夕可以完成，不光是 DSP，整个行业的参与者都需要认识到广告流量违规的危害，必须严格遵纪守法，不断提高法治思维。本项目展示了广告流量检测中的违规识别案例，从项目背景、项目目标、目标分析、项目实施展开，分步骤较为完整地分析了广告流量检测违规识别案例的实现步骤，后续章节将根据广告流量检测违规识别案例的需求及实现流程，带领读者学习相关的大数据组件知识，实现广告流量违规识别。

项目 2 Spark 大数据环境安装搭建

【教学目标】

1. 知识目标

（1）了解 Hadoop 框架的发展历程、特点、生态系统、应用场景。
（2）了解 Hive 的特点、应用场景以及 Hive 与关系数据库的区别。
（3）了解 Spark 的发展历程、特点、生态系统、应用场景。
（4）熟悉 Hadoop 框架和 Spark 的架构组成。

2. 技能目标

（1）能够理解 Hadoop、Hive、Spark 组件的作用。
（2）能够完成 Hadoop 集群、Hive 和 Spark 集群的搭建与配置。

3. 素质目标

（1）具备团队合作精神，能够与小组成员协商合作，共同完成集群搭建任务。
（2）具有良好的学习能力，能够借助大数据平台搜集信息。
（3）具有独立思考和创新能力，能够掌握相关知识并完成项目任务。

【思维导图】

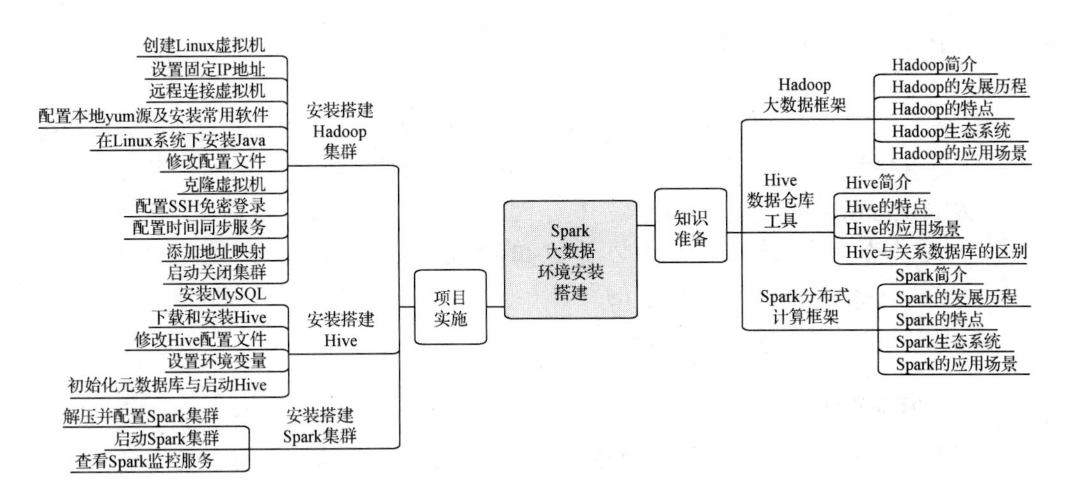

【项目背景】

随着数据分析和处理技术蓬勃的发展，基于开源技术的 Hadoop 在行业中被广泛应用。作为 Hadoop 三大组件之一的 HDFS 虽然能实现分布式存储大规模数据，但其不提供数据分析功能，而 Hadoop 的生态组件 Hive 提供类似于 SQL 的查询接口，使得对存储好的数据进行查询和分析更加方便，无须学习复杂的 MapReduce 编程。Hive 支持对数据进行结构化定义，数据模型灵活性更好，而且，Hive 实际上是将数据存储在 HDFS 之上的，同样满足大规模数据的分布式存储需求。Hadoop 最主要的缺陷是其三大组件之一的 MapReduce 计算模型延迟过高，无法满足实时、快速计算的需求。Spark 的诞生弥补了 MapReduce 的缺陷。

Spark 拥有 MapReduce 所具有的优点，但不同于 MapReduce，Spark 的中间输出结果可以保存在内存中，从而大大减少了读写 HDFS 的次数，因此 Spark 能更好地支持数据挖掘与机器学习中需要迭代的算法。广告数据监测公司通过 Spark 大数据环境，能够较好地完成广告流量检测的数据探索分析、数据预处理与模型构建。

【项目目标】

完成 Spark 的安装与大数据处理环境的搭建，为后续实现广告流量检测违规识别奠定基础。

【目标分析】

（1）安装搭建 3 个节点的 Hadoop 集群，实现 Hadoop 大数据平台。
（2）安装搭建 Hive，实现数据存储功能。
（3）安装搭建 3 个节点的 Spark 集群，实现数据分析功能。

【知识准备】

一、Hadoop 大数据框架

大数据时代下，针对大数据处理的新技术在不断地开发和运用，并逐渐成为数据挖掘行业广泛使用的主流技术。在大数据时代，Hadoop 是大数据的分布式存储和计算框架，Hadoop 及其生态系统组件在国内外大、中、小型企业中已得到了广泛应用。掌握大数据组件的使用方法是从事大数据行业工作必不可少的技能之一。

本节包括 Hadoop 简介、Hadoop 的发展历程、Hadoop 的特点和 Hadoop 生态系统等内容，并对 Hadoop 的应用场景进行简单的介绍。

（一）Hadoop 简介

随着移动设备的广泛使用和互联网的快速发展，数据的增量和存量快速增加，硬件发展跟不上数据发展速度，单机很多时候已经无法处理规模达到 TB 甚至 PB 级别的数据。如果一头牛拉不动货物，那么显然用几头牛一起拉会比培育一头更强壮的牛容易。同理，对于单机无法解决的问题，综合利用多台普通机器要比打造一台超级计算机更加可行，这就是 Hadoop 的设计思想。

Hadoop 是一个由 Apache 软件基金会开发的，可靠的、可扩展的、用于分布式计算的分布式系统基础架构和开源软件。Hadoop 是一个框架，允许用户使用简单的编程模型在计算机集群中对大规模数据集进行分布式处理，目的是从单一的服务器扩展到成千上万的机器，将集群部署在多台机器上，每台机器提供本地计算和存储，并且将存储的数据备份在多个节点，由此提升集群的可用性，而不是通过机器的硬件提升集群的可用性。当一个节点宕机时，其他节点依然可以提供备份数据和计算服务。

Hadoop 框架最核心的设计是 HDFS 和 MapReduce。HDFS 是可扩展、高容错、高性能的分布式文件系统，负责数据的分布式存储和备份，文件写入后只能读取不能修改。MapReduce 是分布式计算框架，包含 Map（映射）和 Reduce（规约）两个过程。

（二）Hadoop 的发展历程

Hadoop 是由 Apache Lucene 创始人道格・卡廷创建的，Lucene 是一个应用广泛的文本搜索系统库。Hadoop 起源于开源的网络搜索引擎 Apache Nutch，Hadoop 本身也是 Lucene 项目的一部分。Hadoop 的发展历程如图 2-1 所示。

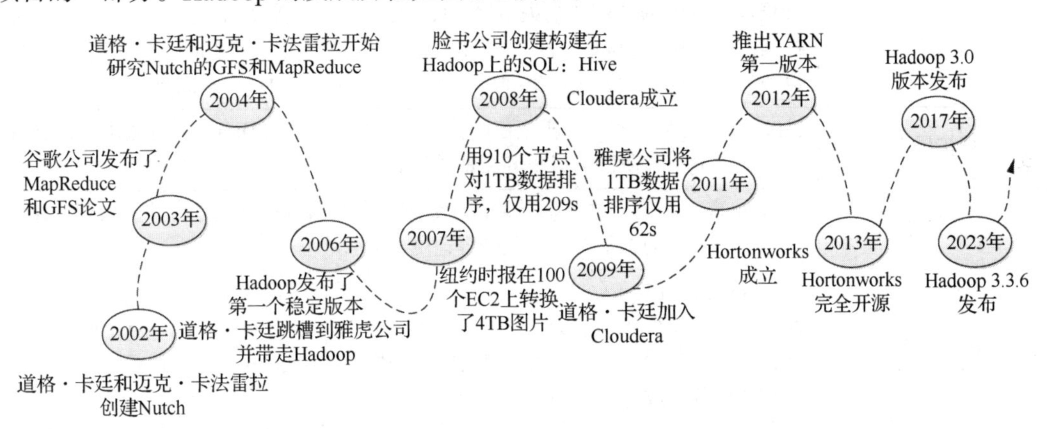

图 2-1　Hadoop 的发展历程

Hadoop 的发展历程可以简要概括为以下 6 个阶段。

（1）2004 年，Hadoop 的起源。Hadoop 最初是由道格・卡廷与其好友迈克・卡法雷拉在雅虎公司开发的，目的是处理大规模的数据集。他们基于谷歌公司发布的 MapReduce 和 Google 文件系统（Google File System，GFS）的论文提出了 Hadoop 的设计思想。

（2）2006 年，Hadoop 成为顶级项目。Hadoop 在 2006 年成为 Apache 软件基金会的顶级项目，并发布了第一个稳定版本。这使得更多的开发者和组织可以参与到 Hadoop 的开发和使用中。

（3）2008 年，Hadoop 生态系统的形成。随着 Hadoop 的发展，越来越多的相关项目和工具开始出现，形成了 Hadoop 生态系统。例如，Hive、Pig、HBase 等工具和组件相继推出，为 Hadoop 的数据处理和分析提供了更多的选择。

（4）2013 年，Hadoop 2.0 的转型。大型 IT 公司，如 EMC（易安信）、Microsoft（微软）、Intel（英特尔）、Teradata（天睿）、Cisco（思科）都明显增加了 Hadoop 方面的投入，Hortonworks 宣传要 100%开源软件，Hadoop 2.0 的转型基本上无可阻挡。

（5）2017 年，Hadoop 3.0 的发布。Hadoop 3.0 引入了一系列的改进和新特性，包括容器化支持、Erasure Coding（纠删码）、GPU（Graphics Processing Unit，图形处理单元）支持等，进一步提高了 Hadoop 的性能和可扩展性。

（6）2023 年，Hadoop 3.3.6 的优化。从 2017 年 Hadoop 3.0 版本发布后，Hadoop 社区一直积极响应用户反馈，不断优化性能、修复漏洞及增强功能，确保 Hadoop 能够持续满足日益增长的数据处理需求。截至 2023 年 6 月 18 日，Hadoop 最新版本为 3.3.6。

（三）Hadoop 的特点

Hadoop 是一个能够让用户轻松架构和使用的分布式计算平台，用户可以轻松地在 Hadoop 上开发和运行处理海量数据的应用程序，Hadoop 的特点如表 2-1 所示。

表 2-1 Hadoop 的特点

特点	说明
高可靠性	数据存储有多个备份，集群设置在不同机器上，可以防止一个节点宕机造成集群损坏。当数据处理请求失败后，Hadoop 会自动重新部署计算任务。Hadoop 框架中有备份机制和检验模式，Hadoop 可以对出现问题的部分进行修复，也可以通过设置快照的方式在集群出现问题时回到之前的一个时间点
高扩展性	Hadoop 是在可用的计算机集群间分配数据并完成计算任务的，为集群添加新的节点并不复杂，所以可以很容易地扩展集群
高效性	Hadoop 能够在节点之间动态地传输数据，在数据所在节点进行并发处理，并保证各个节点的动态平衡，因此处理速度非常快
高容错性	Hadoop 的 HDFS 在存储文件时会在多个节点或多个机器上都存储文件的备份文件，当读取文件出错或者某一个机器宕机了，系统会调用其他节点上的备份文件，保证程序顺利运行。如果启动的任务失败，Hadoop 会重新运行该任务或启用其他任务完成这个任务没有完成的部分
低成本	Hadoop 是开源的，即不需要支付任何费用就可下载并安装使用，节省了软件购买的成本
可构建在廉价机器上	Hadoop 不要求机器的配置达到极高的水准，大部分普通商用服务器就可以满足要求
Hadoop 基本框架用 Java 语言编写	Hadoop 带有用 Java 语言编写的基本框架，因此运行在 Linux 生产平台上是非常理想的。Hadoop 上的应用程序也可以使用其他语言编写，如 C++

（四）Hadoop 生态系统

Hadoop 面世之后快速发展，人们相继开发出了很多组件，每个组件各有特点，共同提供服务给 Hadoop 相关的工程，并逐渐形成了系列化的组件系统，通常称为 Hadoop 生态系统。

不同的组件分别提供特定的服务，Hadoop 生态系统中的一些常用组件介绍如表 2-2 所示。

表2-2 Hadoop生态系统中的一些常用组件介绍

组件	介绍
HDFS	用于存储和管理大规模数据集的分布式文件系统
YARN	用于集群资源管理和作业调度的框架
MapReduce	用于并行处理大规模数据集的分布式计算框架
Common	包含Hadoop的公共库和工具，提供了许多支持Hadoop运行的基础设施
Hive	基于Hadoop的数据仓库工具，具有强大的数据处理能力、SQL查询支持、灵活的数据格式、数据仓库管理和生态系统支持等优势
Pig	用于数据分析和转换的高级脚本语言
HBase	一个分布式的、面向列的NoSQL数据库，用于存储大规模结构化数据
Spark	一个快速、通用的大数据处理引擎，支持内存计算和迭代计算
ZooKeeper	用于分布式应用程序的协调服务，提供了高可用性和一致性
Sqoop	用于在Hadoop和关系数据库之间进行数据传输的工具
Flume	用于高效地收集、聚合和移动大规模日志数据的分布式系统
Oozie	用于工作流调度和协调的系统，用于管理Hadoop作业的执行流程
Mahout	一个机器学习库，提供了许多常见的机器学习算法的实现
Ambari	用于Hadoop集群的管理和监控的工具

（五）Hadoop的应用场景

在大数据背景下，Hadoop作为一种分布式存储和计算框架，已经被广泛应用到各行各业，业界对于Hadoop这一开源分布式技术的应用也在不断地拓展中。Hadoop的十大应用场景如表2-3所示。

表2-3 Hadoop的十大应用场景

应用场景	介绍
在线旅游网站	目前全球范围内大多数在线旅游网站都使用了Cloudera公司提供的Hadoop发行版，在线旅游公司Expedia也在使用Hadoop。在国内目前比较受欢迎的一些旅游网站（如携程旅行、去哪儿网等）也采用了大数据技术存储和计算
移动数据	华为对Hadoop的HA（High Availability，高可用性）方案及HBase有深入研究，并已经向业界推出了基于Hadoop的大数据解决方案
电子商务	阿里巴巴的Hadoop集群为淘宝、天猫、一淘、聚划算、CBU、支付宝提供底层的基础计算和存储服务
能源开采	Chevron（雪佛龙）公司是一家大型石油公司，该公司利用Hadoop进行数据的收集和处理，其收集的数据主要指海洋的地震数据，以便于找到油矿的位置
图像处理	Skybox Imaging创业公司使用Hadoop存储并处理图片数据，从卫星拍摄的高清图像中探测地理变化

续表

应用场景	介绍
诈骗检测	一般金融服务或政府机构会使用 Hadoop 存储客户交易数据，包括一些非结构化数据，Hadoop 能够帮助机构发现客户的异常活动，预防欺诈行为。支付宝、微信支付作为庞大的互联网支付平台，对诈骗、黑客、病毒的防护十分重视，为了线上资金的安全，阿里巴巴和腾讯在大数据技术检测方面的技术日臻成熟
IT 安全	除企业 IT 基础机构的管理外，Hadoop 还可以用于处理机器生成的数据以便识别出来自恶意软件或网络中的攻击。360 安全软件使用 Hadoop 的 HBase 组件进行数据存储，缩短异常恢复的时间
医疗保健	医疗行业可以使用 Hadoop，如 IBM Watson 技术平台使用 Hadoop 集群作为一些分析服务的基础，如语义分析等高级分析技术。医疗机构可以利用语义分析为患者分配医护人员，并协助医生更好地为患者进行诊断
搜索引擎	搜索引擎无疑会产生大规模的数据，在对海量数据挖掘时使用 Hadoop 确实能提高效率。雅虎的 Hadoop 应用中包括搜索引擎，百度和阿里巴巴也将 Hadoop 应用至搜索引擎、推荐、数据分析等多个领域
社交平台	目前网络社交已经成为人们日常生活的一部分，网络社交平台每天产生的数据量十分庞大。手机 QQ 和脸书作为国内外的大型社交平台，在数据库存储方面均利用了 Hadoop 生态系统中的 Hive 组件进行数据存储和处理

二、Hive 数据仓库工具

Hive 是基于 Hadoop 生态系统的数据仓库和分析工具，能较好地满足大规模数据的存储与处理。本节包括 Hive 简介、Hive 的特点及应用场景等内容，并介绍 Hive 数据库与关系数据库的区别等。

（一）Hive 简介

Hive 最初由 Facebook 设计，是基于 Hadoop 的一个数据仓库工具，可以将结构化的数据文件映射为数据表，可以用来存储、查询和分析存储在 Hadoop 中的大规模数据，并提供简单的类 SQL 查询语言，即 Hive 查询语言（Hive Query Language，简称 HiveQL、HQL），主要用于对大规模数据进行抽取、转化、装载（Extract Transformation Load，ETL）。使用简单的 HQL 可将数据操作转换为复杂的 MapReduce，并运行在 Hadoop 大数据平台上。Hive 允许熟悉 SQL 的用户基于 Hadoop 框架进行数据分析，Hive 的优点是学习成本低，对于简单的统计分析，不必开发专门的 MapReduce 程序，直接通过 HQL 即可实现。

Hive 是一款分析历史数据的利器，但是 Hive 只有在处理结构化数据的情况下才能“大显神威”。Hive 不支持联机事务处理（OnLine Transaction Processing，OLTP），也不支持实时查询功能，即 Hive 处理具有延迟性。

（二）Hive 的特点

Hive 的特点可分为优点与缺点。

（1）Hive 的优点如表 2-4 所示。

表 2-4 Hive 的优点

优点	说明
可扩展性	Hive 可以自由地扩展集群的规模，一般情况下不需要重启服务
延展性	Hive 支持用户自定义函数，用户可以根据自己的需求实现自己的函数
良好的容错性	Hive 有良好的容错性，节点出现问题时任务仍可完成执行
更友好的接口	Hive 的操作接口采用类 SQL 语法，提供快速开发的能力
更低的学习成本	Hive 避免了 MapReduce 程序的编写，减少开发人员的学习成本

（2）Hive 的缺点主要有如下两方面。

① Hive 的 HQL 表达能力有限。无法表达迭代式算法，不擅长数据挖掘。

② Hive 的效率较低。Hive 自动生成的 MapReduce 作业，通常情况下不够智能化；Hive 调优比较困难，粒度较粗，即用户能够调整的参数有限。

（三）Hive 的应用场景

Hive 不适用于复杂的机器学习算法、复杂的科学计算等场景。同时，Hive 虽然是针对批量长时间数据分析设计的，但是 Hive 并不能做到交互式的实时查询。Hive 目前主要应用在日志分析、多维度数据分析、海量结构化数据离线分析等方面，介绍如下。

1. 日志分析

大部分互联网公司使用 Hive 进行日志分析。网页日志中包含大量人们（主要是产品分析人员）感兴趣的信息，Hive 可以从这些信息中获取网站每类页面的 PV（Page View，页面浏览量）、独立 IP 地址数（即去重之后的 IP 地址数量）等；也可以通过计算得出用户所检索的关键词排行榜、用户停留时间最长的页面等；还可以分析用户行为特征等。

2. 多维度数据分析

通过 HQL 语句，可以按照多个维度（即多个角度）对数据进行观察和分析。多维的分析操作是指通过对多维形式组织起来的数据进行切片、切块、聚合、钻取、旋转等分析操作，以求剖析数据，使用户能够从多个维度和不同角度查看数据，从而深入地了解包含在数据中的信息和规律。

3. 海量结构化数据离线分析

高度组织和整齐格式化的数据被称为结构化数据。Hive 可以将结构化的数据文件映射为数据表，然后通过 HQL 语句进行查询、分析。因为 Hive 的执行延迟比较高，所以 Hive 更适合处理大数据，对于处理小数据则没有优势。HQL 语句最终会转换成 MapReduce 任务执行，所以 Hive 更适用于对实时性要求不高的离线分析场景，而不适用于实时计算的场景。

（四）Hive 与关系数据库的区别

Hive 在很多方面和关系数据库类似，如 Hive 支持 SQL 接口。由于其他底层设计的原因，Hive 对 HDFS 和 MapReduce 有很强的依赖，意味着 Hive 的体系结构和关系数据库的体系结构有很大的区别，Hive 与关系数据库的不同之处又间接地影响到 Hive 所支持的一些特性。

在关系数据库中，表的模式是在数据加载时强行确定好的，如果在加载时发现数据不符合模式，那么关系数据库会拒绝加载该数据。而 Hive 在加载的过程中不对数据进行任何验证操作，只是简单地将数据复制或移动到表对应的目录下面，因此，在关系数据库中进行数据加载比在 Hive 中要慢。在关系数据库中进行数据加载时可以进行一些操作，如对某一列建立索引等以提升数据的查询性能，而 Hive 是不支持这类操作的。

数据库的事务、索引以及更新是关系数据库的重要特性。Hive 目前还不支持对行级别的数据进行更新，不支持 OLTP。Hive 虽然支持建立索引，但是 Hive 中的索引与关系数据库中的索引并不相同，Hive 中的索引只能建立在表的列上，而不支持主键或外键。Hive 与关系数据库的对比如表 2-5 所示，其中对比项中的“执行”指的是将查询语句转化为实际的操作和计算，并获得结果的过程。

表 2-5 Hive 与关系数据库的对比

对比项	Hive	关系数据库
查询语言	HQL	SQL
数据存储	HDFS	块设备、本地文件系统
数据更新	有限支持	支持
处理数据规模	大	小
可扩展性	高	低
执行	MapReduce 或 Tez、Spark	查询计划的执行引擎
执行延时	高	低
模式	读模式	读/写模式
事务	不支持	支持

三、Spark 分布式计算框架

Spark 提供了丰富的 API 和库，支持数据处理、机器学习、图计算等多个领域的应用。通过并行计算和内存存储，Spark 能够提供比传统批处理框架更快的数据处理速度，并且具备更好的交互性和易用性。

本节包含 Spark 简介、Spark 的发展历程、Spark 的特点和 Spark 生态系统等内容，并对 Spark 的应用场景进行简单的介绍。

（一）Spark 简介

Spark 是一个快速、通用、可扩展的大数据处理和分析引擎，采用了内存计算技术，能够在分布式集群上高效地处理大规模数据和复杂计算任务。Spark 最初的设计目标是提高运行速度使数据分析更快，并快速简便地编写程序。Spark 提供内存计算和基于 DAG（Directed Acyclic Graph，有向无环图）的任务调度执行机制，使程序运行更快，同时减少了迭代计算时的 I/O（Input/Output，输入输出）开销。Spark 使用简练、优雅的 Scala 语言编写而成，使编写程序更为容易，且 Spark 基于 Scala 提供了交互式的编程体验。

（二）Spark 的发展历程

Spark 的发展历程如图 2-2 所示。

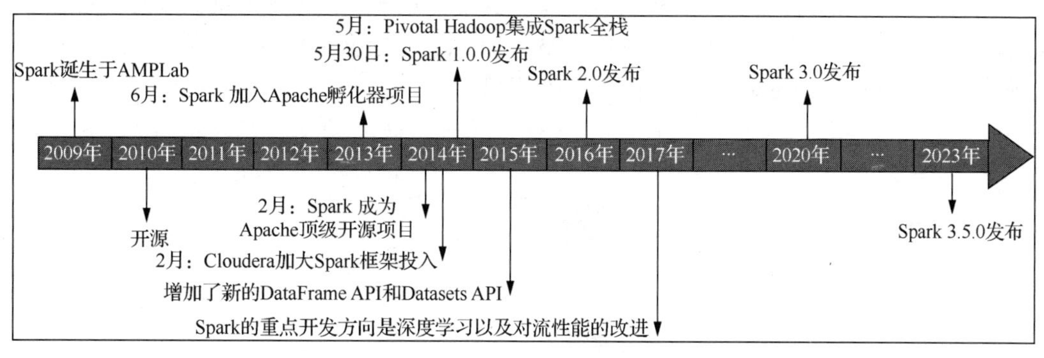

图 2-2　Spark 的发展历程

像 Spark 这样一个具有相当技术门槛与复杂度的平台，从诞生到正式版本的成熟，经历的时间如此之短，让人感到惊诧。目前，Spark 已经成为 Apache 软件基金会旗下的顶级开源项目。

2009 年，Spark 诞生于伯克利分校的 AMP 实验室，最初属于伯克利分校的研究性项目，实验室的研究人员在基于 Hadoop MapReduce 工作时发现 MapReduce 在迭代和交互式计算任务中的效率不高。因此实验室研究人员开始研究 Spark，主要为交互式查询和迭代算法设计，并支持内存存储和高效的容错恢复。

2010 年，Spark 正式开源。

2013 年 6 月，Spark 加入 Apache 软件基金会的孵化器项目。

2014 年 2 月，仅仅经历 8 个月的时间，Spark 就成为 Apache 软件基金会的顶级开源项目。同时，大数据公司 Cloudera 宣称加大对 Spark 框架的投入来取代 MapReduce。

2014 年 5 月，Pivotal Hadoop 集成 Spark 全栈。同月 30 日，Spark 1.0.0 发布。

2015 年，Spark 增加了新的 DataFrame API 和 Datasets API。

2016 年，Spark 2.0 发布。Spark 2.0 与 Spark 1.0.0 的区别主要是，Spark 2.0 解决了 API 的兼容性问题。

2017 年，在美国加利福尼亚州举行了 Spark Summit 2017，指出了 2017 年 Spark 的重点开发方向是深度学习以及对流性能的改进。

2020 年，Spark 3.0 发布。相比 Spark 2.4，Spark 3.0 性能提升了 2 倍左右，主要体现在自适应查询执行、动态分区修剪等方面，并改进了 Python 的相关问题。

2023 年，Spark 3.5.0 发布。Spark 3.5.0 是 3.x 系列的第六个版本。在开源社区的重大贡献下，此版本解决了 1300 多个 Jira 工单，引入了更多 Spark Connect 正式发布的场景、新的 PySpark 和 SQL 功能等性能优化。

（三）Spark 的特点

作为新一代的轻量级大数据处理平台，Spark 具有以下特点。

1. 快速

分别使用 Hadoop MapReduce 和 Spark 运行逻辑回归算法，两者的运行时间比较如图 2-3 所示，逻辑回归算法一般需要多次迭代。从图 2-3 中可以看出，Spark 运行逻辑回归算法的速度比 Hadoop MapReduce 快 100 多倍。在一般情况下，对于迭代次数较多的应用程序，Spark 程序在内存中的运行速度是 Hadoop MapReduce 运行速度的 100 多倍，在磁盘上的运行速度是 Hadoop MapReduce 运行速度的 10 多倍。

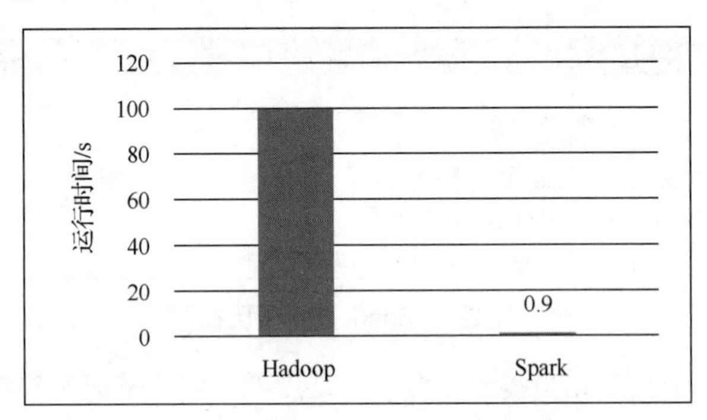

图 2-3　Hadoop MapReduce 与 Spark 的运行时间比较

2. 易用

Spark 支持使用 Scala、Python、Java 和 R 等简便的语言快速编写应用，同时提供超过 80 个高级运算符，使编写并行应用程序变得更加容易，并且可以在 Scala、Python 或 R 的交互模式下使用 Spark。

3. 通用

Spark 可以与 SQL、Streaming 及其他复杂的分析工具很好地结合在一起。Spark 有一系列的高级组件，包括 Spark SQL（分布式查询）、Spark Streaming（实时计算）、Spark MLlib（机器学习库）和 GraphX（图计算），并且支持在一个应用中同时使用这些组件，如图 2-4 所示。

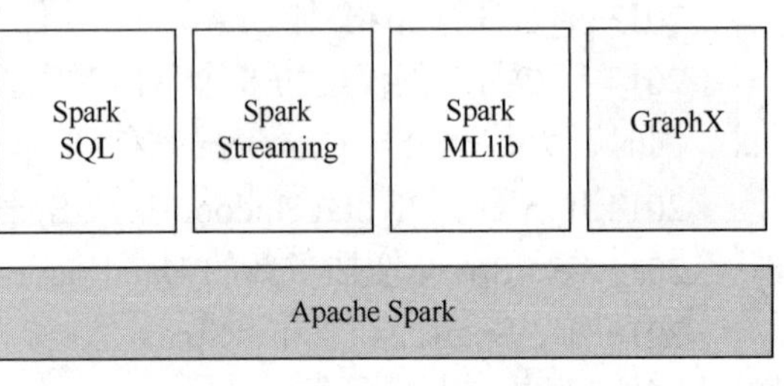

图 2-4　Spark 高级组件

4. 随处运行

用户可以使用 Spark 的独立集群模式运行 Spark，并从 HDFS、Cassandra、HBase、Hive、Alluxio 和任何分布式文件系统读取数据，也可以在 Amazon EC2（Amazon Elastic Compute Cloud，亚马逊弹性计算云）、Hadoop YARN 或 Mesos 上运行 Spark。

5. 代码简洁

Spark 支持使用 Scala、Python 等语言编写应用程序。Scala 或 Python 的代码相对 Java 的代码更为简洁，因此在 Spark 中使用 Scala 或 Python 编写应用程序要比使用 Java 编写 MapReduce 应用程序更加简单方便。

（四）Spark 生态系统

发展到现在，Spark 已经形成了一个丰富的生态系统，包括官方和第三方开发的组件或工具。Spark 生态系统如图 2-5 所示。Spark 生态系统也称为 BDAS（Berkeley Data Analytics Stack，伯克利数据分析栈），可以在算法（Algorithm）、机器（Machine）、人（People）之间通过大规模集成展现大数据应用的一个平台。Spark 生态系统以 Spark Core 为核心，可以从 HDFS、Amazon S3 和 HBase 等持久层获取数据，利用 Mesos 模式、YARN 模式或自身携带的独立运行（Standalone）模式为资源管理器来调度 Job 完成 Spark 应用程序的计算，应用程序可以来自不同的组件，如来自 spark-shell/Spark Submit 的批处理、Spark Streaming 的实时处理应用、Spark SQL 的即席查询、BlinkDB 的权衡查询、Spark MLlib 的机器学习、GraphX 的图处理和 SparkR 的数学计算等。

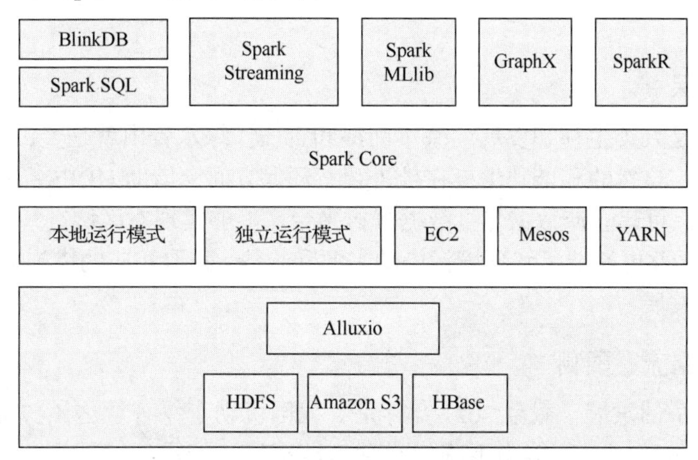

图 2-5　Spark 生态系统

Spark 生态系统中的重要组件如表 2-6 所示。

表 2-6　Spark 生态系统中的重要组件

组件	说明
Spark Core	Spark 核心，对底层的框架及核心组件提供支持
BlinkDB	用于在海量数据上运行交互式 SQL 查询的大规模并行查询引擎，BlinkDB 允许用户通过权衡数据精度缩短查询响应时间，其数据的精度被控制在允许的误差范围内
Spark SQL	可以执行 SQL 查询，包括基本的 SQL 语法和 HQL 语法。可读取的数据源包括 Hive 表、Parquet 文件、JSON（JavaScript Object Notation，JavaScript 对象表示法）数据、关系数据库数据（如 MySQL 表数据）等
Spark Streaming	用于流式计算。例如，一个网站的流量是每时每刻都有可能产生的，如果需要知道过去 15 分钟或一个小时的流量，则可以使用 Spark Streaming 进行实时计算
Spark MLlib	对一些常见的机器学习算法实现了并行化，这些算法包括分类、聚类、回归、协同过滤、降维以及底层优化
GraphX	图计算在很多情况下处理的都是大规模数据，在移动社交场景的关系等都可以使用图计算算法进行处理和挖掘。如果用户自行编写相关的图计算算法，并且在集群中应用，那么难度是非常大的，而使用 GraphX 就轻松多了，GraphX 里面内置了很多图计算算法

续表

组件	说明
SparkR	AMP 实验室发布的一个 R 开发包，使得 R 可以摆脱单机运行，并作为 Spark 的 Job 运行在集群上，极大地提升了 R 的数据处理能力

（五）Spark 的应用场景

目前大数据的应用非常广泛，大数据应用场景的普遍特点是数据计算量大、效率高。而 Spark 计算框架刚好可以满足这些应用场景，Spark 项目一经推出后便受到开源社区的广泛关注和好评。目前，Spark 已发展成为大数据处理领域最受欢迎的开源项目之一。

在实际的生活中，使用到 Spark 的场景包括但不限于智慧环保、高速公路流量预测、水稻产量预测。

1. 智慧环保

保护大自然是人类生存和发展的基本前提和责任。绿水青山就是金山银山的理念要深入人心，实现人与自然的和谐共生。在推进智慧环保方面，借助 HDFS、YARN、Spark 和 Spark Streaming，可建立流数据与批数据分析平台，能够实现对区域空气 $PM_{2.5}$ 污染的 24 小时预报，人们借此更好地了解环境污染的来源和趋势，采取相应的措施减少污染物排放，实现绿色可持续发展。

2. 高速公路流量预测

随着国民经济的发展，截至 2022 年年底，我国机动车保有量达 4.17 亿辆。急速增长的车流量导致高速路网运行能力下降、交通事故高发、城市环境污染加剧、交通运营管理困难等。利用 Spark 的 BO-XGBoost 预测模型，可实现高速公路流量预测，该模型不仅预测精度高，同时预测的计算效率也好，助力建成世界最大的高速公路网，加快建设交通强国。

3. 水稻产量预测

中国是一个农业大国，谷物总产量稳居世界首位，水稻是重要的粮食作物，全球约一半的人口以稻米作为主食，水稻的产量问题一直备受关注，水稻产量预测也成为当前水稻生产中的一个重要研究方向。基于 Spark 框架，使用鲸鱼优化算法-反向传播（Whale Optimization Algorithm-Back Propagation，WOA-BP）算法，能够较好地预测出广东西部地区的水稻产量，同时能够很好地反映气象因素对广东省西部地区水稻产量的影响情况，对研究广东西部地区乃至整个广东的水稻产量具有一定的参考价值。

【项目实施】

任务一　安装搭建 Hadoop 集群

Hadoop 的安装搭建方式有 3 种，如表 2-7 所示。

表 2-7 Hadoop 的安装搭建方式

方式	说明
单机模式	Hadoop 默认模式为非分布式模式（本地模式、单机模式），无须进行其他配置即可运行。访问的是本地磁盘，而不是 HDFS
伪分布式模式	Hadoop 可以在单节点上以伪分布式模式运行，节点既作为 NameNode 也作为 DataNode，同时，读取的是 HDFS 中的文件
完全分布式模式	使用多个节点构成集群环境来运行 Hadoop

为贴近真实的生产环境，建议搭建完全分布式模式的 Hadoop 集群。因此，本任务将介绍在个人计算机上安装配置虚拟机，在虚拟机中搭建 Hadoop 完全分布式集群的完整过程。为了保证能够顺畅地运行 Hadoop 集群，并能够进行基本的大数据开发调试，建议个人计算机硬件的配置如下。

（1）内存至少为 8GB。

（2）硬盘可用容量至少为 100GB。

（3）CPU 为 Intel i5 以上的多核（建议八核及以上）处理器。

在搭建 Hadoop 完全分布式集群前，需提前准备好必要的软件安装包。软件安装包及其版本说明如表 2-8 所示。

表 2-8 软件安装包及其版本说明

软件	版本	安装包名称	备注
Linux	CentOS 7.8	CentOS-7-x86_64-DVD-2003.iso	64 位
JDK	1.8+	jdk-8u281-linux-x64.rpm	64 位
VMware	16	VMware-workstation-full-16.1.0-17198959.exe	虚拟机软件
Hadoop	3.1.4	hadoop-3.1.4.tar.gz	已编译好的安装包
SSH 连接工具	7	Xftp-7.0.0111p.exe、Xshell-7.0.0113p.exe	远程连接虚拟机

Hadoop 完全分布式集群采用主从架构，一般需要使用多台服务器组建。本书中使用的 Hadoop 集群拓扑结构如图 2-6 所示。需注意各个服务器的 IP 地址与名称，在后续的集群配置过程中将会经常被使用。

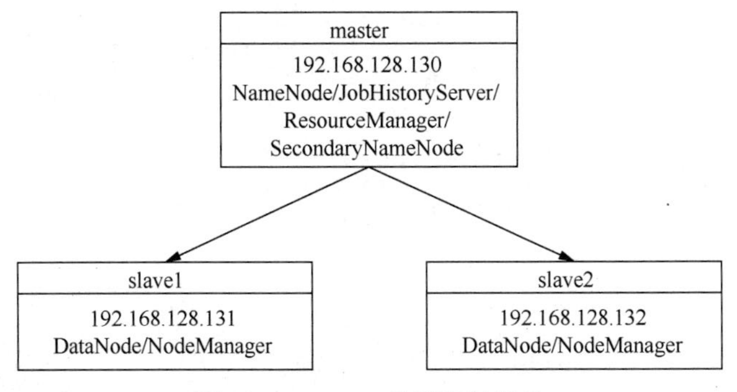

图 2-6 Hadoop 集群拓扑结构

（一）创建 Linux 虚拟机

VMware Workstation（简称 VMware）是一款功能强大的虚拟机软件，在不影响本机操作系统的情况下，用户可以在虚拟机中同时运行不同版本的操作系统。从 VMware 官网中下载 VMware 安装包，安装包名称为 VMware-workstation-full-16.1.0-17198959.exe。安装 VMware 的过程比较简单，双击下载的 VMware 安装包，选择安装的目录，再单击“下一步”按钮，继续安装，之后输入产品序列号，即可成功安装 VMware 软件。

打开 VMware 软件，在 VMware 上安装 CentOS 7.8 版本的 Linux 操作系统，创建 Linux 虚拟机的基本流程如图 2-7 所示。

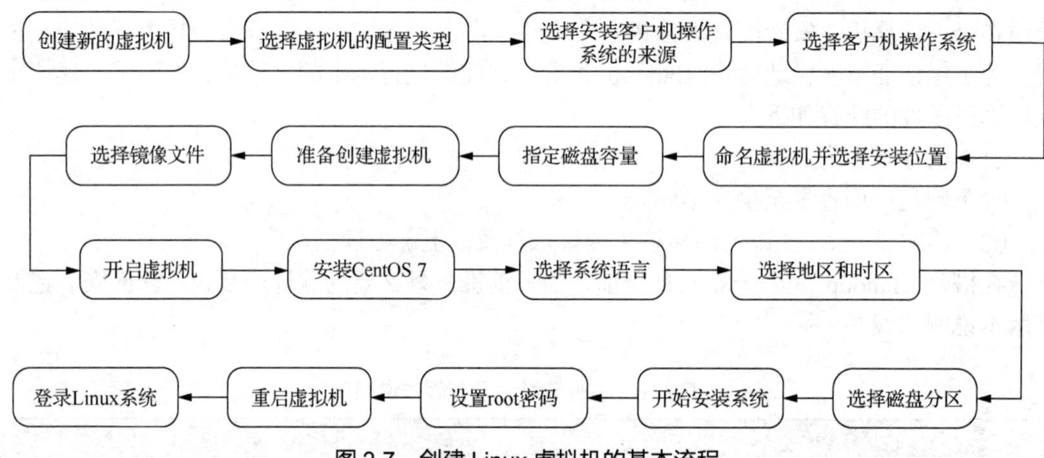

图 2-7　创建 Linux 虚拟机的基本流程

创建 Linux 虚拟机的具体步骤如下。

（1）创建新的虚拟机。打开安装好的 VMware 软件，进入 VMware 主界面，选择“创建新的虚拟机”选项，如图 2-8 所示。

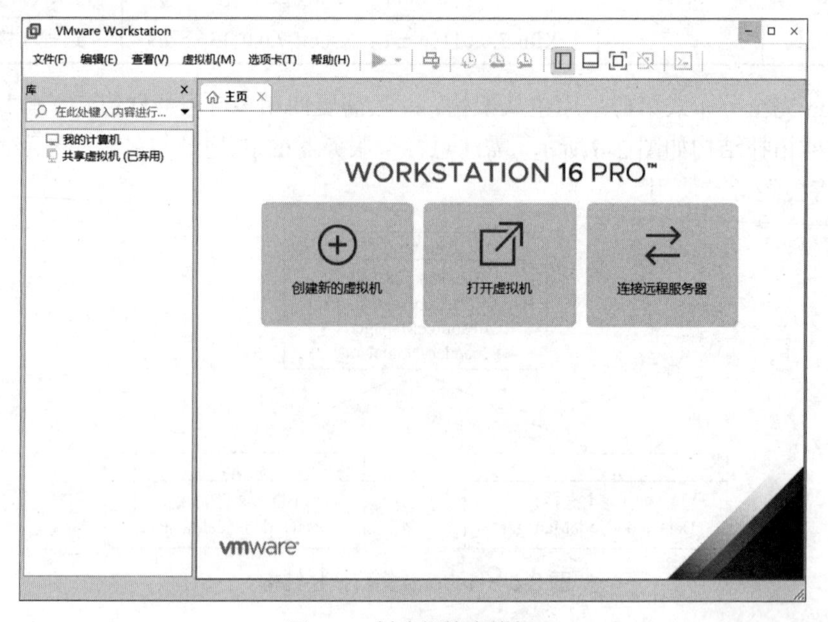

图 2-8　创建新的虚拟机

（2）选择虚拟机的配置类型。在弹出的“新建虚拟机向导”对话框中，选择“典型”类型，如图 2-9 所示，再单击“下一步”按钮。

（3）选择安装客户机操作系统的来源。安装客户机操作系统，选择“稍后安装操作系统”单选按钮，如图 2-10 所示，单击“下一步”按钮。

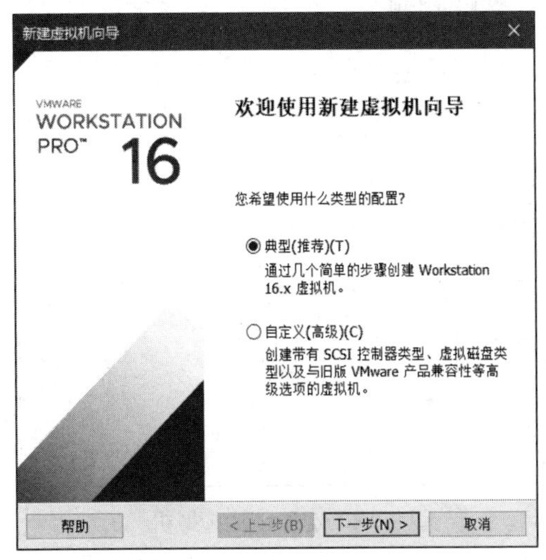

图 2-9　选择虚拟机的配置类型

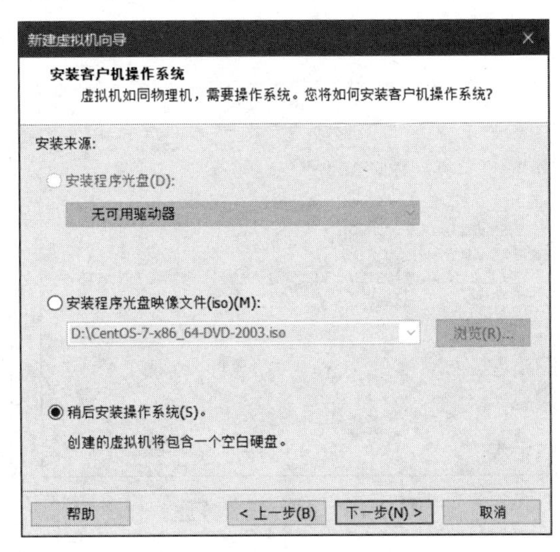

图 2-10　选择安装客户机操作系统的来源

（4）选择客户机操作系统。选择“Linux”单选按钮，版本是“CentOS 7 64 位”，如图 2-11 所示，然后直接单击“下一步”按钮。

（5）命名虚拟机并选择安装位置。将虚拟机的名称设置为“master”。在 D 盘创建一个以 VMware 命名的文件夹，然后在该文件夹下建立一个文件并命名为 master。本书选择的安装位置为“D:\VMware\master”，如图 2-12 所示，单击“下一步”按钮。注意，虚拟机的安装位置读者可根据个人计算机的硬盘资源情况进行调整。

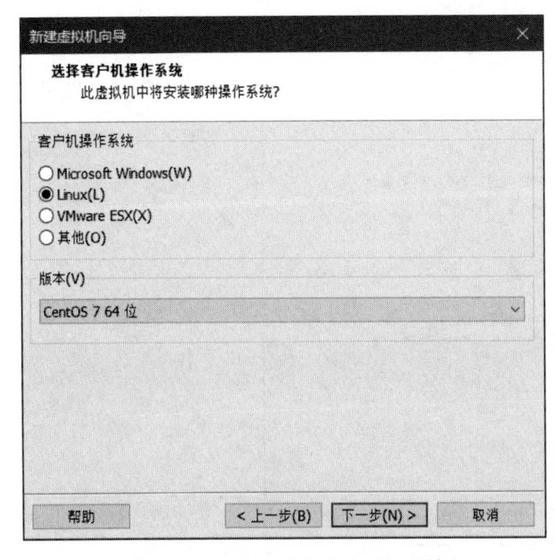

图 2-11　选择客户机操作系统

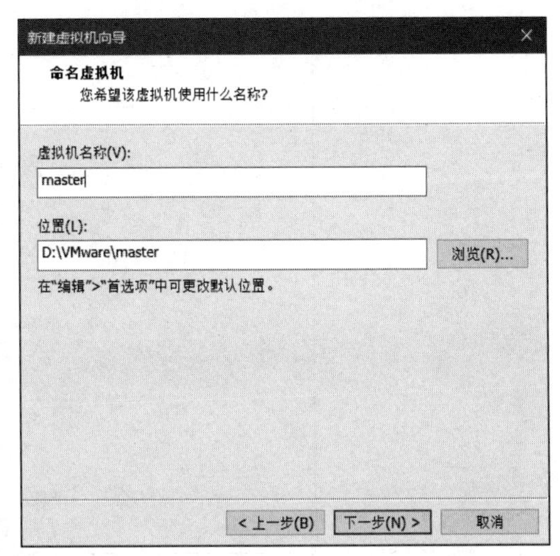

图 2-12　命名虚拟机并选择安装位置

（6）指定磁盘容量。指定“最大磁盘大小”为 20GB，选择“将虚拟磁盘拆分成多个文件”单选按钮，单击“下一步”按钮，如图 2-13 所示。

（7）准备创建虚拟机。单击“自定义硬件”按钮，如图 2-14 所示。

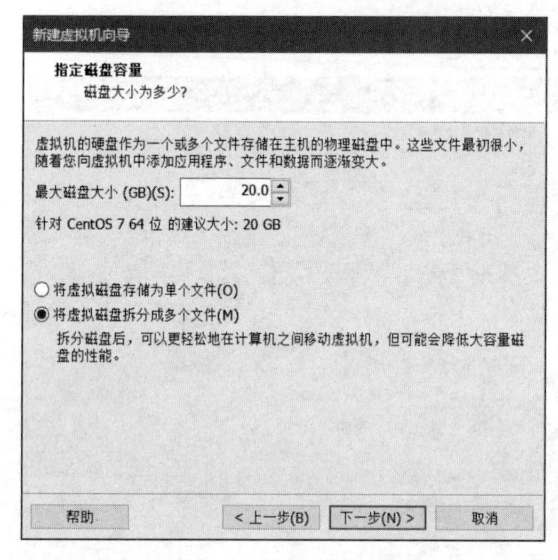

图 2-13　指定磁盘容量

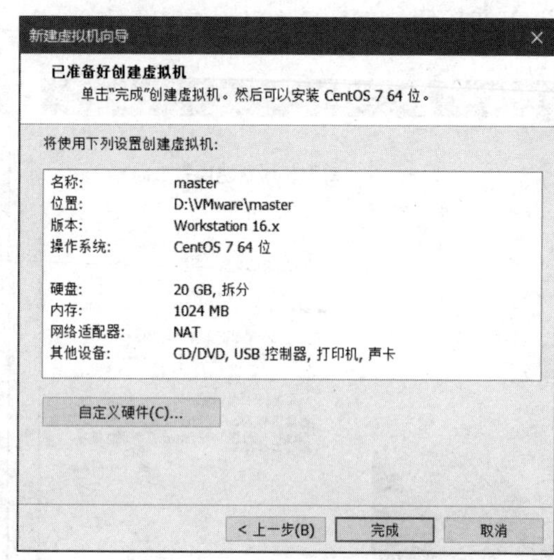

图 2-14　准备创建虚拟机

（8）选择镜像文件。进入“硬件”对话框，单击“新 CD/DVD（IDE）”选项所在的行，在右侧的“连接”组中选择“使用 ISO 映像文件”单选按钮，并单击“浏览”按钮，指定 CentOS-7-x86_64-DVD-2003.iso 镜像文件的位置，如图 2-15 所示。最后单击“关闭”按钮，返回图 2-14 所示界面，单击“完成”按钮。

图 2-15　选择镜像文件

（9）开启虚拟机。打开 VMware 软件，选择虚拟机“master”，单击“开启此虚拟机”，如图 2-16 所示。

（10）安装 CentOS 7。开启虚拟机后，将出现 CentOS 7 安装界面，选择“Install CentOS 7”选项，如图 2-17 所示。

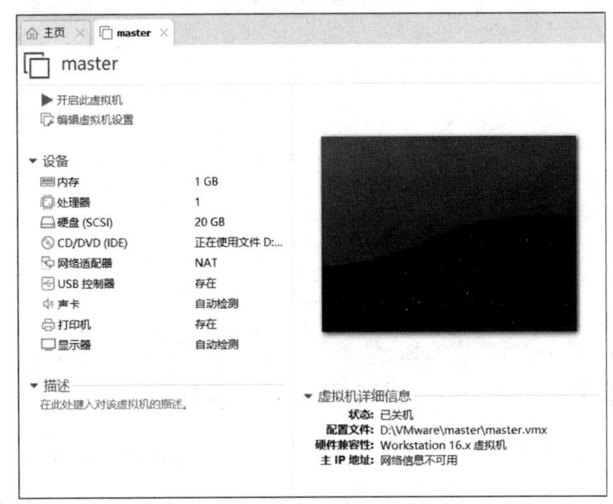

图 2-16 开启虚拟机

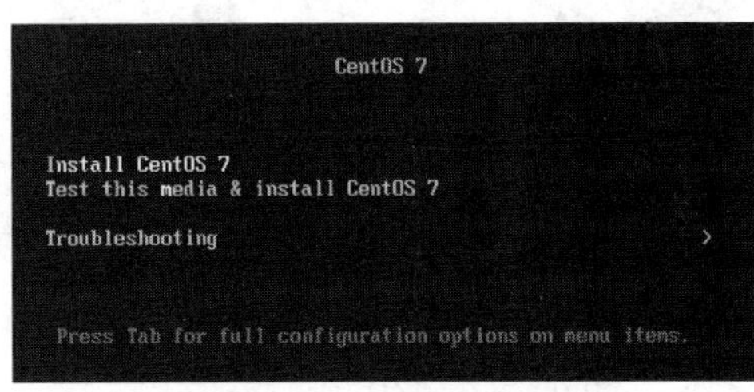

图 2-17 CentOS 7 安装界面

（11）选择系统语言。进入语言选择页面，在左侧列表框选择“English”选项，右侧列表框选择“English (United States)”选项，单击“Continue”按钮。

（12）选择地区和时区。单击“LOCALIZATION”组中的“DATE & TIME”选项，如图 2-18 所示。进入地区和时区选择界面，选择“Asia”和“Shanghai”，如图 2-19 所示，完成后单击“Done”按钮。

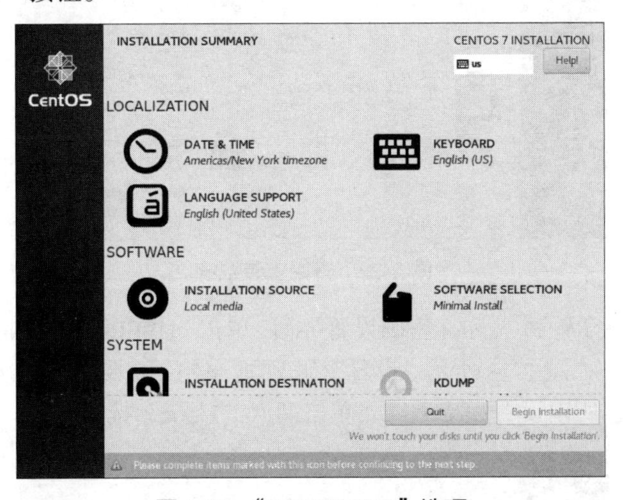

图 2-18 “DATE&TIME”选项

图 2-19 选择地区和时间

（13）选择磁盘分区。单击“SYSTEM”组中的“INSTALLATION DESTINATION”选项，如图 2-20 所示。进入分区配置界面，默认选择自动分区，不需要改变，如图 2-21 所示，单击“Done”按钮即可。

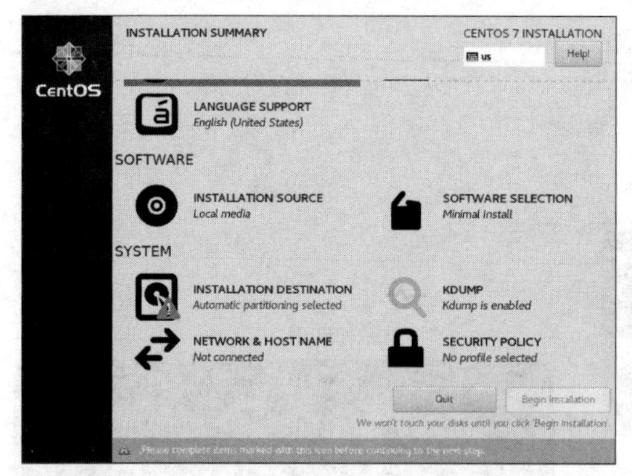

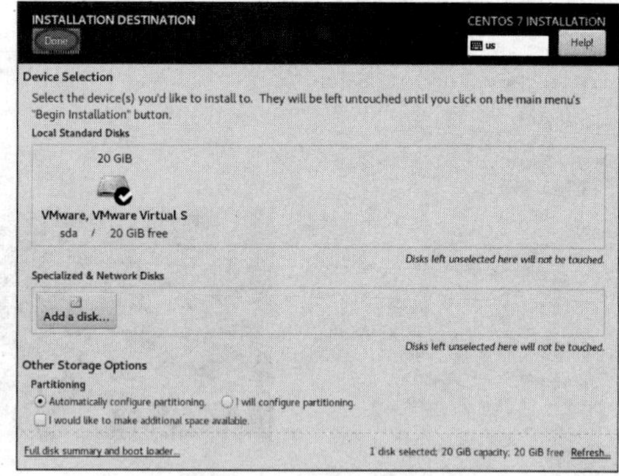

图 2-20 “INSTALLATION DESTINATION”选项　　　　图 2-21 选择磁盘分区

（14）开始安装系统。完成以上设置后，返回图 2-18 所示的界面，单击“Begin Installation”按钮，如图 2-22 所示。

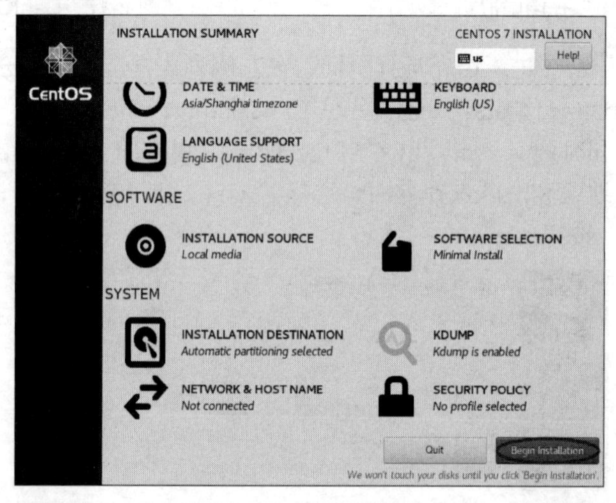

图 2-22 开始安装系统

（15）设置 root 密码。进入 root 密码设置界面，单击“USER SETTINGS”组中的“ROOT PASSWORD”选项，如图 2-23 所示。设置密码为 123456，需要输入两次，如图 2-24 所示，因为密码过于简单，所以设置完毕后需要单击两次“Done”按钮。

图 2-23 “ROOT PASSWORD”选项

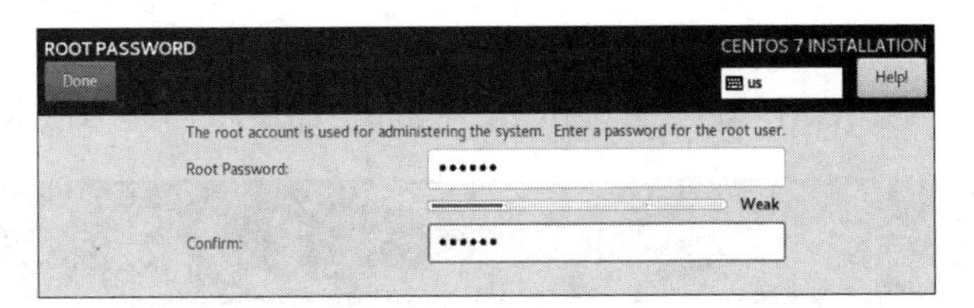

图 2-24　设置 root 密码

（16）重启虚拟机。安装完成，单击“Reboot”按钮，重启虚拟机，如图 2-25 所示。

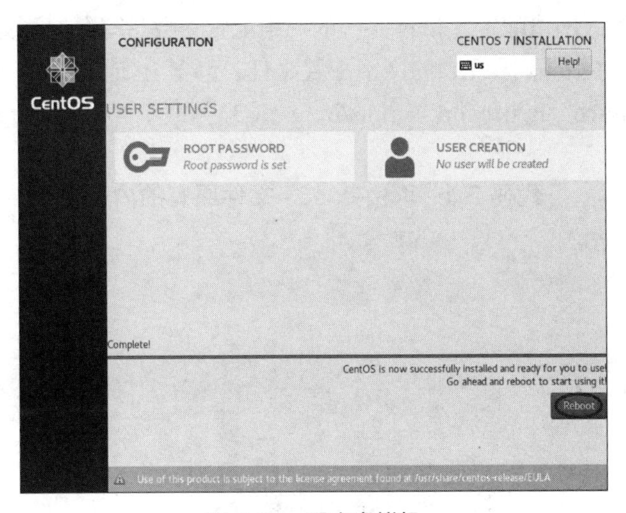

图 2-25　重启虚拟机

（17）登录 Linux 系统。进入 Linux 系统，输入用户名“root”以及密码“123456”并按“Enter”键，如图 2-26 所示，如果出现“[root@master ~]#”的提示，那么表示成功登录并进入了 Linux 系统。

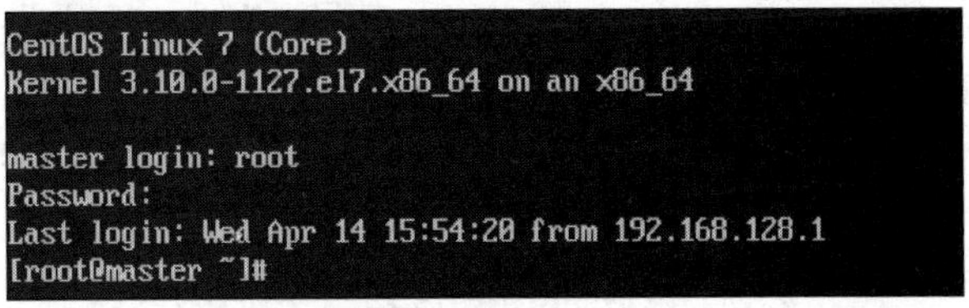

```
CentOS Linux 7 (Core)
Kernel 3.10.0-1127.el7.x86_64 on an x86_64

master login: root
Password:
Last login: Wed Apr 14 15:54:20 from 192.168.128.1
[root@master ~]#
```

图 2-26　登录 Linux 系统

（二）设置固定 IP 地址

本书使用的 Hadoop 集群为完全分布式集群，有 3 个节点，因此需要安装 3 台虚拟机。每台虚拟机均使用 NAT（Network Address Translation，网络地址转换）模式接入网络，需要为每台虚拟机分配 IP 地址，并保证每台虚拟机的 IP 地址处于同一子网内。为每台虚拟机设置固定 IP 地址，以虚拟机 master 为例，设置固定 IP 地址的基本流程如图 2-27 所示。

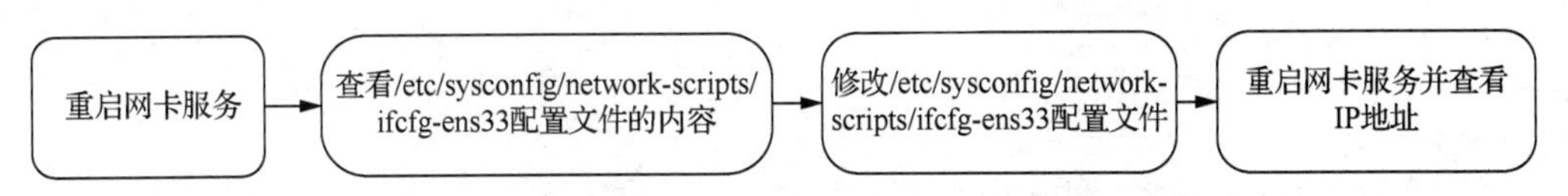

图 2-27　在 VMware 中设置固定 IP 地址的基本流程

在 VMware 中设置固定 IP 地址的具体操作步骤如下。

（1）重启网卡服务。使用“service network restart”命令重启网卡服务，如图 2-28 所示。

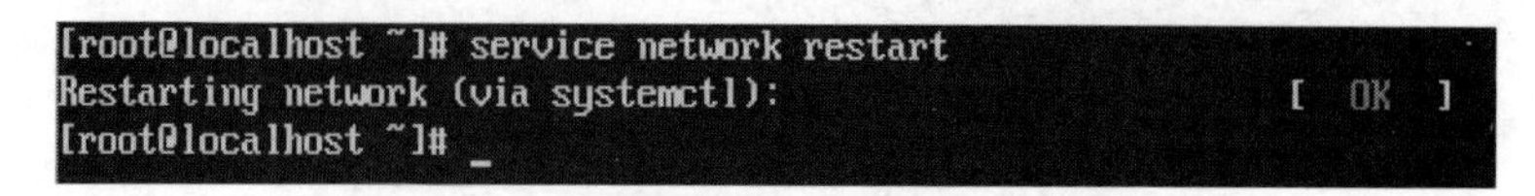

图 2-28　重启网卡服务

（2）查看/etc/sysconfig/network-scripts/ifcfg-ens33 配置文件的内容。不同于 Windows 系统采用菜单方式修改网络配置，Linux 系统的网络配置参数是写在配置文件里的，ifcfg-ens33 文件是 CentOS 7.8 的 Linux 系统中的网络配置文件，包含 IP 地址、子网掩码等网络配置信息。使用“vi /etc/sysconfig/network-scripts/ifcfg-ens33”命令，打开 ifcfg-ens33 文件，内容如代码 2-1 所示。

代码 2-1　ifcfg-ens33 文件原有的内容

```
TYPE=Ethernet
PROXY_METHOD=none
BROWSER_ONLY=no
BOOTPROTO=dhcp
DEFROUTE=yes
IPV4_FAILURE_FATAL=no
IPV6INIT=yes
IPV6_AUTOCONF=yes
IPV6_DEFROUTE=yes
IPV6_FAILURE_FATAL=no
IPV6_ADDR_GEN_MODE=stable-privacy
NAME=ens33
UUID=829f7670-6f73-1068-9b0b-d5cf9dd177df
DEVICE=ens33
ONBOOT=no
```

（3）修改/etc/sysconfig/network-scripts/ifcfg-ens33 配置文件。按“I”键进入编辑模式，将该文件中 BOOTPROTO 的值修改为“static”，将 ONBOOT 的值修改为“yes”，并添加 IP 地址 IPADDR、网关 GATEWAY、子网掩码 NETMASK 以及域名解析服务器 DNS1 的网络配置信息，如代码 2-2 所示，按“Esc”键，输入“:wq”命令，按“Enter”键保存文件并退出。

代码 2-2　修改 ifcfg-ens33 文件后的内容

```
TYPE=Ethernet
PROXY_METHOD=none
BROWSER_ONLY=no
BOOTPROTO=static  # 修改内容为“static”
DEFROUTE=yes
IPV4_FAILURE_FATAL=no
IPV6INIT=yes
IPV6_AUTOCONF=yes
IPV6_DEFROUTE=yes
IPV6_FAILURE_FATAL=no
IPV6_ADDR_GEN_MODE=stable-privacy
NAME=ens33
UUID=829f7670-6f73-1068-9b0b-d5cf9dd177df
```

```
DEVICE=ens33
ONBOOT=yes  # 修改内容为“yes”
# 添加内容
IPADDR=192.168.128.130
GATEWAY=192.168.128.2
NETMASK=255.255.255.0
DNS1=8.8.8.8
```

（4）重启网卡服务并查看 IP 地址。使用“service network restart”命令再次重启网卡服务，并使用“ip addr”命令查看 IP 地址，结果如图 2-29 所示。从图 2-29 中可以看出，IP 地址已经设置为 192.168.128.130，说明该虚拟机的 IP 地址已设置成功。

```
[root@localhost ~]# service network restart
Restarting network (via systemctl):                        [  OK  ]
[root@localhost ~]# ip addr
1: lo: <LOOPBACK,UP,LOWER_UP> mtu 65536 qdisc noqueue state UNKNOWN group default qlen 1000
    link/loopback 00:00:00:00:00:00 brd 00:00:00:00:00:00
    inet 127.0.0.1/8 scope host lo
       valid_lft forever preferred_lft forever
    inet6 ::1/128 scope host
       valid_lft forever preferred_lft forever
2: ens33: <NO-CARRIER,BROADCAST,MULTICAST,UP> mtu 1500 qdisc pfifo_fast state DOWN group default qle
n 1000
    link/ether 00:0c:29:b0:f3:63 brd ff:ff:ff:ff:ff:ff
    inet 192.168.128.130/24 brd 192.168.128.255 scope global noprefixroute ens33
       valid_lft forever preferred_lft forever
    inet6 fe80::8d70:b359:20e:b873/64 scope link tentative noprefixroute
       valid_lft forever preferred_lft forever
[root@localhost ~]#
```

图 2-29　重启网卡服务并查看 IP 地址

（三）远程连接虚拟机

在 VMware 软件中操作 Linux 系统十分麻烦，如无法进行命令的复制和粘贴，因此推荐使用 Xmanager 工具通过远程连接的方式操作 Linux 系统。Xmanager 是应用于 Windows 系统的 Xserver 服务器软件。通过 Xmanager，用户可以将远程的 Linux 桌面无缝导入 Windows 系统中。在 Linux 和 Windows 网络环境中，Xmanager 是非常合适的系统连通解决方案之一。

在 Xmanager 官网，选择“所有下载”选项卡下的“家庭/学校免费”选项下载 Xshell、Xftp 安装包，安装包名称分别为 Xshell-7.0.0113p.exe、Xftp-7.0.0111p.exe。下载安装包后，双击 Xshell-7.0.0113p.exe、Xftp-7.0.0111p.exe，按照系统提示即可完成 Xshell、Xftp 的安装。

Xshell、Xftp 远程连接 Linux 系统的方式一样，此处以 Xshell 为例，通过 Xshell 远程连接虚拟机的基本流程如图 2-30 所示。

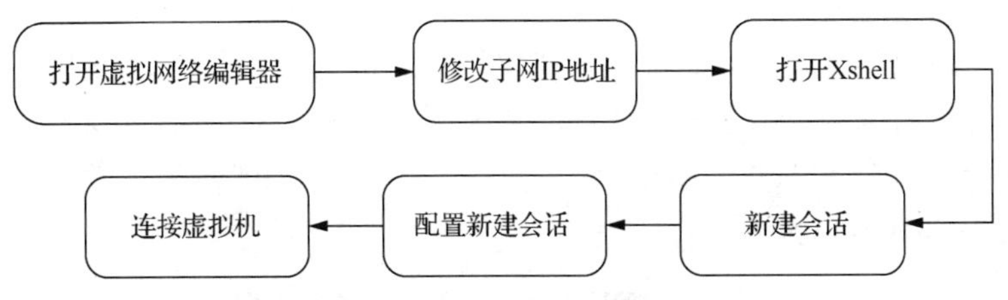

图 2-30　远程连接虚拟机的基本流程

远程连接虚拟机的操作步骤如下。

（1）打开虚拟网络编辑器。使用 Xshell 连接虚拟机前，需要先设置 VMware 的虚拟网络。在 VMware 的“编辑”菜单中选择“虚拟网络编辑器”选项，如图 2-31 所示。

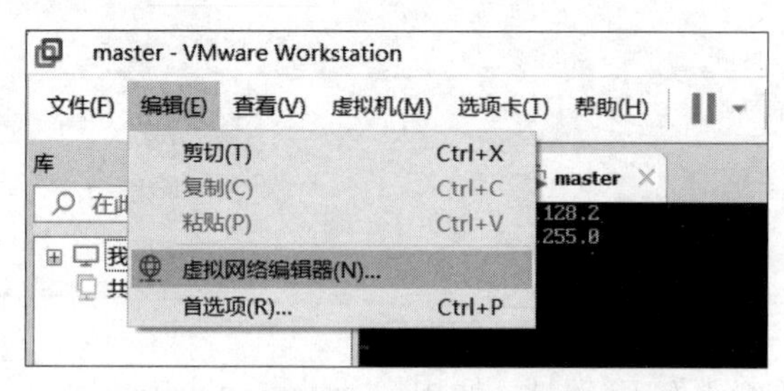

图 2-31　选择“虚拟网络编辑器”选项

（2）修改子网 IP 地址。进入“虚拟网络编辑器”对话框后，需要管理员权限才能修改网络配置。如果没有管理员权限，那么单击“更改设置”按钮，授予管理员权限即可。选择“VMnet8”选项所在行，将“子网 IP 地址”修改为“192.168.128.0”，如图 2-32 所示，单击“确定”按钮关闭该对话框。

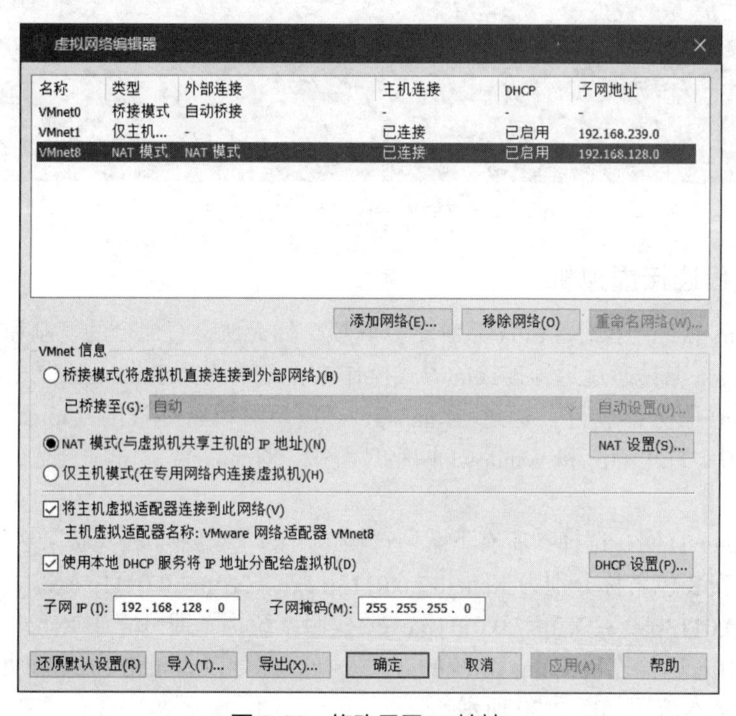

图 2-32　修改子网 IP 地址

（3）打开 Xshell。设置 VMware 的虚拟网络后，即可开始使用 Xshell 工具远程连接虚拟机。在个人计算机的开始菜单找到 Xshell 7 图标，如图 2-33 所示，双击打开 Xshell。

（4）新建会话。在 Xshell 7 中单击“文件”菜单，在出现的菜单栏中选择“新建”选项，新建会话，如图 2-34 所示。

图 2-33　Xshell 7 图标

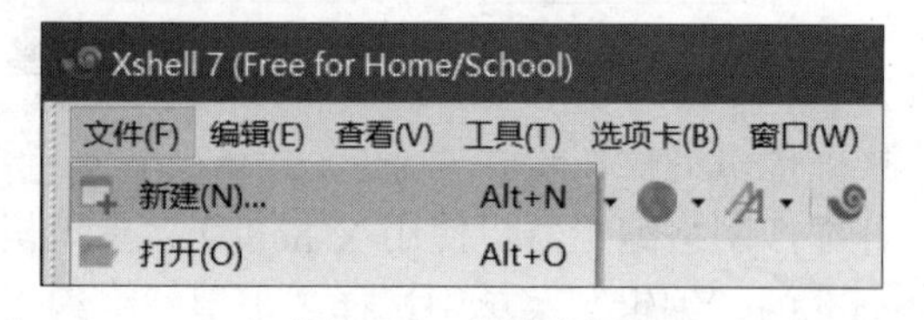

图 2-34　新建会话

（5）配置新建会话。在弹出的“新建会话字段”对话框中，在“常规”组的“名称”对应的文本框中输入“master”。该会话名称是由用户自行指定的，建议与要连接的虚拟机服务器名称保持一致。在“主机”对应的文本框中输入“192.168.128.130”，表示 master 虚拟机的 IP 地址，其中“端口号”选项默认为“22”，如图 2-35 所示。再单击左侧的“用户身份验证”选项，在右侧输入用户名“root”和密码“123456”，其中“方法”选项默认勾选“Password”，如图 2-36 所示，单击“确定”按钮，新建会话完成。

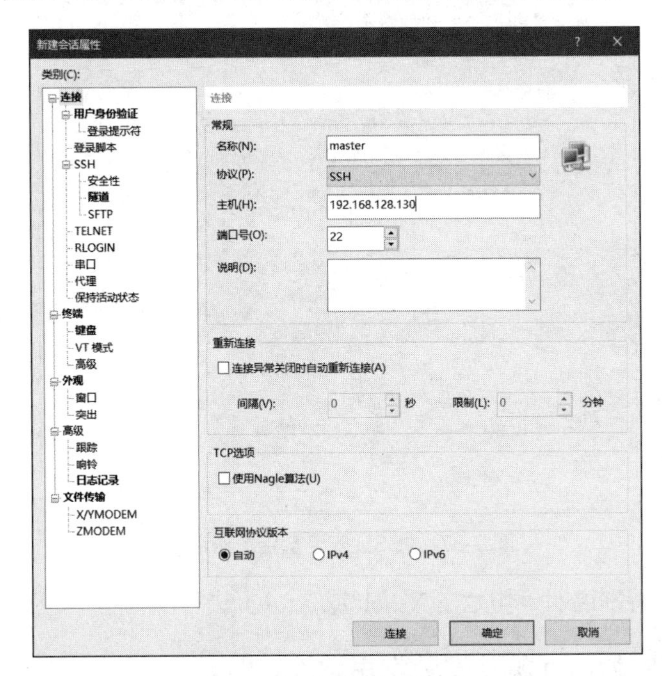

图 2-35　新建会话属性 1

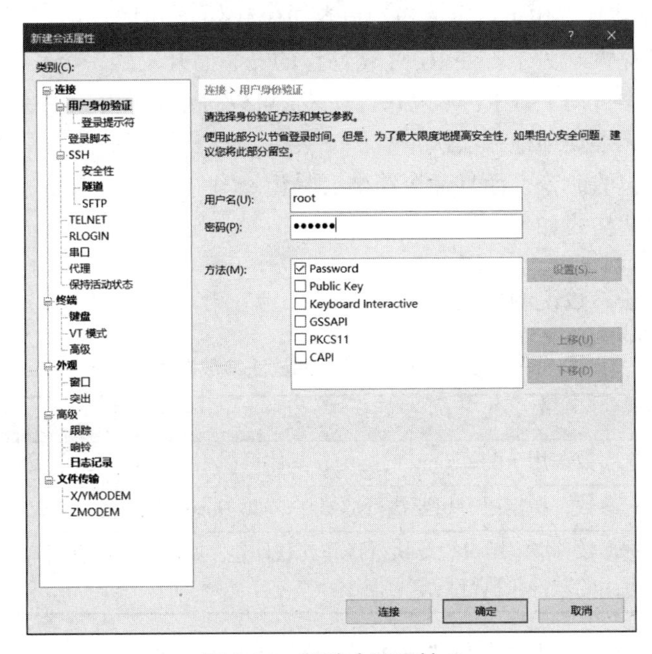

图 2-36　新建会话属性 2

（6）连接虚拟机。在 Xshell 页面中的“会话管理器”窗口，双击会话“master”，将弹出“SSH 安全警告”对话框，如图 2-37 所示，单击“接受并保存”按钮即可成功连接 master 虚拟机。

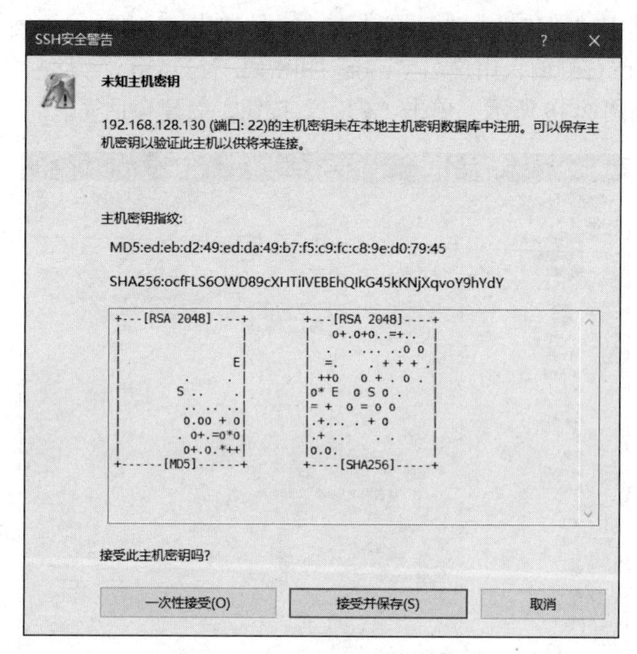

图 2-37 “SSH 安全警告”对话框

后续操作如无特别说明，均是在 Xshell 或 Xftp 上进行。

（四）配置本地 yum 源及安装常用软件

通过 yum 源安装软件包可以彻底解决安装 RPM 软件包时的包关联与依赖问题。

yum 是美国杜克大学为了方便 RPM 软件包的安装而开发的一个软件包管理器，能够在线从指定的服务器中自动下载 RPM 包并且安装，可以自动处理依赖关系，并且一次安装所有依赖的软件包，无须烦琐地一次次下载、安装。yum 提供了查找、安装、删除某一个、一组甚至全部软件包的命令，而且命令简洁、易记。

yum 命令的语法格式如下。

```
yum [options] [command] [package ...]
```

yum 命令的语法参数说明如表 2-9 所示。

表 2-9 yum 命令的语法参数说明

参数	说明
options	可选参数，用于配置 yum 的行为，具体可使用“yum --help”命令进行查看
command	可选参数，指定用户想要执行的操作，如“install”安装一个或多个软件包
package ...	可选参数，指定用户想要执行操作的软件包。如果用户没有指定软件包，yum 会对所有可用的软件包执行指定的操作

配置本地 yum 源及安装常用软件的基本流程如图 2-38 所示。

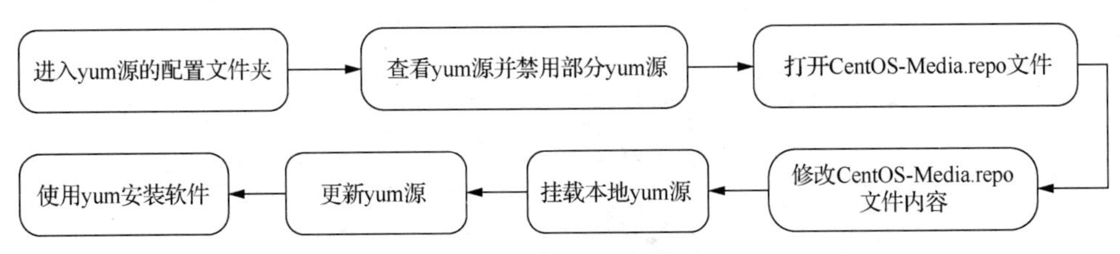

图 2-38 配置本地 yum 源及安装常用软件的基本流程

配置本地 yum 源及安装常用软件的操作步骤如下。

（1）进入 yum 源的配置文件夹。使用“cd /etc/yum.repos.d”命令，进入/etc/yum.repos.d 目录。

（2）查看 yum 源并禁用部分 yum 源的操作如下。

① 查看 yum 源。使用“ll”命令查看 yum.repos.d 目录下的文件，如图 2-39 所示，发现目录下存在 CentOS-Base.repo、CentOS-CR.repo、CentOS-Debuginfo.repo、CentOS-fasttrack.repo、CentOS-Media.repo、CentOS-Sources.repo、CentOS-Vault.repo、CentOS-x86_64-kernel.repo 这 8 个文件，其中 CentOS-Media.repo 是本地 yum 源的配置文件。

```
[root@localhost yum.repos.d]# ll
total 36
-rw-r--r--. 1 root root 1664 Apr  8  2020 CentOS-Base.repo
-rw-r--r--. 1 root root 1309 Apr  8  2020 CentOS-CR.repo
-rw-r--r--. 1 root root  649 Apr  8  2020 CentOS-Debuginfo.repo
-rw-r--r--. 1 root root  314 Apr  8  2020 CentOS-fasttrack.repo
-rw-r--r--. 1 root root  630 Apr  8  2020 CentOS-Media.repo
-rw-r--r--. 1 root root 1331 Apr  8  2020 CentOS-Sources.repo
-rw-r--r--. 1 root root 7577 Apr  8  2020 CentOS-Vault.repo
-rw-r--r--. 1 root root  616 Apr  8  2020 CentOS-x86_64-kernel.repo
```

图 2-39 查看 yum 源

② 禁用部分 yum 源。配置本地 yum 源，需要禁用除本地 yum 源以外的其他 yum 源，即将其他 yum 源文件重命名添加后缀“.bak”，如图 2-40 所示，操作代码如代码 2-3 所示。

+ “.bak”	
CentOS-Base.repo →	CentOS-Base.repo.**bak**
CentOS-CR.repo →	CentOS-CR.repo.**bak**
CentOS-Debuginfo.repo →	CentOS-Debuginfo.repo.**bak**
CentOS-fasttrack.repo →	CentOS-fasttrack.repo.**bak**
CentOS-Sources.repo →	CentOS-Sources.repo.**bak**
CentOS-Vault.repo →	CentOS-Vault.repo.**bak**
CentOS-x86_64-kernel.repo →	CentOS-x86_64-kernel.repo.**bak**

图 2-40 禁用除本地 yum 源以外的其他 yum 源

代码 2-3 禁用除本地 yum 源以外的其他 yum 源

```
mv CentOS-Base.repo CentOS-Base.repo.bak
mv CentOS-CR.repo CentOS-CR.repo.bak
mv CentOS-Debuginfo.repo CentOS-Debuginfo.repo.bak
mv CentOS-fasttrack.repo CentOS-fasttrack.repo.bak
mv CentOS-Sources.repo CentOS-Sources.repo.bak
mv CentOS-Vault.repo CentOS-Vault.repo.bak
mv CentOS-x86_64-kernel.repo CentOS-x86_64-kernel.repo.bak
```

（3）打开 CentOS-Media.repo 文件。使用“vi CentOS-Media.repo”命令，打开并查看 CentOS-Media.repo 文件内容，如图 2-41 所示。

```
[c7-media]
name=CentOS-$releasever - Media
baseurl=file:///media/CentOS/
        file:///media/cdrom/
        file:///media/cdrecorder/
gpgcheck=1
enabled=0
gpgkey=file:///etc/pki/rpm-gpg/RPM-GPG-KEY-CentOS-7
```

图 2-41　CentOS-Media.repo 文件修改前的内容

（4）修改 CentOS-Media.repo 文件内容。将 baseurl 的值修改为“file:///media/”，将 gpgcheck 的值修改为“0”，将 enabled 的值修改为“1”，修改后的内容如图 2-42 所示，修改好后按“Esc”键，输入“:wq”命令，再按“Enter”键保存文件并退出。

```
[c7-media]
name=CentOS-$releasever - Media
baseurl=file:///media/
gpgcheck=0
enabled=1
gpgkey=file:///etc/pki/rpm-gpg/RPM-GPG-KEY-CentOS-7
```

图 2-42　修改 CentOS-Media.repo 文件内容

（5）挂载本地 yum 源。使用“mount /dev/sr0 /media”命令挂载本地 yum 源。如果返回“mount:you must specify the filesystem type”的信息提示，那么说明挂载失败，如图 2-43 所示。

```
[root@localhost yum.repos.d]# mount /dev/sr0 /media
mount:you must specify the filesystem type
```

图 2-43　挂载本地 yum 源

解决方案为：在 VMware 软件中鼠标右键单击 master 虚拟机，在弹出的快捷菜单中选择“设置”命令，弹出“虚拟机设置”对话框，然后在“硬件”选项卡中选择“CD/DVD（IDE）”所在行，并在右侧的“设备状态”组中勾选“已连接”“启动时连接”复选框，如图 2-44 所示。

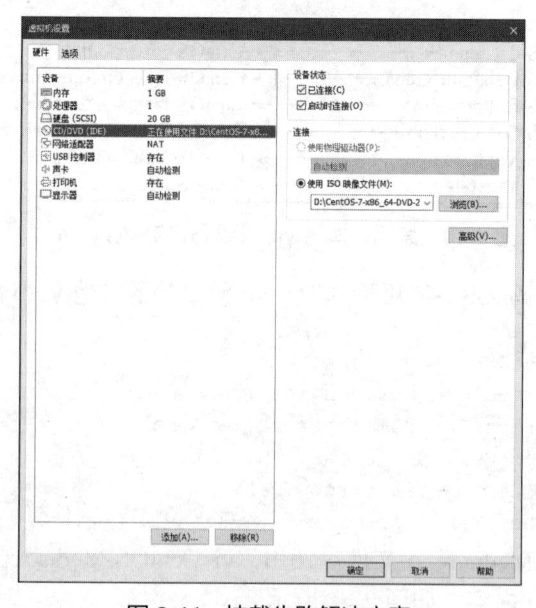

图 2-44　挂载失败解决方案

再次执行挂载本地 yum 源命令，如果返回“mount: /dev/sr0 is write-protected, mounting read-only”信息提示，说明挂载成功，如图 2-45 所示。

```
[root@localhost yum.repos.d]# mount /dev/sr0 /media
mount: /dev/sr0 is write-protected, mounting read-only
```

图 2-45 挂载成功

（6）更新 yum 源。使用“yum clean all”命令，出现图 2-46 所示的信息，说明更新 yum 源成功。

```
[root@localhost yum.repos.d]# yum clean all
Loaded plugins: fastestmirror
Cleaning repos: c7-media
```

图 2-46 更新 yum 源成功

（7）使用 yum 安装软件。以安装 vim、zip、openssh-server、openssh-clients 为例，每个软件的说明如表 2-10 所示。

表 2-10 软件说明

软件	说明
vim	类似于 vi 的文本编辑器
zip	压缩文件
openssh-server	主要是作为一个服务运行在后台，如果这个服务开启，那么可用一些远程连接工具连接 CentOS
openssh-clients	类似于 Xshell，可以作为一个客户端连接 openssh-server

使用“yum install -y vim zip openssh-server openssh-clients”命令安装软件，安装过程中会自动搜索目标软件以及所必需的依赖包，如图 2-47 所示。安装完成后会显示所有已安装的相关软件，如图 2-48 所示。

```
================================================================================
 Package                   Arch        Version                 Repository    Size
================================================================================
Installing:
 vim-enhanced              x86_64      2:7.4.629-6.el7         c7-media     1.1 M
 zip                       x86_64      3.0-11.el7              c7-media     260 k
Installing for dependencies:
 gpm-libs                  x86_64      1.20.7-6.el7            c7-media      32 k
 perl                      x86_64      4:5.16.3-295.el7        c7-media     8.0 M
 perl-Carp                 noarch      1.26-244.el7            c7-media      19 k
 perl-Encode               x86_64      2.51-7.el7              c7-media     1.5 M
 perl-Exporter             noarch      5.68-3.el7              c7-media      28 k
 perl-File-Path            noarch      2.09-2.el7              c7-media      26 k
 perl-File-Temp            noarch      0.23.01-3.el7           c7-media      56 k
 perl-Filter               x86_64      1.49-3.el7              c7-media      76 k
 perl-Getopt-Long          noarch      2.40-3.el7              c7-media      56 k
 perl-HTTP-Tiny            noarch      0.033-3.el7             c7-media      38 k
 perl-PathTools            x86_64      3.40-5.el7              c7-media      82 k
 perl-Pod-Escapes          noarch      1:1.04-295.el7          c7-media      51 k
 perl-Pod-Perldoc          noarch      3.20-4.el7              c7-media      87 k
 perl-Pod-Simple           noarch      1:3.28-4.el7            c7-media     216 k
 perl-Pod-Usage            noarch      1.63-3.el7              c7-media      27 k
 perl-Scalar-List-Utils    x86_64      1.27-248.el7            c7-media      36 k
 perl-Socket               x86_64      2.010-5.el7             c7-media      49 k
 perl-Storable             x86_64      2.45-3.el7              c7-media      77 k
 perl-Text-ParseWords      noarch      3.29-4.el7              c7-media      14 k
 perl-Time-HiRes           x86_64      4:1.9725-3.el7          c7-media      45 k
 perl-Time-Local           noarch      1.2300-2.el7            c7-media      24 k
 perl-constant             noarch      1.27-2.el7              c7-media      19 k
 perl-libs                 x86_64      4:5.16.3-295.el7        c7-media     689 k
 perl-macros               x86_64      4:5.16.3-295.el7        c7-media      44 k
 perl-parent               noarch      1:0.225-244.el7         c7-media      12 k
 perl-podlators            noarch      2.5.1-3.el7             c7-media     112 k
 perl-threads              x86_64      1.87-4.el7              c7-media      49 k
 perl-threads-shared       x86_64      1.43-6.el7              c7-media      39 k
 vim-common                x86_64      2:7.4.629-6.el7         c7-media     5.9 M
 vim-filesystem            x86_64      2:7.4.629-6.el7         c7-media      11 k

Transaction Summary
================================================================================
```

图 2-47 搜索目标软件以及所必需的依赖包

```
Installed:
  openssh-clients.x86_64 0:7.4p1-21.el7                    openssh-server.x86_64 0:7.4p1-21.el7
  vim-enhanced.x86_64 2:7.4.629-6.el7                      zip.x86_64 0:3.0-11.el7
```

图 2-48　yum 安装软件完成

（五）在 Linux 系统下安装 Java

由于 Hadoop 是基于 Java 开发的，所以 Hadoop 集群的使用依赖于 Java 环境。因此，在安装 Hadoop 集群前，需要先安装 Java，本书使用的 JDK（Java Development Kit，Java 开发工具包）的版本为 1.8。

在 Linux 系统下安装 Java 的基本流程如图 2-49 所示。

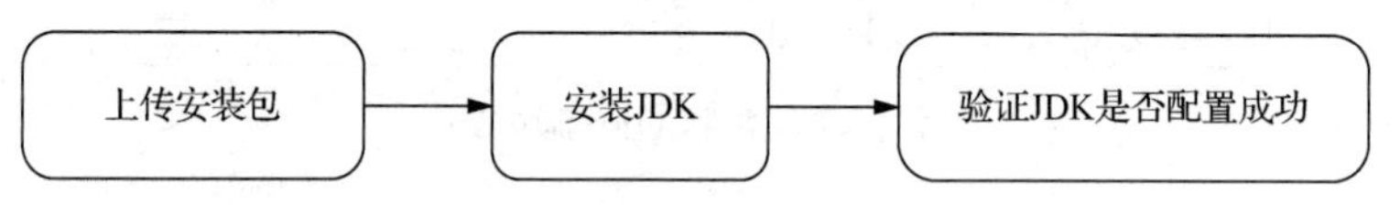

图 2-49　在 Linux 系统下安装 Java 的基本流程

在 Linux 系统下安装 Java 的操作步骤如下。

（1）上传安装包。在 Xshell 中，按“Ctrl+Alt+F”组合键，进入文件传输对话框，左侧为个人计算机的文件系统，右侧为 Linux 虚拟机的文件系统。在左侧的文件系统中找到 jdk-8u281-linux-x64.rpm 安装包，选中后双击将其上传至 Linux 的/opt 目录下，如图 2-50 所示。

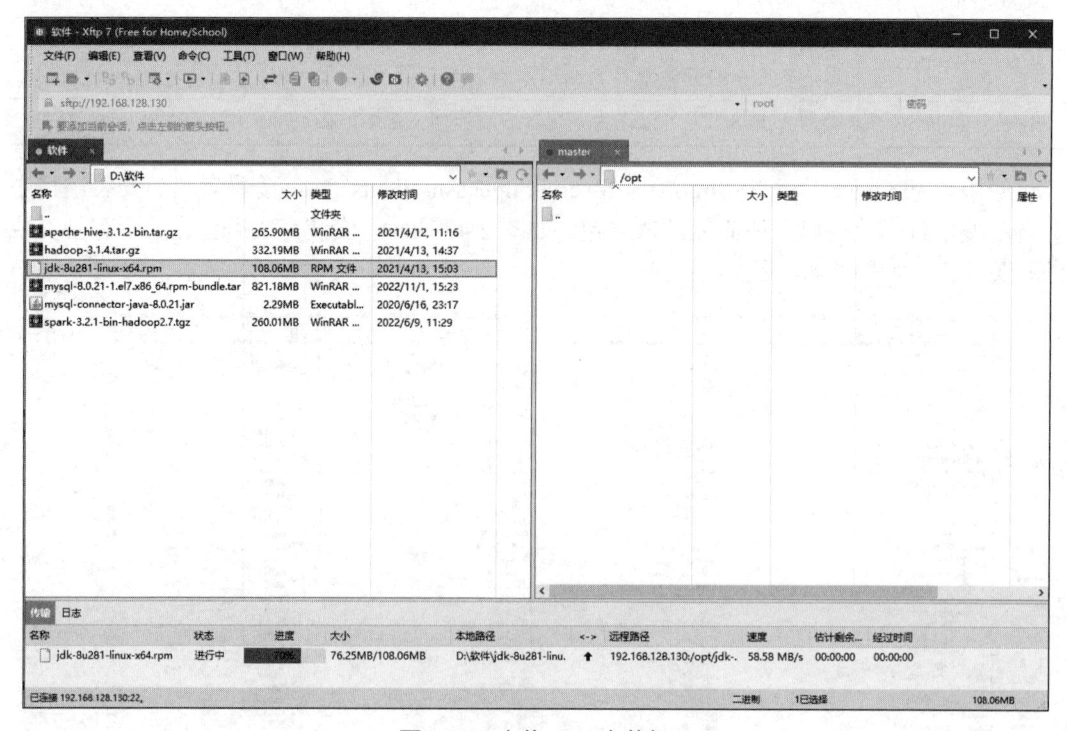

图 2-50　上传 JDK 安装包

（2）安装 JDK。切换至/opt 目录并使用“rpm -ivh jdk-8u281-linux-x64.rpm”命令安装 JDK，如图 2-51 所示。

```
[root@localhost yum.repos.d]# cd /opt/
[root@localhost opt]# rpm -ivh jdk-8u281-linux-x64.rpm
warning: jdk-8u281-linux-x64.rpm: Header V3 RSA/SHA256 Signature, key ID ec551f03: NOKEY
Preparing...                          ################################# [100%]
Updating / installing...
   1:jdk1.8-2000:1.8.0_281-fcs        ################################# [100%]
Unpacking JAR files...
        tools.jar...
        plugin.jar...
        javaws.jar...
        deploy.jar...
        rt.jar...
        jsse.jar...
        charsets.jar...
        localedata.jar...
```

图 2-51　安装 JDK

（3）验证 JDK 是否配置成功。使用“java -version”命令查看 Java 版本，结果如图 2-52 所示，说明 JDK 配置成功。

```
[root@localhost opt]# java -version
java version "1.8.0_281"
Java(TM) SE Runtime Environment (build 1.8.0_281-b09)
Java HotSpot(TM) 64-Bit Server VM (build 25.281-b09, mixed mode)
```

图 2-52　JDK 配置成功

此外，由于 Hadoop 集群有 3 个节点，为方便辨别，使用“hostnamectl set-hostname master”将虚拟机的服务器名修改为“master”，系统重启后将使用新的服务器名。

（六）修改配置文件

创建及配置了虚拟机 master 后，Hadoop 集群的相关配置即可在虚拟机 master 上通过修改配置文件内容进行设置。首先需要将 Hadoop 安装包 hadoop-3.1.4.tar.gz 上传至虚拟机 master 的/opt 目录下；然后使用“tar -zxf hadoop-3.1.4.tar.gz -C /usr/local”命令，将 Hadoop 安装包解压至虚拟机 master 的/usr/local 目录下。

进入/usr/local/hadoop-3.1.4/etc/hadoop 目录，并修改 8 份配置文件的内容，基本流程如图 2-53 所示。

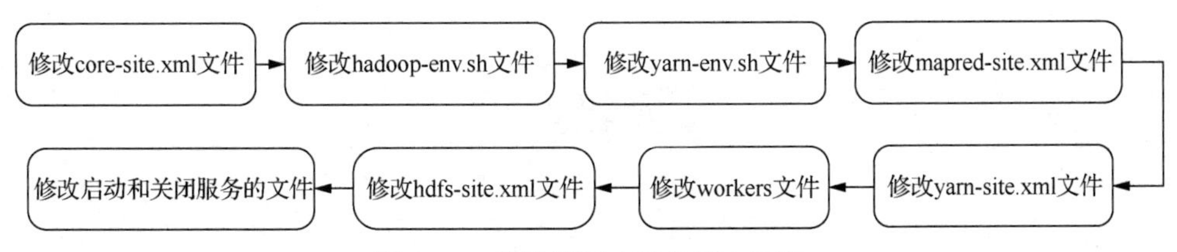

图 2-53　修改配置文件的基本流程

修改配置文件的具体操作步骤如下。

（1）修改 core-site.xml 文件。core-site.xml 是 Hadoop 的核心配置文件，用于配置两个属性，即 fs.defaultFS 和 hadoop.tmp.dir。fs.defaultFS 用于配置 Hadoop 的 HDFS 的 NameNode 端口。注意：若 NameNode 所在的虚拟机名称不是“master”，则需要将“hdfs://master:8020”中的“master”替换为 NameNode 所在的虚拟机名称。hadoop.tmp.dir 配置了 Hadoop 的临时文件的目录。core-site.xml 文件添加的内容如代码 2-4 所示。

代码 2-4 core-site.xml 文件添加的内容

```
<configuration>
  <property>
  <name>fs.defaultFS</name>
    <value>hdfs://master:8020</value>
    </property>
  <property>
    <name>hadoop.tmp.dir</name>
    <value>/var/log/hadoop/tmp</value>
  </property>
</configuration>
```

注：<configuration>和</configuration>在初始文件中已存在，无需再次添加。

（2）修改 hadoop-env.sh 文件。hadoop-env.sh 文件包含 Hadoop 运行基本环境的配置信息，需要修改 JDK 所在目录。因此，在该文件中，将 JAVA_HOME 的值修改为 JDK 在 Linux 系统中的安装目录，如代码 2-5 所示。

代码 2-5 修改 hadoop-env.sh 文件

```
export JAVA_HOME=/usr/java/jdk1.8.0_281-amd64
```

（3）修改 yarn-env.sh 文件。yarn-env.sh 文件包含 YARN 框架运行环境的配置信息，同样需要添加 JDK 所在目录，如代码 2-6 所示。

代码 2-6 修改 yarn-env.sh 文件

```
export JAVA_HOME=/usr/java/jdk1.8.0_281-amd64
```

（4）修改 mapred-site.xml 文件。mapred-site.xml 包含 MapReduce 框架的相关配置信息，由于 Hadoop 3.x 使用了 YARN 框架，所以必须指定 mapreduce.framework.name 配置项的值为“yarn”。mapreduce.jobhistory.address 和 mapreduce.jobhistory.webapp.address 是 JobHistoryServer 的相关配置，它们是运行 MapReduce 任务的日志相关服务端口。mapred-site.xml 文件中添加的内容如代码 2-7 所示。

代码 2-7 mapred-site.xml 文件添加的内容

```
<configuration>
<property>
  <name>mapreduce.framework.name</name>
  <value>yarn</value>
</property>
<!-- jobhistory properties --><property>
  <name>mapreduce.jobhistory.address</name>
  <value>master:10020</value>
</property>
<property>
   <name>mapreduce.jobhistory.webapp.address</name>
   <value>master:19888</value>
</property>
</configuration>
```

（5）修改 yarn-site.xml 文件。yarn-site.xml 文件包含 YARN 框架的相关配置信息，文件中命名了一个 yarn.resourcemanager.hostname 变量，在 YARN 的相关配置中可以直接引用该变量，其他配置保持不变即可。yarn-site.xml 文件修改的内容如代码 2-8 所示。

代码 2-8 yarn-site.xml 文件修改的内容

```
<configuration>
```

```
<!-- Site specific YARN configuration properties -->
<property>
  <name>yarn.resourcemanager.hostname</name>
  <value>master</value>
 </property>
 <property>
  <name>yarn.resourcemanager.address</name>
  <value>${yarn.resourcemanager.hostname}:8032</value>
 </property>
 <property>
  <name>yarn.resourcemanager.scheduler.address</name>
  <value>${yarn.resourcemanager.hostname}:8030</value>
 </property>
 <property>
  <name>yarn.resourcemanager.webapp.address</name>
  <value>${yarn.resourcemanager.hostname}:8088</value>
 </property>
 <property>
  <name>yarn.resourcemanager.webapp.https.address</name>
  <value>${yarn.resourcemanager.hostname}:8090</value>
 </property>
 <property>
  <name>yarn.resourcemanager.resource-tracker.address</name>
  <value>${yarn.resourcemanager.hostname}:8031</value>
 </property>
 <property>
  <name>yarn.resourcemanager.admin.address</name>
  <value>${yarn.resourcemanager.hostname}:8033</value>
 </property>
 <property>
  <name>yarn.nodemanager.local-dirs</name>
  <value>/data/hadoop/yarn/local</value>
 </property>
 <property>
  <name>yarn.log-aggregation-enable</name>
  <value>true</value>
 </property>
 <property>
  <name>yarn.nodemanager.remote-app-log-dir</name>
  <value>/data/tmp/logs</value>
 </property>
<property>
 <name>yarn.log.server.url</name>
 <value>http://master:19888/jobhistory/logs/</value>
 <description>URL for job history server</description>
</property>
<property>
  <name>yarn.nodemanager.vmem-check-enabled</name>
  <value>false</value>
 </property>
<property>
```

```
  <name>yarn.nodemanager.aux-services</name>
  <value>mapreduce_shuffle</value>
 </property>
 <property>
   <name>yarn.nodemanager.aux-services.mapreduce.shuffle.class</name>
    <value>org.apache.hadoop.mapred.ShuffleHandler</value>
    </property>
<property>
     <name>yarn.nodemanager.resource.memory-mb</name>
     <value>2048</value>
 </property>
 <property>
      <name>yarn.scheduler.minimum-allocation-mb</name>
      <value>512</value>
 </property>
 <property>
   <name>yarn.scheduler.maximum-allocation-mb</name>
   <value>4096</value>
 </property>
 <property>
   <name>mapreduce.map.memory.mb</name>
   <value>2048</value>
 </property>
 <property>
   <name>mapreduce.reduce.memory.mb</name>
   <value>2048</value>
 </property>
 <property>
   <name>yarn.nodemanager.resource.cpu-vcores</name>
   <value>1</value>
 </property>
</configuration>
```

（6）修改 workers 文件。workers 文件保存的是从节点（slave 节点）的信息，在 workers 文件中添加的内容，如代码 2-9 所示。该文件中原本有“localhost”内容，可以删掉“localhost”这行，让 master 节点作为名称节点（NameNode）使用。

代码 2-9　workers 文件中添加的内容

```
slave1
slave2
```

（7）修改 hdfs-site.xml 文件。hdfs-site.xml 包含与 HDFS 相关的配置，例如 dfs.namenode.name.dir 和 dfs.datanode.data.dir 分别指定了 NameNode 元数据和 DataNode 数据存储位置。dfs.namenode.secondary.http-address 用于配置 SecondaryNameNode 的地址。dfs.replication 用于配置文件块的副本数，默认为 3 个副本，不进行修改。hdfs-site.xml 文件修改的内容如代码 2-10 所示。

代码 2-10　hdfs-site.xml 文件修改的内容

```
<configuration>
<property>
  <name>dfs.namenode.name.dir</name>
  <value>file:///data/hadoop/hdfs/name</value>
```

```
</property>
<property>
  <name>dfs.datanode.data.dir</name>
  <value>file:///data/hadoop/hdfs/data</value>
</property>
<property>
    <name>dfs.namenode.secondary.http-address</name>
    <value>master:50090</value>
</property>
<property>
    <name>dfs.replication</name>
    <value>3</value>
</property>
</configuration>
```

（8）修改启动和关闭服务的文件。为了防止Hadoop集群启动失败，需要修改Hadoop集群启动和关闭服务的文件。启动和关闭服务的文件在/usr/local/hadoop-3.1.4/sbin/目录下，需要修改的文件分别是start-dfs.sh、stop-dfs.sh、start-yarn.sh和stop-yarn.sh，修改操作如下。

① 修改start-dfs.sh和stop-dfs.sh。在start-dfs.sh和stop-dfs.sh文件开头添加的内容如代码2-11所示。

代码2-11　start-dfs.sh和stop-dfs.sh文件开头添加的内容

```
HDFS_DATANODE_USER=root
HADOOP_SECURE_DN_USER=hdfs
HDFS_NAMENODE_USER=root
HDFS_SECONDARYNAMENODE_USER=root
```

② 修改start-yarn.sh和stop-yarn.sh。在start-yarn.sh和stop-yarn.sh文件开头添加的内容如代码2-12所示。

代码2-12　start-yarn.sh和stop-yarn.sh文件开头添加的内容

```
YARN_RESOURCEMANAGER_USER=root
HADOOP_SECURE_DN_USER=yarn
YARN_NODEMANAGER_USER=root
```

除此之外，还需要修改/etc/hosts文件。/etc/hosts文件配置的是服务器名与IP地址的映射。配置服务器名与IP地址的映射后，各服务器之间通过服务器名即可进行通信和访问，简化并方便了访问操作。本书搭建的Hadoop集群共有3个节点，集群的节点的服务器名及IP地址如图2-6所示，因此可使用vim命令在/etc/hosts文件的末尾添加相关配置，添加的内容如代码2-13所示。

代码2-13　/etc/hosts文件末尾添加的内容

```
192.168.128.130 master master.centos.com
192.168.128.131 slave1 slave1.centos.com
192.168.128.132 slave2 slave2.centos.com
```

（七）克隆虚拟机

在虚拟机master上完成Hadoop集群的相关配置后，需要通过克隆虚拟机master，生成2个新的虚拟机slave1、slave2。

在虚拟机master的安装目录D:\VMware下建立2个文件：slave1、slave2。以克隆master生成虚拟机slave1为例，克隆虚拟机的基本流程如图2-54所示。

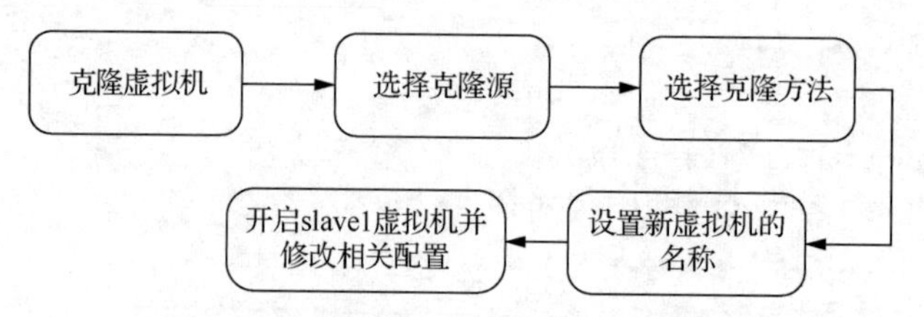

图 2-54　克隆虚拟机 slave1 的基本流程

克隆虚拟机 slave1 步骤如下。

（1）克隆虚拟机。鼠标右键单击关机后的虚拟机 master，依次选择“管理”→“克隆”命令，如图 2-55 所示，进入欢迎使用克隆虚拟机向导的界面，如图 2-56 所示，直接单击“下一页”按钮。

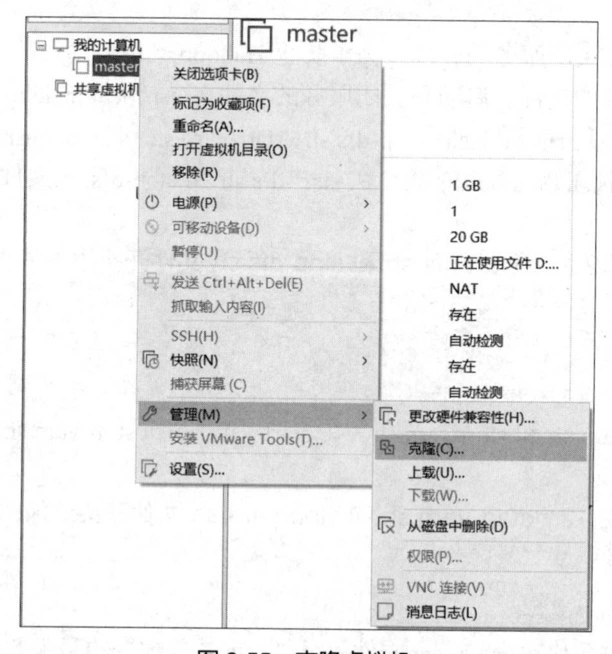

图 2-55　克隆虚拟机

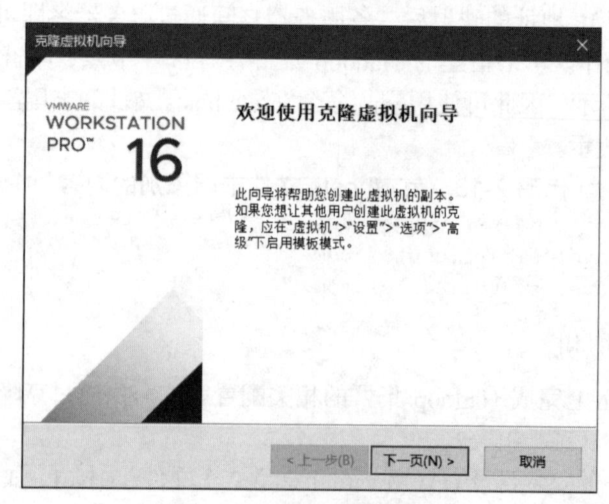

图 2-56　克隆虚拟机向导

（2）选择克隆源。选择“虚拟机中的当前状态”单选按钮，如图 2-57 所示，单击“下一页”按钮。

（3）选择克隆方法。选择“创建完整克隆”单选按钮，如图 2-58 所示，单击“下一步”按钮。

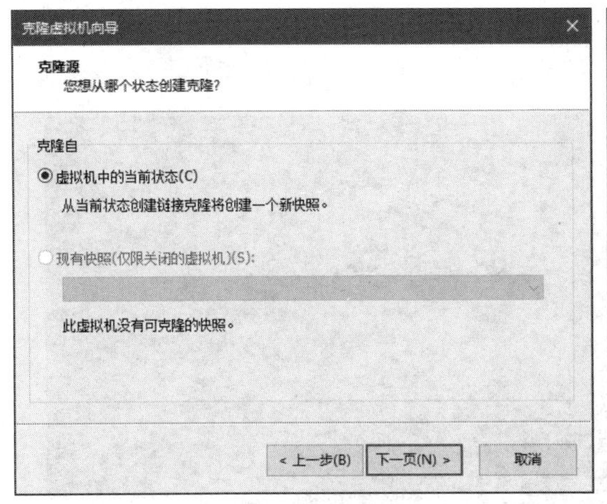

图 2-57　选择克隆源

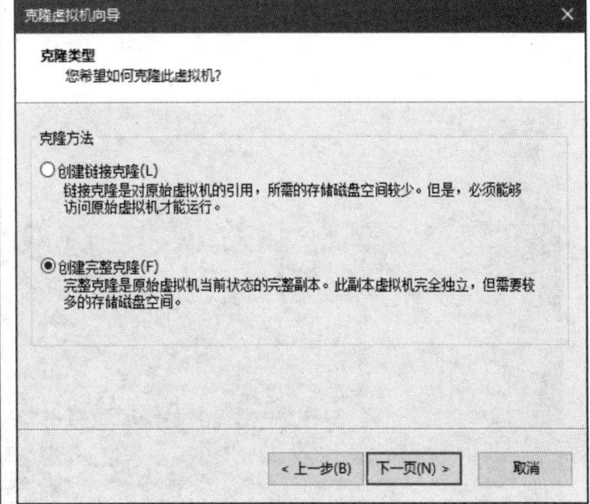

图 2-58　选择克隆方法

（4）设置新虚拟机的名称。新虚拟机名称为“slave1”，设置该虚拟机的安装位置为“D:\VMware\slave1”，如图 2-59 所示，单击“完成”按钮，虚拟机开始克隆，最后单击“关闭”按钮，如图 2-60 所示，完成虚拟机的克隆。

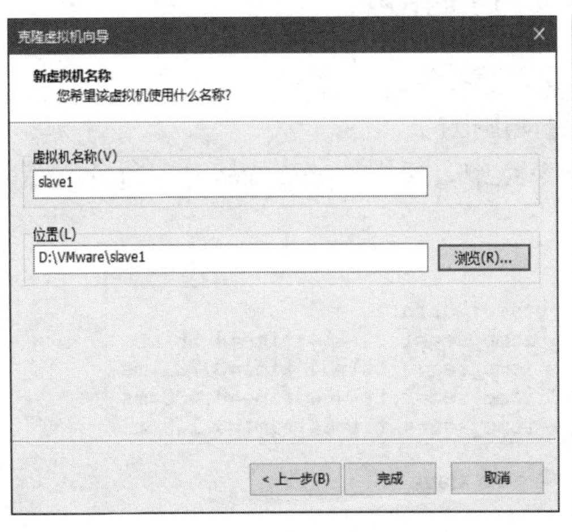

图 2-59　设置新虚拟机的名称

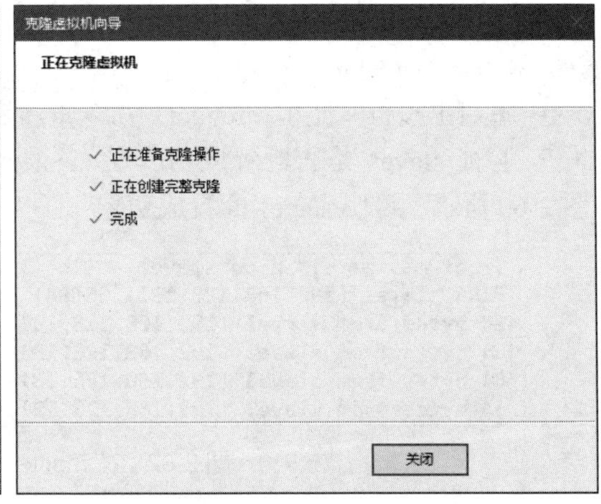

图 2-60　完成虚拟机的克隆

（5）开启 slave1 虚拟机并修改相关配置。因为 slave1 虚拟机是由 master 虚拟机克隆产生的，即虚拟机配置与虚拟机 master 的一致，所以需要修改 slave1 的相关配置，修改相关配置的过程如下。

① 修改 IP 地址。修改/etc/sysconfig/network-scripts/ifcfg-ens33 文件，将 IPADDR 的值修改为“192.168.128.131”，如代码 2-14 所示，修改好后保存退出。

代码 2-14　修改 slave1 的 ifcfg-ens33 文件的 IPADDR

```
IPADDR=192.168.128.131
```

② 验证 IP 地址是否修改成功。重启网络服务并查看 IP 地址是否修改成功，如代码 2-15 所示，运行结果如图 2-61 所示。

代码 2-15　重启网络服务和查看 IP 地址

```
# 重启网络服务
service network restart
# 查看 IP 地址
ip addr
```

```
[root@master ~]# service network restart
Restarting network (via systemctl):                        [  OK  ]
[root@master ~]# ip addr
1: lo: <LOOPBACK,UP,LOWER_UP> mtu 65536 qdisc noqueue state UNKNOWN group default qlen 1000
    link/loopback 00:00:00:00:00:00 brd 00:00:00:00:00:00
    inet 127.0.0.1/8 scope host lo
       valid_lft forever preferred_lft forever
    inet6 ::1/128 scope host
       valid_lft forever preferred_lft forever
2: ens33: <BROADCAST,MULTICAST,UP,LOWER_UP> mtu 1500 qdisc pfifo_fast state UP group default qlen 10
00
    link/ether 00:0c:29:a8:5b:c6 brd ff:ff:ff:ff:ff:ff
    inet 192.168.128.131/24 brd 192.168.128.255 scope global noprefixroute ens33
       valid_lft forever preferred_lft forever
    inet6 fe80::8d70:b359:20e:b873/64 scope link tentative noprefixroute dadfailed
       valid_lft forever preferred_lft forever
    inet6 fe80::8acf:c7bc:805b:7a01/64 scope link noprefixroute
       valid_lft forever preferred_lft forever
```

图 2-61　重启网络服务和查看 IP 地址

③ 修改服务器名。因为 slave1 是 master 的克隆虚拟机，所以需要修改服务器名为 slave1，如代码 2-16 所示。

代码 2-16　修改 slave1 的服务器名

```
# 修改 slave1 的服务器名
hostnamectl set-hostname slave1
```

④ 重启虚拟机。使用“reboot”命令重新启动虚拟机。

⑤ 验证 slave1 是否配置成功。在 master 节点中，使用“ping slave1”命令，结果如图 2-62 所示，说明 slave1 配置成功。

```
[root@master ~]# ping slave1
PING slave1 (192.168.128.131) 56(84) bytes of data.
64 bytes from slave1 (192.168.128.131): icmp_seq=1 ttl=64 time=4.55 ms
64 bytes from slave1 (192.168.128.131): icmp_seq=2 ttl=64 time=0.781 ms
64 bytes from slave1 (192.168.128.131): icmp_seq=3 ttl=64 time=0.400 ms
64 bytes from slave1 (192.168.128.131): icmp_seq=4 ttl=64 time=0.240 ms
```

图 2-62　在 master 中 ping slave1

参考步骤（1）～（5），继续克隆 master 虚拟机生成 slave2 虚拟机，并修改 slave2 虚拟机的相关配置。

（八）配置 SSH 免密登录

SSH（Secure Shell，安全外壳）是建立在 TCP/IP（Transmission Control Protocol/Internet Protocol，传输控制协议/互联网协议）的应用层和传输层基础上的安全协议。SSH 保障了远程登录和网络传输服务的安全性，起到了防止信息泄露等作用。SSH 可以对文件进行加密处理，也可以运行于多平台。

配置 SSH 免密登录的步骤如下，均是在 master 虚拟机上进行操作的。

（1）生成公钥与私钥对。密钥分为公钥和私钥，ssh-keygen 命令可以用于生成 RSA 类型的公钥与私钥对。使用“ssh-keygen -t rsa”命令，参数-t 用于指定要创建的 SSH 密钥的类型为 RSA，接着按 3 次“Enter”键，最终将生成私钥 id_rsa 和公钥 id_rsa.pub 两个文件，如图 2-63 所示。

```
[root@master ~]# ssh-keygen -t rsa
Generating public/private rsa key pair.
Enter file in which to save the key (/root/.ssh/id_rsa):
Created directory '/root/.ssh'.
Enter passphrase (empty for no passphrase):
Enter same passphrase again:
Your identification has been saved in /root/.ssh/id_rsa.
Your public key has been saved in /root/.ssh/id_rsa.pub.
The key fingerprint is:
SHA256:itDYcMFuvFuRPQ93lEfVytvnS8IVR8mhFuRBg+CVrzM root@master
The key's randomart image is:
+---[RSA 2048]----+
|   ..     ...=Ooo*|
|    ..   . .o+ *+.|
|  .o.  o . ..* o.|
|   *+ o + . o.o o|
|  o.o. .S= ..  + |
|   .....  .E. o o|
|    .o.     oo o.|
|    .         o .|
|               ..|
+----[SHA256]-----+
```

图 2-63　生成公钥与私钥对

（2）将公钥复制到远程机器中。使用 ssh-copy-id 命令将公钥复制至远程机器中，如代码 2-17 所示。

代码 2-17　将公钥复制到远程机器中

```
# 每运行一次 ssh-copy-id 命令，均需依次输入 yes、123456（root 用户的密码）
ssh-copy-id -i /root/.ssh/id_rsa.pub master
ssh-copy-id -i /root/.ssh/id_rsa.pub slave1
ssh-copy-id -i /root/.ssh/id_rsa.pub slave2
```

（3）验证是否能够 SSH 免密登录。在 master 节点下分别执行“ssh slave1”和“ssh slave2”，结果如图 2-64 所示，说明配置 SSH 免密登录成功。由于虚拟机是基于 VMnet 8 连接网络的，VMnet 8 的 IP 地址是 192.168.128.1，故图 2-64 中的 IP 地址为 192.168.128.1。

```
[root@master ~]# ssh slave1
Last login: Thu Jul 20 00:40:05 2023 from 192.168.128.1
[root@slave1 ~]# exit
logout
Connection to slave1 closed.
[root@master ~]# ssh slave2
Last login: Thu Jul 20 00:40:10 2023 from 192.168.128.1
[root@slave2 ~]# exit
logout
Connection to slave2 closed.
```

图 2-64　验证 SSH 免密登录

（九）配置时间同步服务

NTP（Network Time Protocol，网络时间协议）是使计算机时间同步的一种协议，可以使计算机与其服务器或时钟源进行同步，提供高精准度的时间校正。Hadoop 集群对时间要求很高，主节点与各从节点的时间都必须同步。配置时间同步服务主要是为了进行集群间的时间同步。Hadoop 集群配置时间同步服务基本流程如图 2-65 所示。

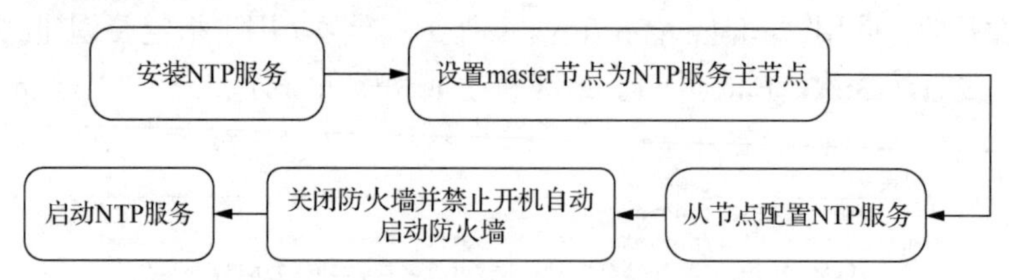

图 2-65　配置时间同步服务基本流程

Hadoop 集群配置时间同步服务的步骤如下。

（1）安装 NTP 服务。在任务一的第（四）步骤中已经配置了本地 yum 源，可以直接使用 yum 安装 NTP 服务，在各节点使用“yum install -y ntp”命令即可。若出现了“Complete”信息，则说明安装 NTP 服务成功。若安装出现问题，则需要使用“mount /dev/sr0 /media”命令重新挂载本地 yum 源。

（2）设置 master 节点为 NTP 服务主节点。使用“vim /etc/ntp.conf”命令打开/etc/ntp.conf 文件，注释掉以 server 开头的行，添加的内容如代码 2-18 所示，添加位置如图 2-66 所示。

代码 2-18　master 节点的 ntp.conf 文件添加的内容

```
restrict 192.168.0.0 mask 255.255.255.0 nomodify notrap
server 127.127.1.0
fudge 127.127.1.0 stratum 10
```

```
# Use public servers from the pool.ntp.org project.
# Please consider joining the pool (http://[illegible]).
#server 0.centos.pool.ntp.org iburst
#server 1.centos.pool.ntp.org iburst
#server 2.centos.pool.ntp.org iburst
#server 3.centos.pool.ntp.org iburst
restrict 192.168.0.0 mask 255.255.255.0 nomodify notrap
server 127.127.1.0
fudge 127.127.1.0 stratum 10
```

图 2-66　master 节点的 ntp.conf 文件添加的内容

（3）从节点配置 NTP 服务。分别在 slave1、slave2 中配置 NTP 服务，同样修改/etc/ntp.conf 文件，注释掉 server 开头的行，添加的内容如代码 2-19 所示，添加位置如图 2-67 所示。

代码 2-19　从节点的 ntp.conf 文件添加的内容

```
server master
```

```
# Use public servers from the pool.ntp.org project.
# Please consider joining the pool (http://[illegible]).
#server 0.centos.pool.ntp.org iburst
#server 1.centos.pool.ntp.org iburst
#server 2.centos.pool.ntp.org iburst
#server 3.centos.pool.ntp.org iburst
server master
```

图 2-67　从节点的 ntp.conf 文件添加的内容

（4）关闭防火墙并禁止开机自动启动防火墙。使用“systemctl stop firewalld”和“systemctl disable firewalld”命令关闭防火墙并禁止开机自动启动防火墙。注意，主节点和从节点均需要关闭。

（5）启动 NTP 服务。NTP 服务安装完成后即可开始启动 NTP 服务，启动操作如下。

① 主节点启动 NTP 服务。在 master 节点使用“systemctl start ntpd”和“systemctl enable ntpd”命令启动 NTP 服务，再使用“systemctl status ntpd”命令查看 NTP 服务状态，如图 2-68 所示，出现“active(running)”信息，说明 NTP 服务启动成功。

```
[root@master ~]# systemctl start ntpd
[root@master ~]# systemctl enable ntpd
[root@master ~]# systemctl status ntpd
● ntpd.service - Network Time Service
   Loaded: loaded (/usr/lib/systemd/system/ntpd.service; enabled; vendor preset: disabled)
   Active: active (running) since Thu 2023-08-24 22:30:00 CST; 1min 24s ago
 Main PID: 690 (ntpd)
   CGroup: /system.slice/ntpd.service
           └─690 /usr/sbin/ntpd -u ntp:ntp -g

Aug 24 22:30:01 master ntpd[690]: Listen normally on 2 lo 127.0.0.1 UDP 123
Aug 24 22:30:01 master ntpd[690]: Listen normally on 3 lo ::1 UDP 123
Aug 24 22:30:01 master ntpd[690]: Listening on routing socket on fd #20 for interface updates
Aug 24 22:30:01 master ntpd[690]: 0.0.0.0 c016 06 restart
Aug 24 22:30:01 master ntpd[690]: 0.0.0.0 c012 02 freq_set kernel 0.000 PPM
Aug 24 22:30:01 master ntpd[690]: 0.0.0.0 c011 01 freq_not_set
Aug 24 22:30:01 master ntpd[690]: 0.0.0.0 c514 04 freq_mode
Aug 24 22:30:06 master ntpd[690]: Listen normally on 4 ens33 192.168.128.130 UDP 123
Aug 24 22:30:06 master ntpd[690]: Listen normally on 5 ens33 fe80::8acf:c7bc:805b:7a01 UDP 123
Aug 24 22:30:06 master ntpd[690]: new interface(s) found: waking up resolver
```

图 2-68 查看 NTP 服务状态

② 分别在 slave1、slave2 节点上使用“ntpdate master”命令，即可同步时间，以 slave1 节点为例，运行结果如图 2-69 所示。

```
[root@slave1 ~]# ntpdate master
20 Jul 01:05:17 ntpdate[2680]: adjust time server 192.168.128.130 offset 0.080427 sec
```

图 2-69 从节点执行 ntpdate master 命令

③ 从节点启动 NTP 服务。在 slave1、slave2 节点上分别使用“systemctl start ntpd”和“systemctl enable ntpd”命令，即可永久启动 NTP 服务，使用“systemctl status ntpd”命令查看 NTP 服务状态，以 slave1 节点为例，运行结果如图 2-70 所示，出现“active(running)”信息，说明该从节点的 NTP 服务也启动成功。

```
[root@slave1 ~]# systemctl start ntpd
[root@slave1 ~]# systemctl enable ntpd
[root@slave1 ~]# systemctl status ntpd
• ntpd.service - Network Time Service
   Loaded: loaded (/usr/lib/systemd/system/ntpd.service; enabled; vendor preset: disabled)
   Active: active (running) since Thu 2023-08-24 22:30:03 CST; 2min 54s ago
 Main PID: 685 (ntpd)
   CGroup: /system.slice/ntpd.service
           └─685 /usr/sbin/ntpd -u ntp:ntp -g

Aug 24 22:30:04 slave1 ntpd[685]: Listen and drop on 0 v4wildcard 0.0.0.0 UDP 123
Aug 24 22:30:04 slave1 ntpd[685]: Listen and drop on 1 v6wildcard :: UDP 123
Aug 24 22:30:04 slave1 ntpd[685]: Listen normally on 2 lo 127.0.0.1 UDP 123
Aug 24 22:30:04 slave1 ntpd[685]: Listen normally on 3 lo ::1 UDP 123
Aug 24 22:30:04 slave1 ntpd[685]: Listening on routing socket on fd #20 for interface updates
Aug 24 22:30:04 slave1 ntpd[685]: 0.0.0.0 c016 06 restart
Aug 24 22:30:04 slave1 ntpd[685]: 0.0.0.0 c012 02 freq_set kernel 1.519 PPM
Aug 24 22:30:12 slave1 ntpd[685]: Listen normally on 4 ens33 192.168.128.131 UDP 123
Aug 24 22:30:12 slave1 ntpd[685]: Listen normally on 5 ens33 fe80::b4bd:594c:11a7:390 UDP 123
Aug 24 22:30:12 slave1 ntpd[685]: new interface(s) found: waking up resolver
```

图 2-70 从节点启动 NTP 服务

（十）添加地址映射

为了后续代码开发，Windows 本机能够识别虚拟机集群，需要在 Windows 系统中对虚拟机集群的 IP 地址添加映射。在 Windows 桌面使用“Win+R”组合键打开“运行”对话框，输入“drivers”后单击“确定”按钮。在 drivers 文件夹中找到 etc 文件夹并打开，如图 2-71 所示。

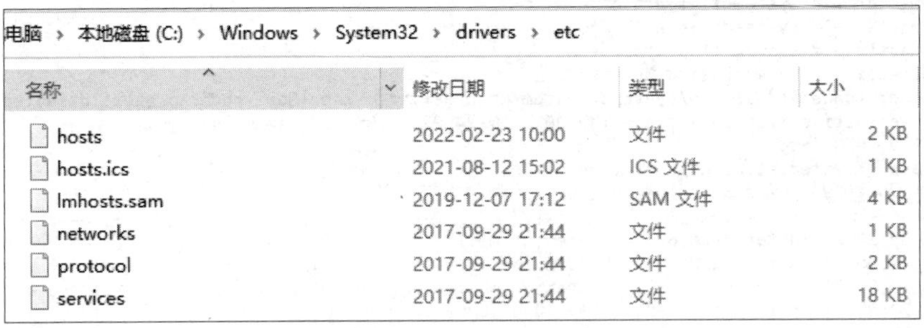

电脑 › 本地磁盘 (C:) › Windows › System32 › drivers › etc

名称	修改日期	类型	大小
hosts	2022-02-23 10:00	文件	2 KB
hosts.ics	2021-08-12 15:02	ICS 文件	1 KB
lmhosts.sam	2019-12-07 17:12	SAM 文件	4 KB
networks	2017-09-29 21:44	文件	1 KB
protocol	2017-09-29 21:44	文件	2 KB
services	2017-09-29 21:44	文件	18 KB

图 2-71　打开 etc 文件夹

编辑 etc 文件夹中的 hosts 文件，在文件末尾添加地址映射，如代码 2-20 所示。

代码 2-20　添加地址映射

```
192.168.128.130  master
192.168.128.131  slave1
192.168.128.132  slave2
```

（十一）启动关闭集群

完成 Hadoop 的所有配置后，即可执行格式化 NameNode 操作。通过格式化 NameNode，可以确保 Hadoop 集群的文件系统处于一致的状态，并且可以避免潜在的冲突和错误。此外，格式化 NameNode 还会生成新的命名空间 ID 和集群 ID，用于标识 Hadoop 集群的唯一性。格式化 NameNode 操作会在 NameNode 所在机器初始化一些 HDFS 的相关配置，并且在集群搭建过程中只需执行一次，执行格式化之前可以先配置环境变量。

配置环境变量是指在 master、slave1、slave2 节点上修改/etc/profile 文件，在文件末尾添加代码 2-21 所示的内容，文件修改完保存退出，使用“source /etc/profile”命令使配置生效。

代码 2-21　/etc/profile 文件末尾添加的内容

```
export HADOOP_HOME=/usr/local/hadoop-3.1.4
export JAVA_HOME=/usr/java/jdk1.8.0_281-amd64
export PATH=$HADOOP_HOME/bin:$PATH:$JAVA_HOME/bin
```

格式化只需使用“hdfs namenode -format”命令，若出现“Storage directory /data/hadoop/hdfs/name has been successfully formatted”提示，则表示格式化 NameNode 成功，如图 2-72 所示。

```
2023-07-20 01:24:45,712 INFO namenode.FSImage: Allocated new BlockPoolId: BP-370144139-192.168.128.130-1689787485702
2023-07-20 01:24:45,752 INFO common.Storage: Storage directory /data/hadoop/hdfs/name has been successfully formatted.
2023-07-20 01:24:45,896 INFO namenode.FSImageFormatProtobuf: Saving image file /data/hadoop/hdfs/name/current/fsimage.ckpt_0000000000000000000 using no compression
2023-07-20 01:24:46,133 INFO namenode.FSImageFormatProtobuf: Image file /data/hadoop/hdfs/name/current/fsimage.ckpt_0000000000000000000 of size 391 bytes saved in 0 seconds .
2023-07-20 01:24:46,156 INFO namenode.NNStorageRetentionManager: Going to retain 1 images with txid >= 0
2023-07-20 01:24:46,173 INFO namenode.FSImage: FSImageSaver clean checkpoint: txid = 0 when meet shutdown.
2023-07-20 01:24:46,174 INFO namenode.NameNode: SHUTDOWN_MSG:
/************************************************************
SHUTDOWN_MSG: Shutting down NameNode at master/192.168.128.130
************************************************************/
```

图 2-72　格式化成功提示

格式化完成后即可启动 Hadoop 集群，启动 Hadoop 集群只需要在 master 节点直接进入 Hadoop 安装目录，使用代码 2-22 所示的命令即可。

代码 2-22　启动集群命令

```
cd $HADOOP_HOME  # 进入 Hadoop 安装目录
sbin/start-dfs.sh     # 启动 HDFS 相关服务
sbin/start-yarn.sh     # 启动 YARN 相关服务
sbin/mr-jobhistory-daemon.sh start historyserver  # 启动日志相关服务
```

集群启动之后，在主节点 master，从节点 slave1、slave2 上分别使用 jps 命令，出现图 2-73 所示的信息，说明集群启动成功。

```
[root@master hadoop-3.1.4]# jps
4453 NameNode
4981 ResourceManager
4726 SecondaryNameNode
5398 Jps
5244 JobHistoryServer
[root@master hadoop-3.1.4]# ssh slave1 "jps"
4129 Jps
3866 DataNode
3994 NodeManager
[root@master hadoop-3.1.4]# ssh slave2 "jps"
4112 Jps
3945 NodeManager
3837 DataNode
```

图 2-73　集群启动成功

启动成功后可通过浏览器，登录 HDFS 的 Web UI（User Interface，用户界面）系统，登录网址为“http://192.168.128.130:9870”，如图 2-74 所示。

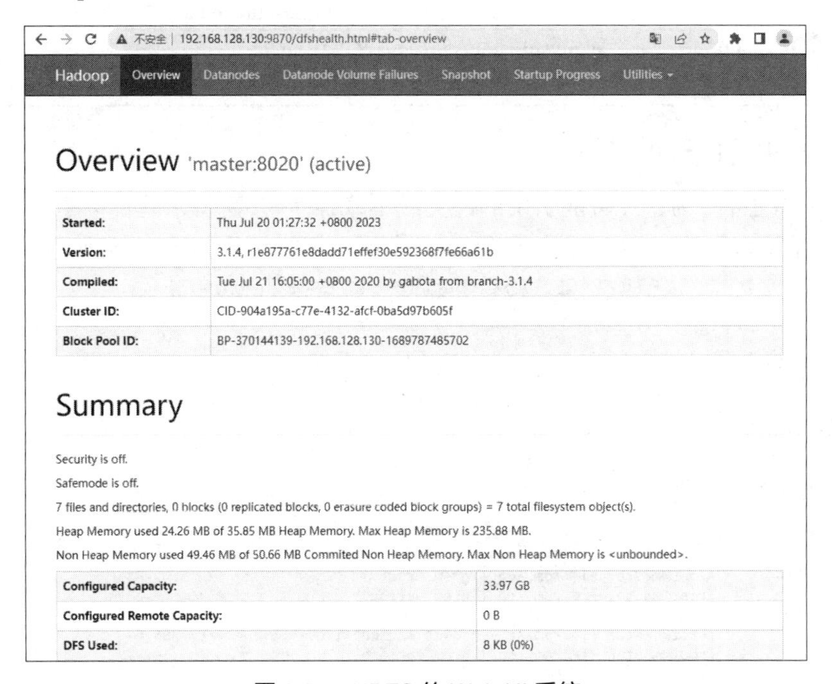

图 2-74　HDFS 的 Web UI 系统

同理，关闭集群也只需要在 master 节点直接进入 Hadoop 安装目录，使用如代码 2-23 所示的命令即可。

代码 2-23　关闭集群命令

```
cd $HADOOP_HOME  # 进入 Hadoop 安装目录
sbin/stop-yarn.sh  # 关闭 YARN 相关服务
sbin/stop-dfs.sh  # 关闭 HDFS 相关服务
sbin/mr-jobhistory-daemon.sh stop historyserver  # 关闭日志相关服务
```

任务二　安装搭建 Hive

Hive 客户端有 3 种安装模式，即内嵌模式、本地模式和远程模式，具体介绍如下。

（1）内嵌模式：元数据保存在内嵌的 Derby 数据库中，只允许一个会话连接。

（2）本地模式：在本地安装 MySQL，把元数据放到 MySQL 内。

（3）远程模式：元数据放置在远程的 MySQL 数据库。

不同模式适用于不同需求的场景，应具体问题具体分析，在多种解决方案中评估出适用的方案。

本任务将以本地模式为例，因此安装 Hive 之前，需要先安装 MySQL 数据库。

在正式安装前还需要确定好安装的 MySQL 与 Hive 的版本，以及 MySQL 的驱动组件，具体说明如表 2-11 所示。

表 2-11　Hive 安装前准备

组件/软件	版本	安装包	备注说明
MySQL	8.0.21	mysql-8.0.21-1.el7.x86_64.rpm-bundle.tar	安装在 master 节点上
MySQL 驱动包	8.0.21	mysql-connector-java-8.0.21.jar	
Hive	3.1.2	apache-hive-3.1.2-bin.tar.gz	安装在 master 节点上

（一）安装 MySQL

安装 MySQL 前，为避免可能引发的冲突或不兼容问题，需将系统自带的 MySQL 卸载。检查并删除系统自带的 MySQL，如代码 2-24 所示，运行结果如图 2-75 所示。

代码 2-24　检查并删除系统自带的 MySQL

```
# 检查系统自带的 MySQL
rpm -qa | grep mysql
rpm -qa | grep mariadb
# 删除系统自带的 MySQL
rpm -e --nodeps mariadb-libs-5.5.65-1.el7.x86_64
# 验证是否删除系统自带的 MySQL
rpm -qa | grep mariadb
```

```
[root@master ~]# rpm -qa | grep mysql
[root@master ~]# rpm -qa | grep mariadb
mariadb-libs-5.5.65-1.el7.x86_64
[root@master ~]# rpm -e --nodeps mariadb-libs-5.5.65-1.el7.x86_64
[root@master ~]# rpm -qa | grep mariadb
```

图 2-75　检查并删除系统自带的 MySQL

1. 下载 MySQL 安装包

删除系统自带的 MySQL 后即可下载 MySQL 安装包，下载方式分为离线下载和在线下载，操作如下。

（1）离线下载 MySQL 安装包。通过浏览器登录 MySQL 官网，选择操作系统为“Red Hat Enterprise Linux 7 / Oracle Linux 7(x86, 64-bit)”的“8.0.21”版本 MySQL，下载 RPM Bundle 文件，安装包名称为“mysql-8.0.21-1.el7.x86_64.rpm-bundle.tar”，如图 2-76 所示。也可将安装包按需下载，下载需要的 4 个 MySQL 组件，分别是 server、client、common、libs。此处以下载 RPM Bundle 文件为例，下载完成后，将 mysql-8.0.21-1.el7.x86_64.rpm-bundle.tar 上传至 master 虚拟机的/opt 目录下。

MySQL Product Archives
‹ MySQL Community Server (Archived Versions)

Please note that these are old versions. New releases will have recent bug fixes and features!
To download the latest release of MySQL Community Server, please visit MySQL Downloads.

Product Version: 8.0.21
Operating System: Red Hat Enterprise Linux / Oracle Linux
OS Version: Red Hat Enterprise Linux 7 / Oracle Linux 7 (x86, 64-bit)

RPM Bundle　Jun 17, 2020　821.2M　Download
(mysql-8.0.21-1.el7.x86_64.rpm-bundle.tar)　| Signature

图 2-76　离线下载 MySQL 安装包

（2）在线下载 MySQL 安装包。由于要使用 wget 命令下载 MySQL 安装包，因此要先下载 wget，如代码 2-25 所示。wget 是 Linux 中一个下载文件的工具，用来从指定的 URL（Uniform Resoure Locator，统一资源定位符）下载文件，其体积小但功能完善，支持断点下载功能，支持 FTP（File Transfer Protocol，文件传送协议）和 HTTP（Hypertext Transfer Protocol，超文本传送协议）下载方式，支持代理服务器，设置起来方便、简单，wget 有下载稳定，对带宽具有很强的适应性等特点。wget 下载成功如图 2-77 所示。

代码 2-25　下载 wget

```
yum -y install wget
```

```
[root@master ~]# yum -y install wget
Loaded plugins: fastestmirror
Loading mirror speeds from cached hostfile
c7-media                                                  | 3.6 kB  00:00:00
Resolving Dependencies
--> Running transaction check
---> Package wget.x86_64 0:1.14-18.el7_6.1 will be installed
--> Finished Dependency Resolution

Dependencies Resolved

================================================================================
 Package        Arch            Version                  Repository        Size
================================================================================
Installing:
 wget           x86_64          1.14-18.el7_6.1          c7-media          547 k

Transaction Summary
================================================================================
Install  1 Package

Total download size: 547 k
Installed size: 2.0 M
Downloading packages:
Running transaction check
Running transaction test
Transaction test succeeded
Running transaction
  Installing : wget-1.14-18.el7_6.1.x86_64                                  1/1
  Verifying  : wget-1.14-18.el7_6.1.x86_64                                  1/1

Installed:
  wget.x86_64 0:1.14-18.el7_6.1

Complete!
```

图 2-77　wget 下载成功

wget 下载成功后，即可下载 MySQL 8.0.21 的安装包，如代码 2-26 所示，运行结果如图 2-78 所示。

代码 2-26 wget 下载 MySQL 安装包

```
cd /opt/
wget https://dev.mysql.com/get/Downloads/MySQL-8.0/mysql-8.0.21-el7-x86_64.tar.gz
```

```
[root@master ~]# cd /opt/
[root@master opt]# wget https://dev.mysql.com/get/Downloads/MySQL-8.0/mysql-8.0.21-el7-x86_64.tar.gz
--2023-07-20 23:00:41--  https://dev.mysql.com/get/Downloads/MySQL-8.0/mysql-8.0.21-el7-x86_64.tar.gz
Resolving dev.mysql.com (dev.mysql.com)... 184.28.42.240, 2600:140b:2:99d::2e31, 2600:140b:2:99c::2e31
Connecting to dev.mysql.com (dev.mysql.com)|184.28.42.240|:443... connected.
HTTP request sent, awaiting response... 302 Moved Temporarily
Location: https://cdn.mysql.com//archives/mysql-8.0/mysql-8.0.21-el7-x86_64.tar.gz [following]
--2023-07-20 23:00:42--  https://cdn.mysql.com//archives/mysql-8.0/mysql-8.0.21-el7-x86_64.tar.gz
Resolving cdn.mysql.com (cdn.mysql.com)... 23.78.91.208
Connecting to cdn.mysql.com (cdn.mysql.com)|23.78.91.208|:443... connected.
HTTP request sent, awaiting response... 200 OK
Length: 586026623 (559M) [application/x-tar-gz]
Saving to: 'mysql-8.0.21-el7-x86_64.tar.gz'

100%[===========================================================>] 586,026,623 1.26MB/s   in 6m 27s

2023-07-21 02:14:45 (760 KB/s) - 'mysql-8.0.21-el7-x86_64.tar.gz' saved [586026623/586026623]
```

图 2-78 wget 下载 MySQL 安装包

2. 安装 MySQL 安装包

以离线下载的安装包为例，解压下载好的 MySQL 安装包如代码 2-27 所示，运行结果如图 2-79 所示。

代码 2-27 解压下载好的 MySQL 安装包

```
cd /opt/
tar -xvf mysql-8.0.21-1.el7.x86_64.rpm-bundle.tar
```

```
[root@master ~]# cd /opt/
[root@master opt]# tar -xvf mysql-8.0.21-1.el7.x86_64.rpm-bundle.tar
mysql-community-common-8.0.21-1.el7.x86_64.rpm
mysql-community-embedded-compat-8.0.21-1.el7.x86_64.rpm
mysql-community-libs-8.0.21-1.el7.x86_64.rpm
mysql-community-devel-8.0.21-1.el7.x86_64.rpm
mysql-community-server-8.0.21-1.el7.x86_64.rpm
mysql-community-client-8.0.21-1.el7.x86_64.rpm
mysql-community-libs-compat-8.0.21-1.el7.x86_64.rpm
mysql-community-test-8.0.21-1.el7.x86_64.rpm
```

图 2-79 解压下载好的 MySQL 安装包

使用 rpm 命令按照依赖关系依次安装 rpm 包，依赖关系依次为 client→common→libs→server，安装命令如代码 2-28 所示，运行结果如图 2-80 所示。

代码 2-28 安装 rpm 包

```
rpm -ivh  --force --nodeps  mysql-community-client-8.0.21-1.el7.x86_64.rpm
rpm -ivh  --force --nodeps  mysql-community-common-8.0.21-1.el7.x86_64.rpm
rpm -ivh  --force --nodeps  mysql-community-libs-8.0.21-1.el7.x86_64.rpm
rpm -ivh  --force --nodeps  mysql-community-server-8.0.21-1.el7.x86_64.rpm
```

3. 修改 MySQL 初始密码

新版本的 MySQL 会为 root 用户创建一个初始密码，需要进行更改。查询 MySQL 初始密码，如代码 2-29 所示，运行结果如图 2-81 所示，查询到的密码为“4X*g6Pux4,SZ”。

```
[root@master opt]# rpm -ivh  --force --nodeps  mysql-community-client-8.0.21-1.el7.x86_64.rpm
warning: mysql-community-client-8.0.21-1.el7.x86_64.rpm: Header V3 DSA/SHA1 Signature, key ID 5
072e1f5: NOKEY
Preparing...                          ################################# [100%]
Updating / installing...
   1:mysql-community-client-8.0.21-1.e################################# [100%]
[root@master opt]# rpm -ivh  --force --nodeps  mysql-community-common-8.0.21-1.el7.x86_64.rpm
warning: mysql-community-common-8.0.21-1.el7.x86_64.rpm: Header V3 DSA/SHA1 Signature, key ID 5
072e1f5: NOKEY
Preparing...                          ################################# [100%]
Updating / installing...
   1:mysql-community-common-8.0.21-1.e################################# [100%]
[root@master opt]# rpm -ivh  --force --nodeps  mysql-community-libs-8.0.21-1.el7.x86_64.rpm
warning: mysql-community-libs-8.0.21-1.el7.x86_64.rpm: Header V3 DSA/SHA1 Signature, key ID 507
2e1f5: NOKEY
Preparing...                          ################################# [100%]
Updating / installing...
   1:mysql-community-libs-8.0.21-1.el7################################# [100%]
[root@master opt]# rpm -ivh  --force --nodeps  mysql-community-server-8.0.21-1.el7.x86_64.rpm
warning: mysql-community-server-8.0.21-1.el7.x86_64.rpm: Header V3 DSA/SHA1 Signature, key ID 5
072e1f5: NOKEY
Preparing...                          ################################# [100%]
Updating / installing...
   1:mysql-community-server-8.0.21-1.e################################# [100%]
```

图 2-80　安装 rpm 包成功

代码 2-29　查询 MySQL 初始密码

```
sudo service mysqld start
sudo service mysqld status
sudo grep 'temporary password' /var/log/mysqld.log
```

```
[root@master ~]# sudo service mysqld start
Redirecting to /bin/systemctl start mysqld.service
[root@master ~]# sudo service mysqld status
Redirecting to /bin/systemctl status mysqld.service
● mysqld.service - MySQL Server
   Loaded: loaded (/usr/lib/systemd/system/mysqld.service; enabled; vendor preset: disabled)
   Active: active (running) since Thu 2023-08-24 22:30:21 CST; 7min ago
     Docs: man:mysqld(8)
           http://dev.mysql.com/doc/refman/en/using-systemd.html
 Main PID: 989 (mysqld)
   Status: "Server is operational"
   CGroup: /system.slice/mysqld.service
           └─989 /usr/sbin/mysqld

Aug 24 22:30:04 master systemd[1]: Starting MySQL Server...
Aug 24 22:30:21 master systemd[1]: Started MySQL Server.
[root@master ~]# sudo grep 'temporary password' /var/log/mysqld.log
2023-07-20T10:32:28.114160Z 6 [Note] [MY-010454] [Server] A temporary password is generated for
 root@localhost: 4X*g6Pux4,SZ
```

图 2-81　MySQL 初始密码

使用查询所得初始密码登录 MySQL 数据库，如代码 2-30 所示，登录成功如图 2-82 所示。

代码 2-30　登录 MySQL 数据库

```
mysql -u root -p
```

```
[root@master opt]# mysql -uroot -p
Enter password:
Welcome to the MySQL monitor.  Commands end with ; or \g.
Your MySQL connection id is 8
Server version: 8.0.21

Copyright (c) 2000, 2020, Oracle and/or its affiliates. All rights reserved.

Oracle is a registered trademark of Oracle Corporation and/or its
affiliates. Other names may be trademarks of their respective
owners.

Type 'help;' or '\h' for help. Type '\c' to clear the current input statement.

mysql> 
```

图 2-82　MySQL 登录成功

MySQL 初始化后的 root 用户、新创建的用户，初次登录后需要修改密码。设置自定义密码为“123456”，但它不符合 MySQL 的密码规则，则需要修改 MySQL 8.0 密码规则，具体命令如代码 2-31 所示，运行结果如图 2-83 所示。

代码 2-31　修改初始密码

```
-- 把密码改为复杂程度与规则一致的新密码
alter user 'root'@'localhost' identified by '@Root_123456';
-- 修改密码规则
set global validate_password.policy=0;
set global validate_password.length=1;
-- 把密码改为“123456”
alter user 'root'@'localhost' identified by '123456';
```

```
mysql> alter user 'root'@'localhost' identified by '@Root_123456';
Query OK, 0 rows affected (0.01 sec)

mysql> set global validate_password.policy=0;
Query OK, 0 rows affected (0.00 sec)

mysql> set global validate_password.length=1;
Query OK, 0 rows affected (0.00 sec)

mysql> alter user 'root'@'localhost' identified by '123456';
Query OK, 0 rows affected (0.01 sec)
```

图 2-83　修改 MySQL 初始密码

4. 授权远程连接

默认的 MySQL 账号是不允许远程登录的，授权远程连接只需登录 MySQL 后，更改数据库中“user”表里的“host”项，将“localhost”改成“%”表示任意 IP 地址，最后刷新权限即可，如代码 2-32 所示，运行结果如图 2-84 所示。

代码 2-32　授权远程连接

```
use mysql;
-- 授予用户权限
update user set host = '%' where user = 'root';
select host, user from user;
-- 刷新权限
flush privileges;
```

```
mysql> use mysql;
Reading table information for completion of table and column names
You can turn off this feature to get a quicker startup with -A

Database changed
mysql> update user set host = '%' where user = 'root';
Query OK, 1 row affected (0.01 sec)
Rows matched: 1  Changed: 1  Warnings: 0

mysql> select host, user from user;
+-----------+------------------+
| host      | user             |
+-----------+------------------+
| %         | root             |
| localhost | mysql.infoschema |
| localhost | mysql.session    |
| localhost | mysql.sys        |
+-----------+------------------+
4 rows in set (0.00 sec)

mysql> flush privileges;
Query OK, 0 rows affected (0.00 sec)
```

图 2-84　远程授权成功

（二）下载和安装 Hive

在 Hive 的官网中下载 Hive 安装包。将安装包 apache-hive-3.1.2-bin.tar.gz 和 MySQL 驱动包 mysql-connector-java-8.0.21.jar 上传到/opt/目录下。

解压安装包到/usr/local/目录下，为了日后方便操作，将安装目录重命名为 hive，如代码 2-33 所示。

代码 2-33　解压 Hive 安装包

```
cd /opt/
tar -zxf apache-hive-3.1.2-bin.tar.gz -C /usr/local/
mv /usr/local/apache-hive-3.1.2-bin/ /usr/local/hive
```

（三）修改 Hive 配置文件

进入 Hive 安装目录的 conf 目录下，重命名 hive-env.sh.template 文件为 hive-env.sh，并在 hive-env.sh 文件末尾添加相关配置内容，如代码 2-34 所示，然后按“Esc”键，输入“:wq”，按“Enter”键保存文件并退出。

代码 2-34　修改 Hive 配置文件

```
# 进入 conf 目录下
cd /usr/local/hive/conf/
#文件重命名
mv hive-env.sh.template hive-env.sh
# 修改 hive-env.sh 文件
vim hive-env.sh
# 修改文件，添加以下内容
export HADOOP_HOME=/usr/local/hadoop-3.1.4
```

将 hive-site.xml 配置文件上传到/usr/local/hive/conf 目录下，hive-site.xml 配置文件设置了 Hive 作业的 HDFS 根目录位置、HDFS 上的 Hive 数据存放位置；修改 Hive 内置数据库 Derby 的驱动，使用 MySQL 的 Driver 驱动作为 Hive 内置数据库 Derby 的驱动。hive-site.xml 配置文件详细内容如代码 2-35 所示。

代码 2-35　hive-site.xml 配置文件

```
<?xml version="1.0"?>

<?xml-stylesheet type="text/xsl" href="configuration.xsl"?>

<configuration>
  <property>
   <name>hive.exec.scratchdir</name>
   <value>hdfs://master:8020/user/hive/tmp</value>
  </property>
  <property>
   <name>hive.metastore.warehouse.dir</name>
   <value>hdfs://master:8020/user/hive/warehouse</value>
  </property>
  <property>
   <name>hive.querylog.location</name>
   <value>hdfs://master:8020/user/hive/log</value>
  </property>
```

```
  <property>
   <name>hive.metastore.uris</name>
   <value>thrift://master:9083</value>
  </property>

  <property>
   <name>Javax.jdo.option.ConnectionURL</name>
   <value>jdbc:mysql://master:3306/hive?createDatabaseIfNotExist=true&amp;
characterEncoding=UTF-8&amp;useSSL=false&amp;allowPublicKeyRetrieval=
true</value>
  </property>
  <property>
   <name>Javax.jdo.option.ConnectionDriverName</name>
   <value>com.mysql.cj.jdbc.Driver</value>
  </property>
  <property>
   <name>Javax.jdo.option.ConnectionUserName</name>
   <value>root</value>
  </property>
  <property>
   <name>Javax.jdo.option.ConnectionPassword</name>
   <value>123456</value>
  </property>
 <property>
  <name>hive.metastore.schema.verification</name>
  <value>false</value>
 </property>
<property>
  <name>datanucleus.schema.autoCreateAll</name>
  <value>true</value>
 </property>
</configuration>
```

复制 MySQL 驱动包至 Hive 的 lib 目录下，如代码 2-36 所示。

代码 2-36　复制 MySQL 驱动包至 lib 目录下

```
# 将 MySQL 驱动包复制到 lib 目录下
cp /opt/mysql-connector-java-8.0.21.jar /usr/local/hive/lib/
```

将 Hadoop 的 guava 包复制至 Hive 的 lib 目录下，再将 Hive 的 lib 目录下版本较低的 guava 包删除。注意，如果 Hive 中的 guava 包不一致，启动 Hive 时会报错，因此要删除版本较低的包，如代码 2-37 所示。

代码 2-37　复制 Hadoop 的 guava 包

```
rm -rf /usr/local/hive/lib/guava-14.0.1.jar
rm -rf /usr/local/hive/lib/guava-19.0.jar
cp /usr/local/hadoop-3.1.4/share/hadoop/common/lib/guava-27.0-jre.jar /usr/local/
hive/lib/
```

（四）设置环境变量

设置环境变量，在/etc/profile 文件末尾添加 Hive 的环境变量，如代码 2-38 所示。保存文件并退出后，执行“source /etc/profile”命令使环境变量生效。

代码 2-38　设置 Hive 环境变量

```
# 设置环境变量
vim /etc/profile
# 添加 Hive 的路径
export HIVE_HOME=/usr/local/hive
export PATH=$HIVE_HOME/bin:$PATH
```

（五）初始化元数据库与启动 Hive

第一次启动 Hive 前，需要进入 Hive 的 bin 目录下先初始化元数据库，命令如代码 2-39 所示。

代码 2-39　初始化元数据库

```
# 进入 Hive 的 bin 目录下
cd /usr/local/hive/bin
# 初始化元数据库
schematool -dbType mysql -initSchema
```

运行结果显示“completed”表示初始化成功，如图 2-85 所示。

```
Initialization script completed
schemaTool completed
```

图 2-85　初始化成功

需要先启动 Hadoop 集群，然后启动元数据服务和 Hive，如代码 2-40 所示。Hive 启动成功如图 2-86 所示。

代码 2-40　启动元数据服务和 Hive

```
# 进入 Hadoop 目录下的 sbin 中
cd /usr/local/hadoop-3.1.4/sbin/
# 启动 Hadoop 集群
./start-all.sh
# 在后台启动元数据服务和 Hive 数据库
hive --service metastore &  /usr/local/hive/bin/hive
```

```
[root@master sbin]# hive --service metastore &  /usr/local/hive/bin/hive
[1] 8427
which: no hbase in (/usr/local/hive/bin:/usr/local/hadoop-3.1.4/bin:/usr/local/hadoop-3.1.4/bin
:/usr/local/sbin:/usr/local/bin:/usr/sbin:/usr/bin:/usr/java/jdk1.8.0_281-amd64/bin:/root/bin:/
usr/java/jdk1.8.0_281-amd64/bin)
2023-07-20 19:00:51: Starting Hive Metastore Server
SLF4J: Class path contains multiple SLF4J bindings.
SLF4J: Found binding in [jar:file:/usr/local/hive/lib/log4j-slf4j-impl-2.10.0.jar!/org/slf4j/im
pl/StaticLoggerBinder.class]
SLF4J: Found binding in [jar:file:/usr/local/hadoop-3.1.4/share/hadoop/common/lib/slf4j-log4j12
-1.7.25.jar!/org/slf4j/impl/StaticLoggerBinder.class]
SLF4J: See                                         for an explanation.
SLF4J: Class path contains multiple SLF4J bindings.
SLF4J: Found binding in [jar:file:/usr/local/hive/lib/log4j-slf4j-impl-2.10.0.jar!/org/slf4j/im
pl/StaticLoggerBinder.class]
SLF4J: Found binding in [jar:file:/usr/local/hadoop-3.1.4/share/hadoop/common/lib/slf4j-log4j12
-1.7.25.jar!/org/slf4j/impl/StaticLoggerBinder.class]
SLF4J: See                                         for an explanation.
SLF4J: Actual binding is of type [org.apache.logging.slf4j.Log4jLoggerFactory]
SLF4J: Actual binding is of type [org.apache.logging.slf4j.Log4jLoggerFactory]
Hive Session ID = a78074a6-ceb9-4c38-afee-342d4c1652cb

Logging initialized using configuration in jar:file:/usr/local/hive/lib/hive-common-3.1.2.jar!/
hive-log4j2.properties Async: true
Hive-on-MR is deprecated in Hive 2 and may not be available in the future versions. Consider us
ing a different execution engine (i.e. spark, tez) or using Hive 1.X releases.
hive>
```

图 2-86　Hive 启动成功

任务三 安装搭建 Spark 集群

Spark 集群的环境可分为单机版环境、单机伪分布式环境和完全分布式环境。本任务将介绍如何搭建完全分布式环境的 Spark 集群，并查看 Spark 监控服务。读者可从官网下载 Spark 安装包，本书使用的 Spark 安装包是 spark-3.2.1-bin-hadoop2.7.tgz。

完全分布式环境采用主从模式，即一台机器作为主节点 master，其他的几台机器作为从节点 slave。本书使用的集群环境共有 3 个节点，分别为 1 个主节点和 2 个从节点。

（一）解压并配置 Spark 集群

通过 Xftp 工具将下载好的 Spark 安装包 spark-3.2.1-bin-hadoop2.7.tgz 上传至 master 虚拟机的/opt 目录下，即可解压并配置 Spark，基本流程如图 2-87 所示。

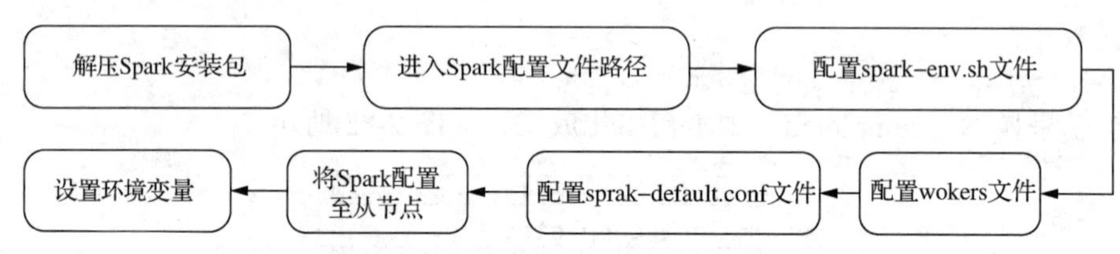

图 2-87 解压并配置 Spark 基本流程

解压并配置 Spark 集群的实现步骤如下。

（1）解压 Spark 安装包。使用"tar -zxvf /opt/spark-3.2.1-bin-hadoop2.7.tgz -C /usr/local/"命令将 Spark 安装包解压至/usr/local 目录下。

（2）进入 Spark 配置文件路径。使用"cd /usr/local/spark-3.2.1-bin-hadoop2.7/conf/"命令切换至 Spark 安装目录的/conf 目录下。

（3）配置 spark-env.sh 文件。使用 cp 命令复制 spark-env.sh.template 文件并重命名为 spark-env.sh，使用 vim 命令打开 spark-env.sh 文件，需要添加的配置内容如代码 2-41 所示。

代码 2-41 spark-env.sh 文件配置内容

```
export JAVA_HOME=/usr/java/jdk1.8.0_281-amd64
export HADOOP_CONF_DIR=/usr/local/hadoop-3.1.4/etc/hadoop/
export SPARK_MASTER_IP=master
export SPARK_MASTER_PORT=7077
export SPARK_WORKER_MEMORY=512m
export SPARK_WORKER_CORES=1
export SPARK_EXECUTOR_MEMORY=512m
export SPARK_EXECUTOR_CORES=1
export SPARK_WORKER_INSTANCES=1
```

（4）配置 workers 文件。使用 cp 命令复制 workers.template 文件并重命名为 workers，使用 vim 命令打开 workers 文件，删除原有的内容，需要添加的配置内容如代码 2-42 所示，每行代表一个从节点的服务器名。

代码 2-42 workers 文件配置内容

```
slave1
slave2
```

（5）配置 spark-default.conf 文件。使用 cp 命令复制 spark-defaults.conf.template 文件并

重命名为 spark-default.conf，使用 vim 命令打开 spark-default.conf 文件，需要添加的配置内容如代码 2-43 所示。

代码 2-43 spark-default.conf 文件配置内容

```
spark.master                     spark://master:7077
spark.eventLog.enabled           true
spark.eventLog.dir               hdfs://master:8020/spark-logs
spark.history.fs.logDirectory    hdfs://master:8020/spark-logs
```

（6）将 Spark 配置至从节点。在 master 主节点中，将配置好的 Spark 安装目录远程复制至 slave1、slave2 节点的/usr/local/目录下，如代码 2-44 所示。

代码 2-44 将 Spark 安装目录远程复制至从节点

```
scp -r /usr/local/spark-3.2.1-bin-hadoop2.7/ slave1:/usr/local/
scp -r /usr/local/spark-3.2.1-bin-hadoop2.7/ slave2:/usr/local/
```

（7）设置环境变量。在/etc/profile 文件末尾添加 Spark 的环境变量，如代码 2-45 所示。保存退出后，执行“source /etc/profile”命令使环境变量生效。注意：3 个节点都需要设置。

代码 2-45 设置 Spark 环境变量

```
# 设置环境变量
vim /etc/profile
# 添加 Spark 的路径
export SPARK_HOME=/usr/local/spark-3.2.1-bin-hadoop2.7
export PATH=$SPARK_HOME/bin:$PATH
```

（二）启动 Spark 集群

在 3 个节点都配置好 Spark 后即可启动 Spark 集群，实现步骤如下。

（1）启动 Hadoop 集群。启动 Spark 集群前，需要先启动 Hadoop 集群，并创建/spark-logs 目录，如代码 2-46 所示。

代码 2-46 创建 spark-logs 目录

```
# 启动 Hadoop 集群
cd /usr/local/hadoop-3.1.4
./sbin/start-dfs.sh
./sbin/start-yarn.sh
./sbin/mr-jobhistory-daemon.sh start historyserver
# 创建/spark-logs 目录
hdfs dfs -mkdir /spark-logs
```

通过命令“jps”分别查看 master 节点和 slave1 节点的进程，如图 2-88 所示（slave2 的进程名称与 slave1 的进程名称一致）。

```
[root@master hadoop-3.1.4]# jps     [root@slave1 ~]# jps
2064 SecondaryNameNode              1981 Jps
2866 Jps                            1679 DataNode
2627 JobHistoryServer               1759 NodeManager
2344 ResourceManager
1823 NameNode
```

图 2-88 启动 Spark 集群前主从节点的进程

（2）启动 Spark 集群。切换至 Spark 安装目录的/sbin 目录下，启动 Spark 集群，如代码 2-47 所示。

代码 2-47　启动 Spark 集群

```
cd /usr/local/spark-3.2.1-bin-hadoop2.7/sbin/
./start-all.sh
./start-history-server.sh
```

通过命令“jps”查看进程，如图 2-89 所示。对比图 2-88 可以看到，开启 Spark 集群后，master 节点运行着 Master 进程，而从节点（如 slave1 节点）则运行着 Worker 进程。

```
[root@master sbin]# jps          [root@slave1 ~]# jps
2064 SecondaryNameNode           2168 Worker
2627 JobHistoryServer            2285 Jps
2344 ResourceManager             1679 DataNode
3144 HistoryServer               1759 NodeManager
3241 Jps
3066 Master
1823 NameNode
```

图 2-89　启动 Spark 集群后的进程

（三）查看 Spark 监控服务

Spark 集群启动后，打开浏览器输入 http://master:8080 并按“Enter”键，可进入 master 主节点监控界面，如图 2-90 所示。其中，master 指代主节点的 IP 地址（192.168.128.130）。

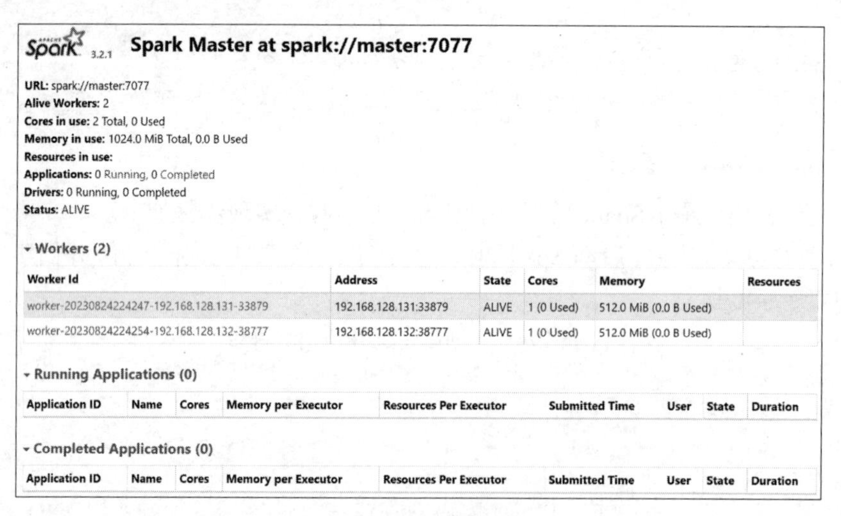

图 2-90　主节点监控界面

History Server 的监控端口为 18080，打开浏览器输入“http://master:18080”并按“Enter”键，即可看到如图 2-91 所示的界面。界面记录了作业的信息，包括已经执行完成的和正在执行的。因为目前没有执行过 Spark 任务，所以没有显示历史任务的相关信息。

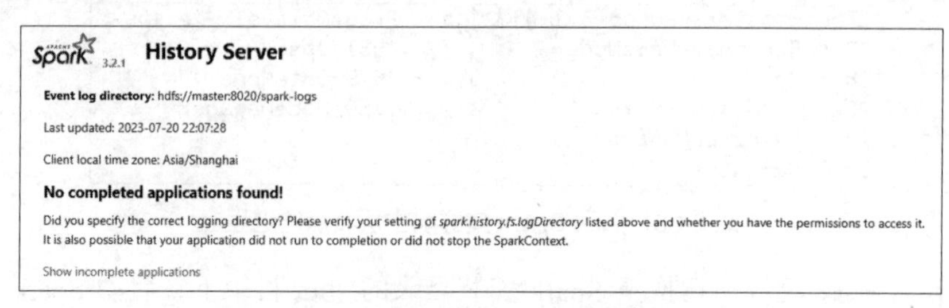

图 2-91　History Server 监控界面

【项目总结】

本章主要介绍了 Hadoop 框架、Hadoop 生态系统中 Hive 和 Spark 组件的基础知识。首先介绍了 Hadoop 的发展历程、特点、生态系统等。接着详细介绍了 Hadoop 生态系统中的 Hive 和 Spark 组件，包括组件的简介、特点、应用场景等内容。最后安装搭建了 3 节点的 Hadoop 分布式集群，基于 Hadoop 大数据平台，安装部署了数据仓库 Hive、3 节点的 Spark 集群，为后续广告流量违规检测案例的数据处理、模型构建提供技术工具。

【技能拓展】

Spark 集群的环境除了完全分布式环境，还有单机版环境和单机伪分布式环境。

1. 搭建单机版集群

单机版集群可以满足对 Spark 的应用程序进行测试的需求，对于初学者而言是非常有益的。搭建单机版 Spark 集群的步骤如下。

（1）在 Spark 官网选择对应版本的 Spark 安装包并下载至 Windows 本地路径下。

（2）将 Spark 安装包上传至 Linux 虚拟机的/opt 目录下。

（3）将 Spark 安装包解压至/usr/local 目录下，如代码 2-48 所示。解压后，单机版 Spark 集群即可搭建成功。

代码 2-48 解压 Spark 安装包

```
tar -zxf /opt/spark-3.2.1-bin-hadoop2.7.tgz -C /usr/local/
```

（4）进入 Spark 安装目录的/bin 目录下，使用 SparkPi 计算 Pi 的值，如代码 2-49 所示，其中，参数“2”是指两个并行度，运行结果如图 2-92 所示。需要注意的是，由于计算 Pi 值的过程是基于随机点的生成和判断的，所以每次运行时结果都会有一定的误差。

代码 2-49 单机模式下使用 SparkPi

```
cd /usr/local/spark-3.2.1-bin-hadoop2.7/bin/
./run-example SparkPi 2
```

```
Pi is roughly 3.1406157030785153
```

图 2-92 单机模式下计算 Pi 值的结果

2. 搭建单机伪分布式集群

Spark 单机伪分布式集群指的是在一台机器上既有 Master 进程，又有 Worker 进程。Spark 单机伪分布式集群可在 Hadoop 伪分布式集群的基础上进行搭建。读者可自行了解如何搭建 Hadoop 伪分布式集群（本书使用的 Hadoop 版本为 3.1.4），本书不介绍。

搭建 Spark 单机伪分布式集群的步骤如下。

（1）将 Spark 安装包解压至 Linux 的/usr/local 目录下。

（2）复制配置文件。进入解压后的 Spark 安装目录的/conf 目录下，复制 spark-env.sh.template 文件并重命名为 spark-env.sh，如代码 2-50 所示。

代码 2-50　复制得到 spark-env.sh 文件

```
cd /usr/local/spark-3.2.1-bin-hadoop2.7/conf/
cp spark-env.sh.template spark-env.sh
```

（3）修改配置文件。使用 vim 命令打开 spark-env.sh 文件，在文件末尾添加内容，如代码 2-51 所示。

代码 2-51　spark-env.sh 文件添加的内容

```
export JAVA_HOME=/usr/java/jdk1.8.0_281-amd64
export HADOOP_HOME=/usr/local/hadoop-3.1.4
export HADOOP_CONF_DIR=/usr/local/hadoop-3.1.4/etc/hadoop
export SPARK_MASTER_IP=master
export SPARK_LOCAL_IP=master
```

（4）启动 Spark 单机伪分布式集群。切换到 Spark 安装目录的/sbin 目录下，启动 Spark 单机伪分布式集群，如代码 2-52 所示。

代码 2-52　启动单机伪分布式集群

```
cd /usr/local/spark-3.2.1-bin-hadoop2.7/sbin/
./start-all.sh
```

（5）查看进程。通过命令“jps”查看进程，如果进程信息中既有 Master 进程又有 Worker 进程，那么说明 Spark 单机伪分布式集群启动成功，如图 2-93 所示。

```
[root@master bin]# jps
11377 Jps
11127 Master
11198 Worker
```

图 2-93　通过 jps 查看进程

（6）计算 SparkPi。切换至 Spark 安装包的/bin 目录下，使用 SparkPi 计算 Pi 的值，如代码 2-53 所示，运行结果如图 2-94 所示。

代码 2-53　使用 SparkPi

```
cd /usr/local/spark-3.2.1-bin-hadoop2.7/bin/
./run-example SparkPi 2
```

```
Pi is roughly 3.1418757093785468
```

图 2-94　计算 Pi 值的结果

由于采用随机数算法来估算 Pi 值，所以每次计算结果会有差异。

【知识测试】

（1）下列不属于 Hadoop 集群环境搭建模式的是（　　）。

A. 单机模式　　B. 伪分布式模式

C. 完全分布式模式　　D. 嵌入式分布式模式

（2）配置 Hadoop 时，下列配置文件中包含 JAVA_HOME 变量的是（　　）。

A. hadoop-default.xml　　B. hadoop-env.sh

C. hadoop-site.xml　　D. configuration.xs

（3）在 CentOS 7.8 中，使用（　　）命令可以查看某个虚拟机的 IP 地址。

A. service network restart　　B. ip addr

C. service network start　　D. ip

（4）yarn-site.xml 文件包含（　　）。

A. Hadoop 运行基本环境的配置信息

B. YARN 框架运行环境的配置信息

C. YARN 框架的相关配置信息

D. MapReduce 框架的相关配置信息

（5）现有一个节点，在节点中有解压的 Hadoop 安装包（未配置），若搭建包含 4 个节点的 Hadoop 集群，则下列选项中步骤正确的是（　　）。

① 克隆虚拟机　　② 配置 SSH 免密登录

③ 格式化 NameNode　　④ 修改配置文件

⑤ 配置时间同步服务

A. ④ ① ② ⑤ ③　　B. ③ ② ① ⑤ ④

C. ⑤ ① ③ ② ④　　D. ④ ① ③ ② ⑤

（6）下列不属于 Spark 架构中的组件的是（　　）。

A. Driver　　B. Spark Context

C. Cluster Manager　　D. Resource Manager

（7）Spark 是 Hadoop 生态下（　　）组件的替代方案。

A. Hadoop　　B. YARN　　C. HDFS　　D. MapReduce

（8）Spark 支持的运行模式不包括（　　）。

A. Standalone 模式　　B. Mesos 模式

C. YARN 模式　　D. Local 模式

（9）在 Spark 中，如果需要对实时数据进行流式计算，那么使用的组件是（　　）。

A. Spark MLlib　　B. Spark SQL　　C. Spark Streaming　　D. GraphX

（10）关于 Hive，下列说法不正确的是（　　）。

A. Hive 的操作接口采用类 SQL 语法

B. Hive 不适用于复杂的机器学习算法、复杂的科学计算等场景

C. Hive 能做到交互式的实时查询

D. Hive 目前主要应用在日志分析、多维度数据分析、海量结构化数据离线分析等方面

【技能测试】

测试　修改 master 虚拟机的 IP 地址

1. 测试要点

（1）掌握 CentOS 的网络配置方法。

（2）掌握 IP 地址的修改方法。

2. 需求说明

根据具体的集群搭建需求及不同的个人计算机配置，有些时候需要更改 Hadoop 集群的 IP 地址。请在搭建好的 master 虚拟机上修改 IP 地址，并测试修改后能否连接网络。

3. 实现步骤

（1）开启 master 虚拟机。

（2）打开虚拟机上的网络配置文件。

（3）修改 IP 地址。

（4）测试修改 IP 地址后能否连接网络。

项目 3 基于 Hive 实现广告流量检测数据存储

【教学目标】

1. 知识目标

（1）了解 Hive 中的数据类型。

（2）掌握创建和管理数据库的操作方法。

（3）掌握创建和修改表的操作方法。

（4）掌握 Hive 数据导入与导出的操作方法。

2. 技能目标

（1）能够认识 Hive 中的数据类型。

（2）能够完成数据库的创建与管理。

（3）能够根据要求创建表并导入相应的数据。

3. 素质目标

（1）具备科学的思辨能力，能够了解、认识并在实际需求中自如地运用 Hive 中的数据类型。

（2）具有辩证统一的思维能力，能够清晰辨别对数据库、表的操作方法的不同点，以及总结归纳对数据库、表的操作方法的相同点。

（3）具备较强的组织协调和管理能力，能够协调管理进度等。

【思维导图】

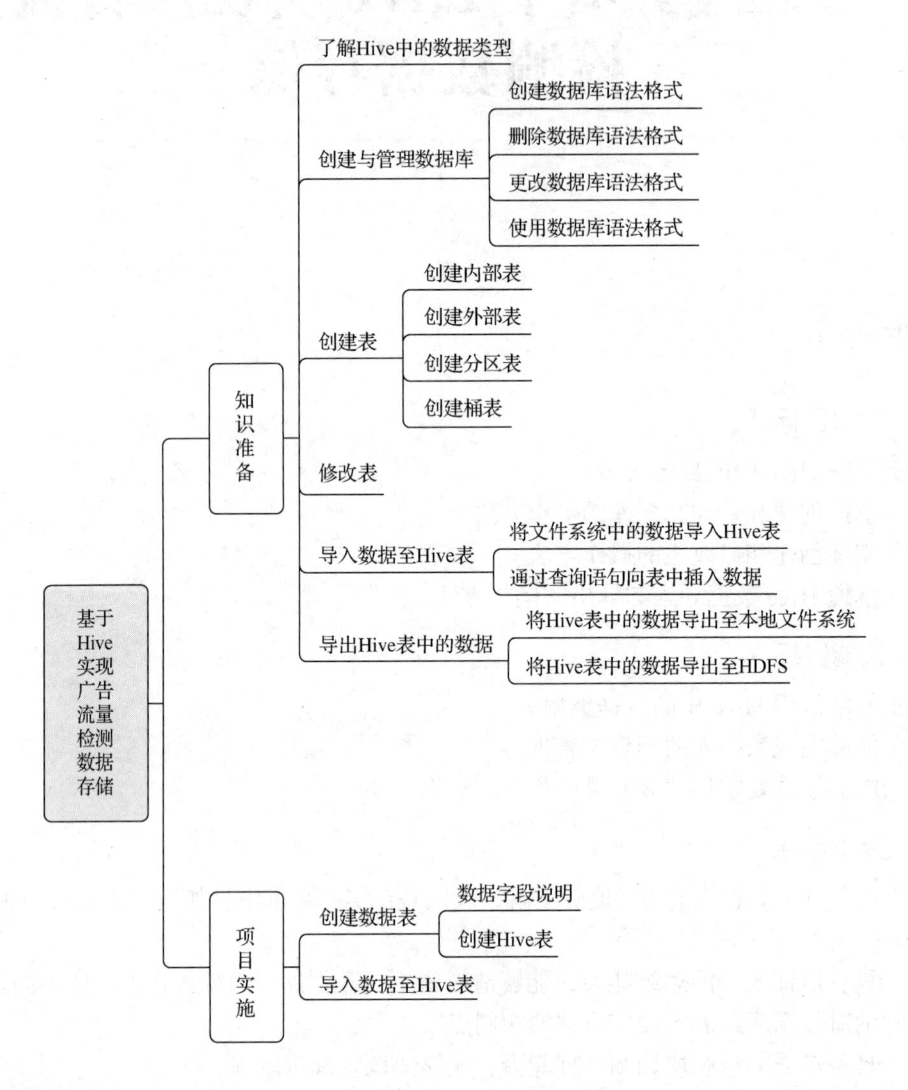

【项目背景】

将数据存储在数据表中可以更好地组织和管理数据。数据表提供了结构化的方式来定义数据的模式和字段，使得数据更易于理解和使用。虽然本项目所使用的数据文件大小仅为几百 MB，但是在广告流量检测中，每一秒都会采集一条或多条状态数据，由于采集频率较高，数据总量非常大。Hive 的存储底层架构基于 HDFS，可以与 Hadoop 集群无缝集成，通过将数据存储在 Hive 表中，可以充分发挥 Hadoop 集群的分布式存储能力和并行处理能力。尽管 Spark 可以直接读取原始文件进行数据处理，但是将数据存储在 Hive 表中可以更好地利用数据库系统在数据组织、查询优化及管理上的优势，提高数据处理的整体效率和灵活性。因此，广告数据监测公司在对广告流量检测数据进行违规识别操作前，需先将广告流量检测数据存储至 Hive 表中。

【项目目标】

使用 HQL 将广告流量检测数据存储至 Hive 表中，为后续数据探索分析奠定数据基础。

【目标分析】

（1）使用 create 命令在 Hive 中创建数据库 ad_traffic 和 Hive 表 case_data_sample。
（2）使用 load 命令将广告流量检测数据导入 Hive 表 case_data_sample 中。

【知识准备】

一、了解 Hive 中的数据类型

在创建 Hive 表时需要指定字段的数据类型，而 Hive 不仅支持关系型数据库中的大多基础数据类型，还支持在关系型数据库中很少出现的复杂数据类型，Hive 的数据类型如图 3-1 所示。

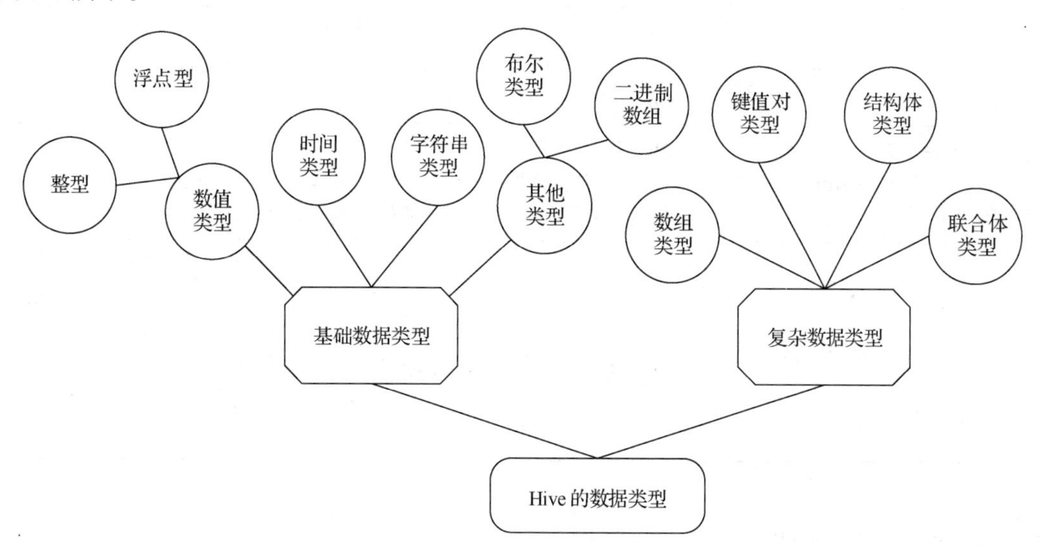

图 3-1　Hive 的数据类型

Hive 的数据类型说明如表 3-1 所示。需要注意的是：Hive 不区分大小写，本书统一用英文小写。

表 3-1　Hive 的数据类型说明

类型	数据类型	描述	举例
基础数据类型	tinyint	1 字节有符号整型	20
	smallint	2 字节有符号整型	20
	int / integer	4 字节有符号整型	20

续表

类型	数据类型	描述	举例
基础数据类型	bigint	8 字节有符号整型	20
	float	单精度浮点型	3.14159f
	double	双精度浮点型	3.14159
	double precision	同 double，是 double 类型的别名	3.14159
	decimal	高精度浮点型，精度为 38 位	DECIMAL(12,2)
	numeric	同 decimal，从 Hive 3.0 开始提供	NUMERIC(20,2)
	timestamp	时间戳	1327882394
	date	以年/月/日形式描述的日期，格式为 YYYY-MM-DD	2023-10-26
	interval	表示时间间隔	INTERVAL '1' DAY
	string(char、varchar)	字符串类型	Hello world
	boolean	布尔类型	True
	binary	二进制数组（又称字节数组）	01
复杂数据类型	array	数组类型（数组中字段的类型必须相同）	user[1]
	map	一组无序的键/值对，其中键和值可以是任意数据类型。在 Hive 中，可以使用 map[key]的语法来访问 map 中的值	user["name"]
	struct	struct 是一组命名的字段，每个字段可以有不同的数据类型。在 Hive 中，可以使用点号(.)的语法来访问结构体中的字段	user.age
	uniontype	uniontype 表示在有限取值范围内的一个值，可以包含多个不同数据类型的取值	假设 foo 列的数据类型为“uniontype<int, struct <a:int,b:string>>” 那么，foo 列的值可为 {0:1} {1:{"col1":2,"col2":"b"}}

二、创建与管理数据库

数据库的操作主要包括数据库的创建和对已存在的数据库的管理，其中，数据库的管理操作包括删除、更改和使用数据库。

（一）创建数据库语法格式

使用 create 命令可以创建数据库，创建数据库语法格式如下。

```
create (database | schema) [if not exists] database_name
[comment database_comment]
[location hdfs_path]
[ with dbproperties (property_name=property_value,...)];
```

创建数据库语法格式的部分关键字说明如表 3-2 所示。

表 3-2　创建数据库语法格式的部分关键字说明

关键字	说明
create (database | schema)	“create (database | schema)”是固定的 HQL 语句，用于创建数据库；“database | schema”是用于限定创建数据库或数据库模式
if not exists database_name	“database_name”表示创建数据库的名称，这个名称是唯一的，唯一性可以通过“if not exists”进行判断
location hdfs_path	指定数据库存储在 HDFS 上的位置。默认情况下，创建的数据库存储在/user/hive/warehouse/db_name.db/table_name/partition_name/路径下

创建一个名为 weather 的数据库，并且通过使用“show databases;”命令，显示数据仓库列表信息，将看到新建的数据库 weather，如图 3-2 所示。

```
hive> create database weather;
OK
Time taken: 0.416 seconds
hive> show databases;
OK
default
weather
Time taken: 0.054 seconds, Fetched: 2 row(s)
```

图 3-2　创建 weather 数据库

创建成功后，通过 Web UI 打开 Hive 数据库所在 HDFS 路径（由于在项目 2Hive 的配置文件 hive-site.xml 中指定的是“jdbc:mysql://master:3306/hive”，因此可在 master 节点的/user/hive/warehouse 中进行查看），如图 3-3 所示。

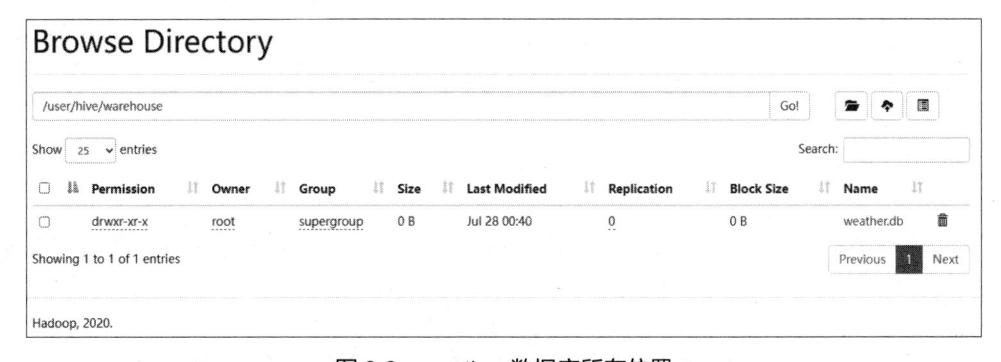

图 3-3　weather 数据库所在位置

（二）删除数据库语法格式

使用 drop 命令可以删除数据库，删除数据库语法格式如下。

```
drop(database | schema) [if exists] database_name [restrict| cascade];
```

“drop database”命令用于删除数据库，默认的删除行为是 restrict，表示若数据库不为空，则数据库删除将失败。在删除数据库时，若数据库中有数据表，则必须先删除数据表，才能删除数据库。也可以直接使用“drop database database_name cascade;”命令强制删除数据库，一般要慎用。

（三）更改数据库语法格式

使用 alter 命令可以更改数据库当前目录，更改数据库语法格式如下。该语法仅适用于 Hive2.2.1、2.4 以及更高版本。

```
alter (database | schema) database_name set location hdfs_path;
```

"alter database...set location"语句不会将数据库当前目录的内容移动到新指定的位置，不会更改与指定数据库下的任何表/分区关联的位置，仅更改将为此数据库添加新表的默认父目录，此行为类似于更改表目录，不会将现有分区移动到新位置。数据库创建好后不能更改有关数据库的其他元数据。

（四）使用数据库语法格式

使用 use 命令可以使用某一个数据库，在该数据库里进行操作，包括 Hive 表的创建、修改，使用数据库语法格式如下。

```
use database_name;
use default;
```

Hive 0.6 中添加了"use database_name"。通过使用 use 命令可为所有后续 HQL 语句设置当前数据库。通过"select current_database();"语句可以检查当前正在使用的数据库。将当前工作表所在数据库还原为默认数据库 default，需要使用关键字 default 而不是数据库名称。

查看当前正在使用的数据库，并修改当前所用数据库为 weather，如图 3-4 所示。

```
hive> select current_database();
OK
default
Time taken: 0.556 seconds, Fetched: 1 row(s)
hive> use weather;
OK
Time taken: 0.045 seconds
```

图 3-4　使用 weather 数据库

三、创建表

完成创建数据库后，使用 use 命令切换到对应的数据库，即可在指定的数据库中进行数据表的创建、修改等操作。在 Hive 中创建表的语法格式如下。

```
create [external] table [if not exists] table_name
   [(col_name data_type [comment col_comment], ...)]
   [comment table_comment]
   [partitioned by (col_name data_type [comment col_comment], ...)]
   [clustered by (col_name, col_name, ...)
   [sorted by (col_name [asc|desc], ...)] into num_buckets buckets]
   [row format row_format]
   [stored as file_format]
   [location hdfs_path]
```

需要说明的是，上述创建 Hive 的语法格式中，[ ]中包含的内容为可选项，在创建表的同时可以声明很多约束信息，其中的部分关键字说明如表 3-3 所示。

表 3-3 创建表语法格式的部分关键字说明

关键字	说明
create table	“create table”用于创建一个指定名字的表，Hive 默认创建内部表。若相同名字的表已经存在，则抛出异常；用户可以用“if not exists”选项忽略这个异常
if not exists	
external	“external”关键字用于创建一个外部表，在创建表的同时指定一个指向实际数据的路径（location）。创建内部表时，会将数据移动到数据仓库指向的路径；若创建外部表，则仅记录数据所在的路径，不对数据的位置做任何改变。在删除表时，内部表的元数据和数据会被一起删除，而外部表只删除元数据，不删除数据
partitioned by	“partitioned by”用于创建带有分区的表，一个表可以拥有一个或多个分区，每个分区以文件夹的形式单独存在于表文件的文件夹下，表和列名不区分大小写，分区以字段的形式在表结构中存在，通过 describe 命令可以查看到字段存在，但是该字段不存放实际的数据内容，仅仅是分区的表示
clustered by	对于每一个表（table）或分区表，Hive 可以进一步将它们组织成桶（Bucket）表，也就是说，桶表是粒度更细的数据范围划分方式。Hive 针对某一列（字段）进行桶的组织，对列值进行哈希计算后，除以桶的个数求余，最终决定字段对应的记录存放在哪个桶当中。把表（或分区表）组织成桶表有如下两个理由。 （1）获得更高的查询处理效率。桶为表加上了额外的结构，Hive 在处理某些查询时能利用这个结构。连接两个在（包含连接列的）相同列上划分了桶的表，可以使用 Map 端连接（Map-side join）高效地实现，如当两个有一个相同列的表时，对保存相同列值的桶做 join 操作即可大大减少查询的数据量。 （2）使取样（sampling）更高效。在处理大规模数据集时，在开发和修改查询代码的阶段，如果能在数据集的小部分数据上试运行查询那么会更加方便
sorted by	对列排序的选项，可以提高查询的性能
row format	指一行中的字段存储格式，在加载数据时，需要选用合适的字符作为分隔符来映射字段，否则表中数据为 null
stored as	指文件存储格式，默认指定 TextFile 格式，导入数据时会直接将数据文件复制到 HDFS 上不进行处理，若数据不压缩，则解析开销较大
location	在 HDFS 上数据文件的路径

还需补充以下两点内容。

（1）在编写 row format 关键字参数时，可以选用以下指定规则。

```
row_format
: delimited
[fields terminated by char]
[collection items terminated by char]
[map keys terminated by char]
[lines terminated by char]
| serde serde_name
[with serdeproperties
(property_name=property_value,
Property_name=property_value, ...)
]
```

serde 是 Hive 中用于序列化和反序列化数据的机制，定义于数据的解析和存储格式。用户在创建表时可以自定义 serde 或使用自带的 serde。如果没有指定 row format，那么将会使用自带的 serde。在创建表时，用户还需要为表指定列，用户在指定列的同时也会指定自定义的 serde，Hive 通过 serde 确定表中具体列的数据。

（2）在编写 stored as 关键字参数时，可以选用以下指定规则。

```
file_format:
: sequencefile
| textfile
| rcfile
| orc
| parquet
| avro
| jsonfile
| inputformat input_namr_classname qutpuformat
output_format_classname
```

stored as 关键字参数用于指定在 Hive 中创建表时使用的存储格式，支持二进制文件格式（sequencefile）、文本文件（textfile）、列式存储格式（rcfile）等作为存储格式。

人们生活在自然界里，气温每时每刻都在影响人们的生活、工作及一切活动，气温的变化受到多个因素的综合影响，包括大气状况和人类活动等。为了应对气候变化，人们积极采取低碳出行等措施来减少有害气体（如一氧化碳和二氧化碳）的排放，并致力于坚持绿色发展。通过努力保护环境、推动可持续发展，为创造更健康的环境、实现可持续的未来不懈奋斗。现有一份从天气网采集到的 2023 年 1 月 1 日—6 月 30 日的 4 个城市的历史气温数据，数据字段说明如表 3-4 所示。

表 3-4　数据字段说明

字段	说明
city	城市名称
r_date	记录日期
week	星期
low	最低气温（单位：℃）
high	最高气温（单位：℃）
weather	天气
wind	风向和风力等级

在对创建 Hive 数据表的语法格式有了基本了解后，将通过气温数据演示说明 Hive 数据表的具体创建方式。

（一）创建内部表

Hive 表创建与传统数据库创建相似，表都是存储在数据库上的，因此，创建表之前必须指定存储的数据库。在 weather 数据库上创建一个名为 weather 的内部表，如代码 3-1 所示。

代码 3-1 创建 weather 表

```
use weather;
create table weather(
  city string,
  r_date string,
  week string,
  low string,
  high string,
  weather string,
  wind string)
 row format delimited fields terminated by ',';
```

通过浏览器访问“http://master:9870”，选择“Utilitles”→“Browse the file system”，进入 HDFS 管理界面，如图 3-5 所示，通过 master 节点的 Web UI 查看创建的 weather 表的位置，如图 3-6 所示。

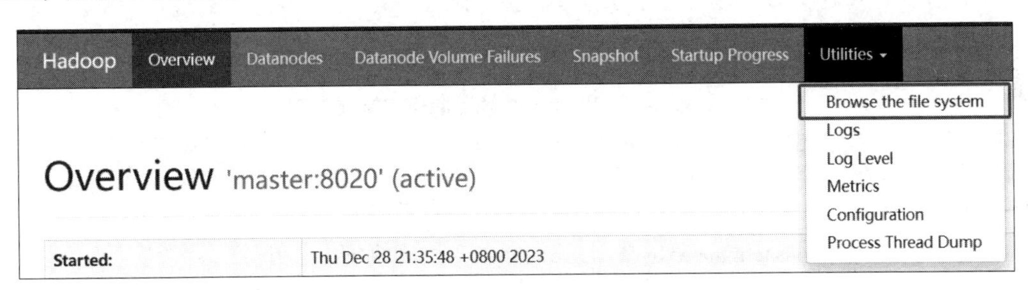

图 3-5 进入 HDFS 管理界面

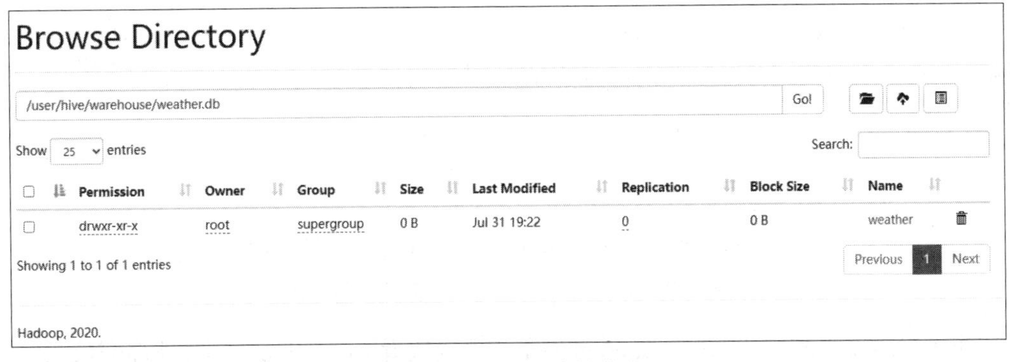

图 3-6 weather 表的位置

（二）创建外部表

因为外部表不需要移动结构化数据文件，所以当文件较大时，可以选择创建外部表。外部表创建流程如下。

（1）上传文件 weather.csv 至 Linux。通过 Xftp 根据将数据文件 weather.csv 上传至 Linux 文件系统目录/opt 下，为避免文件中首行字段名在 Hive 表中显示异常，使用“sed -i '1d' /opt/weather.csv”命令，删除首行字段名。

（2）上传文件 weather.csv 至 HDFS。将 weather.csv 文件上传至 HDFS 上的/weather 目录下（在上传之前先在 HDFS 上创建/weather 目录），用于模拟生产环境下的数据文件，如代码 3-2 所示。

代码 3-2　上传 weather.csv 至 HDFS 的/weather 目录下

```
hdfs dfs -mkdir /weather
hdfs dfs -put /opt/weather.csv /weather
```

（3）创建外部表。在 weather 数据库下创建外部表 weather_external，如代码 3-3 所示。

代码 3-3　创建外部表 weather_external

```
use weather;
create external table weather_external (
  city string,
  r_date string,
  week string,
  low string,
  high string,
  weather string,
  wind string)
row format delimited fields terminated by ',' location '/weather';
```

代码 3-3 的关键代码解释如表 3-5 所示。

表 3-5　代码 3-3 的关键代码解释

关键代码	解释
create external table	表示创建一个外部表
row format delimited fields terminated by ','	用来指定字段之间的分隔符为逗号
location	表示在 HDFS 上数据文件的路径

（4）查看外部表。使用“show tables;”命令查看 weather 数据库中的数据表，结果如图 3-7 所示，可以看到 weather_external 外部表已经创建成功。

```
hive> show tables;
OK
weather
weather_external
Time taken: 0.066 seconds, Fetched: 2 row(s)
```

图 3-7　weather_external 外部表创建成功

通过“select * from weather_external;”命令可以查看 weather_external 外部表数据内容，部分数据如图 3-8 所示。

```
hive> select * from weather_external;
OK
城市A    2023/1/1    星期日  -7    4     多云    西北风 1级
城市C    2023/1/1    星期日  10    19    多云    北风 1级
城市B    2023/1/1    星期日  5     8     多云    北风 3级
城市D    2023/1/1    星期日  12    16    多云    西南风 1级
城市A    2023/1/2    星期一  -8    3     多云    东风 1级
城市C    2023/1/2    星期一  11    18    多云    东北风 2级
城市B    2023/1/2    星期一  4     9     阴      东北风 2级
城市D    2023/1/2    星期一  13    20    多云    北风 1级
城市A    2023/1/3    星期二  -8    3     多云    东北风 1级
```

图 3-8　weather_external 外部表部分数据

（三）创建分区表

分区表可以按照字段在目录层面对文件进行更好的管理，分区表实际上对应一个在 HDFS 上的独立文件夹，该文件夹下是该分区所有的数据文件。Hive 中的分区也可以理解为分目录，当查询分区表指定分区的数据时可通过 where 子句中的表达式来实现，这样查询的效率会提高很多。

创建分区表的方式分两种，一种是单分区，即在表目录下只有一级目录；另一种是多分区，即在表目录下出现多个目录嵌套。下面仅以单分区为例介绍分区表的创建。若读者想学习多分区的创建则可以参考官方文档。

创建一个以 city 为分区的 weather_part 表，如代码 3-4 所示。

代码 3-4　创建 weather-part 表

```
use weather;
create table weather_part (
  r_date string,
  week string,
  low string,
  high string,
  weather string,
  wind string)
 partitioned by(city string)
 row format delimited fields terminated by ',';
```

通过 master 节点的 Web UI 查看创建的 weather_part 表的位置，如图 3-9 所示。

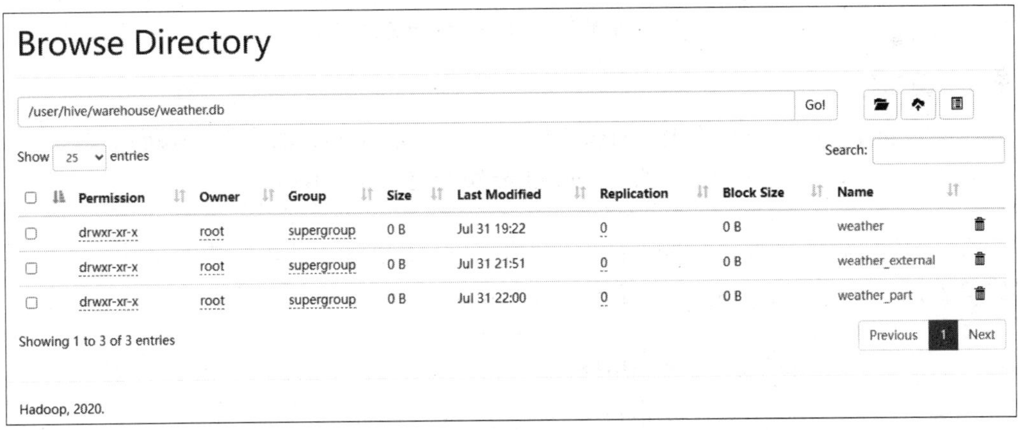

Browse Directory

/user/hive/warehouse/weather.db　Go!

Show 25 entries　Search:

	Permission	Owner	Group	Size	Last Modified	Replication	Block Size	Name
☐	drwxr-xr-x	root	supergroup	0 B	Jul 31 19:22	0	0 B	weather
☐	drwxr-xr-x	root	supergroup	0 B	Jul 31 21:51	0	0 B	weather_external
☐	drwxr-xr-x	root	supergroup	0 B	Jul 31 22:00	0	0 B	weather_part

Showing 1 to 3 of 3 entries　Previous 1 Next

Hadoop, 2020.

图 3-9　weather_part 表的位置

（四）创建桶表

Hive 的桶表针对某一字段进行桶的组织，对字段的值进行哈希计算后，除以桶的个数求余，最终决定字段对应的记录存放在哪个桶当中。

创建桶表 weather_bucket，然后以 city 字段值进行分桶，并设置桶数量为 4，如代码 3-5 所示。

代码 3-5　创建桶表 weather_bucket

```
use weather;
create table weather_bucket(
```

```
  city string,
  r_date string,
  week string,
  low string,
  high string,
  weather string,
  wind string)
clustered by (city) into 4 buckets
row format delimited fields terminated by ',';
```

使用“show tables;”命令查看 weather 数据库中的数据表，结果如图 3-10 所示，可以看到 weather_bucket 桶表已经创建成功。

```
hive> show tables;
OK
weather
weather_bucket
weather_external
weather_part
Time taken: 0.113 seconds, Fetched: 4 row(s)
```

图 3-10 桶表 weather_bucket 成功创建

四、修改表

Hive 提供了丰富的有关修改表的操作，如重命名表、增加/修改表的列信息、添加分区、删除分区等操作，这些操作会修改元数据，但不会修改数据本身，修改表的操作如下。

1. 重命名表

使用“alter table”语句将表 weather 重命名为 weather_in，如代码 3-6 所示。

代码 3-6 将表 weather 重命名为 weather_in

```
alter table weather rename to weather_in;
```

执行代码 3-6 后，通过“show tables;”命令查看数据库中的表，结果如图 3-11 所示，对比图 3-10，可以看出 weather 已经重命名为 weather_in。

```
hive> show tables;
OK
weather_bucket
weather_external
weather_in
weather_part
Time taken: 0.097 seconds, Fetched: 4 row(s)
```

图 3-11 重命名表

2. 增加表的列信息

在增加/修改表的列信息之前，需要掌握表的结构信息，增加表的列信息操作如下。

（1）查看表结构。通过 describe 命令查看 weather_part 表的结构信息，如代码 3-7 所示，结果如图 3-12 所示。（提示：describe 命令可以简写成“desc”。）

代码 3-7 查看 weather_part 表的结构

```
describe weather_part;
```

```
hive> describe weather_part;
OK
r_date                  string
week                    string
low                     string
high                    string
weather                 string
wind                    string
city                    string

# Partition Information
# col_name              data_type               comment
city                    string
Time taken: 3.524 seconds, Fetched: 11 row(s)
```

图 3-12 weather_part 表的结构信息

（2）增加"气压"列信息。使用"alter table"语句向 weather_part 表中添加 pressure（表示大气压，单位为 hPa），如代码 3-8 所示。

代码 3-8 添加列信息

```
alter table weather_part add columns (pressure float);
describe weather_part;
```

执行代码 3-8，然后通过"describe weather_part;"命令查看表结构，最终结果如图 3-12 所示，对比图 3-13，weather_part 表多了添加的一列。

```
hive> describe weather_part;
OK
r_date                  string
week                    string
low                     string
high                    string
weather                 string
wind                    string
pressure                float
city                    string

# Partition Information
# col_name              data_type               comment
city                    string
Time taken: 0.553 seconds, Fetched: 12 row(s)
```

图 3-13 向表中添加一列

3. 修改表的列信息

使用"alter table"语句重命名表中的列，将 weather_part 表中的列 low 重命名为 temperature_min，将列 high 重命名为 temperature_max，如代码 3-9 所示。

代码 3-9 重命名列

```
alter table weather_part change column low temperature_min string;
alter table weather_part change column high temperature_max string;
```

修改后使用"describe weather_part;"命令查看表结构，结果如图 3-14 所示，对比图 3-12，可以看出列名 low、high 已成功修改为 temperature_min、temperature_max。

```
hive> describe weather_part;
OK
r_date                  string
week                    string
temperature_min         string
temperature_max         string
weather                 string
wind                    string
pressure                float
city                    string

# Partition Information
# col_name              data_type               comment
city                    string
Time taken: 0.26 seconds, Fetched: 12 row(s)
```

图 3-14　成功重命名列

4. 添加分区

使用“alter table”语句修改表的分区，为 weather_part 表添加 city 为“GuangZhou”的分区，如代码 3-10 所示。

代码 3-10　添加分区

```
alter table weather_part add partition(city='GuangZhou');
```

在 master 节点的 Web UI 中查看 weather_part 表，发现多了一个“city=GuangZhou”的分区，如图 3-15 所示。

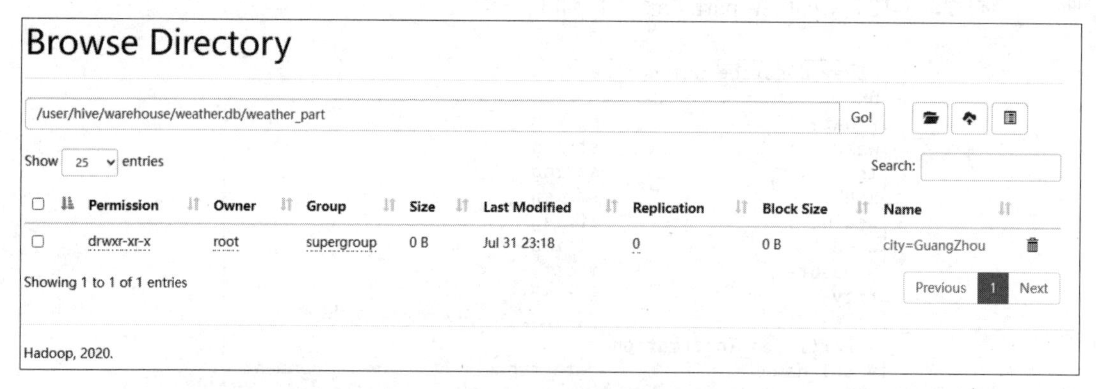

图 3-15　weather_part 表的分区信息

5. 删除分区

添加分区后，如不使用可以删除，现将代码 3-10 添加的“city=GuangZhou”的分区删除，如代码 3-11 所示。删除分区成功如图 3-16 所示。

代码 3-11　删除分区

```
alter table weather_part drop if exists partition(city='GuangZhou');
```

```
hive> alter table weather_part drop if exists partition(city='GuangZhou');
Dropped the partition city=GuangZhou
OK
Time taken: 1.581 seconds
```

图 3-16　删除分区成功

五、导入数据至 Hive 表

Hive 导入数据常用的方式有：将文件系统中的数据导入 Hive 表、将其他 Hive 表查询到的数据导入 Hive 表。

（一）将文件系统中的数据导入 Hive 表

将文件系统中的数据导入 Hive 表有两种方式：将 Linux 文件系统的数据导入 Hive 表，将 HDFS 的数据导入 Hive 表。

将数据导入 Hive 表的语法格式如下。

```
load data [local] inpath filepath
[overwrite] into table tablename
[partition (partcol1 = val1, partcol2 = val2…)]
```

load 命令部分关键字说明如表 3-6 所示。

表 3-6　load 命令部分关键字说明

关键字	说明
local	若有 local 关键字，则说明是导入 Linux 文件系统的数据；若没有 local 关键字，则是从 HDFS 导入数据。如果将 HDFS 的数据导入 Hive 表，那么 HDFS 上存储的数据文件会被移动到表目录下，因此原位置不再有存储的数据文件
filepath	数据的路径，可以是相对路径（./data/a.txt）、绝对路径（/user/root/data/a.txt）或包含模式的完整 URL（hdfs://master:8020/user/root/data/a.txt）
overwrite	加入 overwrite 关键字，表示导入模式为覆盖模式，即覆盖表之前的数据；若不加 overwrite 关键字，则表示导入模式为追加模式，即不清空表之前的数据，新数据会被添加到现有的表中
partition	如果创建的是分区表，那么导入数据时需要使用 partition 关键字指定分区字段的名称

将 Linux 的/opt 目录下的 weather.csv 数据导入 Hive 表中，如代码 3-12 所示。

代码 3-12　将 Linux 文件系统中的数据导入 Hive 表

```
-- 将 Linux 文件系统中的 weather.csv 导入表 weather_in
load data local inpath '/opt/weather.csv' overwrite into table weather_in;
```

导入数据后，数据会被存储在 HDFS 上相应的表的数据存放目录中。在 HDFS 的 Web UI 中，可以看到表 weather_in 的目录中有一份导入数据 weather.csv，如图 3-17 所示。

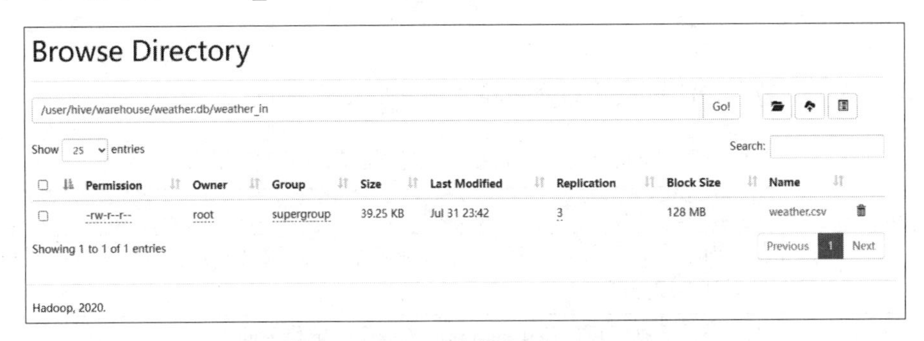

图 3-17　HDFS 中的表 weather.csv

单击图 3-16 中的“weather.csv”，然后单击“Head the file (first 32K)”，查看表 weather.csv 的数据，如图 3-18 所示。

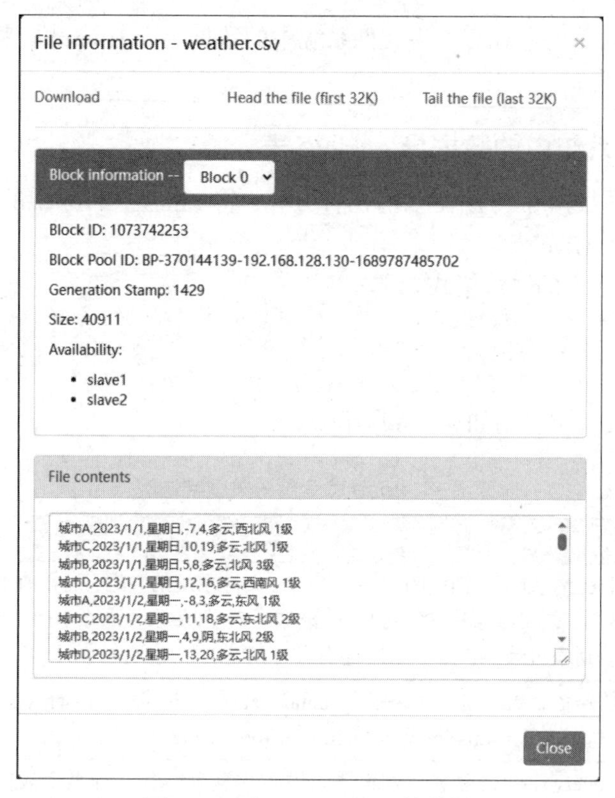

图 3-18　表 weather.csv 的数据

（二）通过查询语句向表中插入数据

通过查询语句向 Hive 表中插入数据有 3 种方法：查询数据后单表插入、查询数据后多表插入、查询数据后建新表。

1. 查询数据后单表插入

Hive 单表插入数据语法格式如下，表示从表 2 查询出字段 1、字段 2 和字段 3 的数据并插入表 1 中，表 1 中的 3 个字段的类型与表 2 中的 3 个字段的类型应一致。

```
insert [overwrite|into] table 表1
[ partition (part1=val1,part2=val2)]
select 字段1, 字段2, 字段3 from 表2 ;
```

Hive 单表插入数据语法格式的部分关键字说明如表 3-7 所示。

表 3-7　Hive 单表插入数据语法格式的部分关键字说明

关键字	说明
overwrite|into	插入时选择 overwrite 关键字会覆盖原有表或分区数据，选择 into 关键字则是追加数据到表或分区
partition	单表插入数据时可以使用 partition 关键字指定分区插入

通过 Hive 单表插入数据的方式，将表 weather_in 的数据覆盖导入表 weather_bucket 中，如代码 3-13 所示。

代码 3-13 Hive 单表插入数据示例

```
insert overwrite table weather_bucket select * from weather_in;
```

通过浏览器登录 HDFS 的 Web UI，因为表 weather_bucket 是桶表，且桶的个数为 4，所以可看到 weather_bucket 目录下存在 4 份文件，如图 3-19 所示。

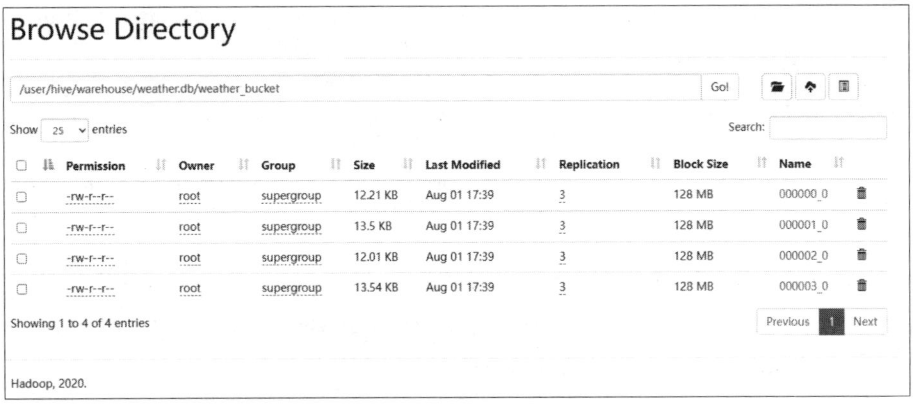

Browse Directory

/user/hive/warehouse/weather.db/weather_bucket Go!

Show 25 entries Search:

Permission	Owner	Group	Size	Last Modified	Replication	Block Size	Name
-rw-r--r--	root	supergroup	12.21 KB	Aug 01 17:39	3	128 MB	000000_0
-rw-r--r--	root	supergroup	13.5 KB	Aug 01 17:39	3	128 MB	000001_0
-rw-r--r--	root	supergroup	12.01 KB	Aug 01 17:39	3	128 MB	000002_0
-rw-r--r--	root	supergroup	13.54 KB	Aug 01 17:39	3	128 MB	000003_0

Showing 1 to 4 of 4 entries Previous 1 Next

Hadoop, 2020.

图 3-19 单表插入数据结果

2. 查询数据后多表插入

Hive 支持多表插入，即可以在同一个查询操作中使用多个 insert 子句，好处是只需要扫描一遍源表即可生成多个不相交的输出。

多表插入与单表插入的不同点在于语句写法，多表插入将执行查询的表语句放在开头的位置。其他关键字说明同单表插入数据的关键字说明。

Hive 多表插入数据语法格式如下，表示从表 1 中查询字段 1 插入表 2，从表 1 中查询字段 2 插入表 3。表 1 中字段 1 的类型应与表 2 中字段 1 的类型一致，表 1 中字段 2 的类型应与表 3 中字段 2 的类型一致。

```
from 表1
insert [overwrite|into] table 表2 select 字段1
insert [overwrite|into] table 表3 select 字段2
```

通过 Hive 多表插入数据的方式，将表 weather_in 中的 low 字段数据插入 temp1 表中，并将表 weather_in 中的 high 字段数据插入 temp2 表中。需要先创建 temp1、temp2 两个表，如代码 3-14 所示。由于需要经过 MapReduce 计算，所以插入数据过程耗时较长，成功插入结果如图 3-20 所示。

代码 3-14 Hive 多表插入数据示例

```
-- 创建temp1、temp2表
create table temp1(low string);
create table temp2(high string);
-- 多表插入数据
from weather_in
insert into table temp1 select low;
insert into table temp2 select high;
```

```
Loading data to table weather.temp2
Launching Job 4 out of 4
Number of reduce tasks determined at compile time: 1
In order to change the average load for a reducer (in bytes):
  set hive.exec.reducers.bytes.per.reducer=<number>
In order to limit the maximum number of reducers:
  set hive.exec.reducers.max=<number>
In order to set a constant number of reducers:
  set mapreduce.job.reduces=<number>
Starting Job = job_1690882498999_0010, Tracking URL = http://master:8088/proxy/application
_1690882498999_0010/
Kill Command = /usr/local/hadoop-3.1.4/bin/mapred job  -kill job_1690882498999_0010
Hadoop job information for Stage-10: number of mappers: 1; number of reducers: 1
2023-08-01 18:30:17,050 Stage-10 map = 0%,  reduce = 0%
2023-08-01 18:30:26,439 Stage-10 map = 100%,  reduce = 0%, Cumulative CPU 1.3 sec
2023-08-01 18:30:34,792 Stage-10 map = 100%,  reduce = 100%, Cumulative CPU 3.54 sec
MapReduce Total cumulative CPU time: 3 seconds 540 msec
Ended Job = job_1690882498999_0010
Moving data to directory hdfs://master:8020/user/hive/warehouse/weather.db/temp1/.hive-sta
ging_hive_2023-08-01_18-29-28_489_1146781111765275562-1/-ext-10000
Loading data to table weather.temp1
MapReduce Jobs Launched:
Stage-Stage-2: Map: 1  Reduce: 1   Cumulative CPU: 3.73 sec   HDFS Read: 55822 HDFS Write:
 5463 SUCCESS
Stage-Stage-10: Map: 1  Reduce: 1   Cumulative CPU: 3.54 sec   HDFS Read: 9347 HDFS Write:
 654 SUCCESS
Total MapReduce CPU Time Spent: 7 seconds 270 msec
OK
Time taken: 68.607 seconds
```

图 3-20　多表插入数据结果

3. 查询数据后建新表

Hive 查询数据后建新表语法格式如下，表示从表 1 中查询字段 1、字段 2、字段 3 的数据并插入新建的表 2 中。

```
create table 表 2 as
 select 字段 1,字段 2,字段 3
 from 表 1;
```

通过 Hive 查询数据后建新表的方式，创建新表 temp3 并导入表 weather_in 的数据，如代码 3-15 所示，新表 temp3 的部分数据如图 3-21 所示。

代码 3-15　Hive 查询数据后建新表示例

```
-- 使用查询数据后建新表的方式插入数据
create table temp3 as select city,r_date,weather from weather_in;
-- 查询 temp3 表中内容
select * from temp3;
```

```
hive> select * from temp3;
OK
城市A    2023/1/1        多云
城市C    2023/1/1        多云
城市B    2023/1/1        多云
城市D    2023/1/1        多云
城市A    2023/1/2        多云
城市C    2023/1/2        多云
城市B    2023/1/2        阴
城市D    2023/1/2        多云
城市A    2023/1/3        多云
```

图 3-21　新表 temp3 的部分数据

六、导出 Hive 表中的数据

将数据导入 Hive 表后，在 Hive 中可以对数据进行基本的探索和简单的处理，通常会将处理好的数据导出，保存到其他的存储系统中。Hive 数据可以导出至本地文件系统和 HDFS。

（一）将 Hive 表中的数据导出至本地文件系统

将 Hive 表中的数据导出至本地文件系统（即 Linux 文件系统）的语法格式如下。

```
insert overwrite local directory out_path  // 导出表数据的目录
row format delimited fields terminated by row_format  // 表的数据分割方式、格式化信息
select * from table_name;  // 需要导出的表数据
```

将 Hive 表 weather_external 的数据导出至本地文件系统的/opt/output 目录下，如代码 3-16 所示。数据导出的目标目录会完全覆盖之前目录下的所有内容，因此导出数据到本地文件系统时，尽量选择新的目录。

代码 3-16　将 Hive 表 weather_external 的数据导出至本地文件系统

```
insert overwrite local directory '/opt/output/'
row format delimited fields terminated by ','
select * from weather_external;
```

将表 weather_external 的数据导出至本地文件系统的/opt/output 目录后，可通过使用“ll”命令查看/opt/output 目录下的数据文件的详细信息，结果如图 3-22 所示。

```
[root@master ~]# ll /opt/output/
total 40
-rw-r--r--. 1 root root 39463 Aug  1 18:58 000000_0
```

图 3-22　查看/opt/output 目录下的数据文件的详细信息

（二）将 Hive 表中的数据导出至 HDFS

将 Hive 数据导出至 HDFS 的语法格式如下。

```
insert overwrite directory out_path  // 导出表数据的目录
row format delimited fields terminated by row_format  // 表的数据分割方式、格式化信息
select * from table_name;  // 需要导出的表数据
```

将表 weather-in 的数据导出至 HDFS 的/user/code 目录下，如代码 3-17 所示，数据导出的模式是覆盖模式。导出结果如图 3-23 所示。

代码 3-17　将表 weather_in 的数据导出至 HDFS

```
insert overwrite directory '/user/code/'
row format delimited fields terminated by ','
select * from weather_in;
```

将 Hive 数据导出至本地文件系统和导出至 HDFS 的语法格式非常相似，两者之间的区别在于，将 Hive 数据导出至本地文件系统的目标目录时需要添加 local 关键字，而将 Hive 数据导出至 HDFS 无须添加 local 关键字。

图 3-23　将表 weather_in 的数据导出至 HDFS 结果

【项目实施】

任务一　创建数据表

在创建数据表之前，了解数据字段是非常重要的，因此本任务包含数据字段说明和创建 Hive 表等内容。

（一）数据字段说明

本项目将 7 天的广告流量检测数据作为原始建模数据，包含 22 个字段，数据示例及说明如表 3-8 所示。

表 3–8　流量数据示例及说明

序号	字段名称	中文名称	示例	备注
1	rank	记录序号	5（第 5 条记录）	
2	dt	相对日期	3（第 3 天）	单位为天
3	cookie	Cookie 值	7083a0cba2acd512767737c65d5800c8	
4	ip	IP 地址	101.52.165.247	已脱敏

续表

序号	字段名称	中文名称	示例	备注
5	idfa	IDFA 值	bc50cc5fb39336cf39e3c9fe1b16bf48	可用于识别 iOS 用户
6	imei	IMEI 值	990de8af5ed0f3744b61770173794555，	可用于识别 Android 用户
7	android	Android 值	7730a40b70cf9b023d23e332da846bfb	可用于识别 Android 用户
8	openudid	OpenUDID 值	7aaeb5d6af25f9fe918ec39b0f79a2c8	可用于识别 iOS 用户
9	mac	MAC 值	6ed9fcefd06a2ab5f901e601a3a53a2d	可用于识别不同硬件设备
10	timestamps	时间戳	0（记录于数据区间的初始时间点）	
11	camp	项目 ID	61520	
12	creativeid	创意 ID	0	
13	mobile_os	设备操作系统版本信息	5.0.2	该值为原始值
14	mobile_type	设备型号	'Redmi+Note+3'（设备为红米 Note3）	
15	app_key_md5	App 密钥的 MD5 信息	ffe435bdb6ce18dd4758c0005c4787db	
16	app_name_md5	App 名称的 MD5 信息	6f569b4fa576d25fb98e60bda9c97426	
17	placementid	广告位信息	72ee620530c7c8cd4b423d4b4502b45b	
18	useragent	浏览器信息	"Mozilla%2f5.0%20%28compatible%3b%20MSIE%209.0%3b%20Windows%20NT%206.1%3b%20Trident%2f5.0%29%20Fengxing%2f3.0.3.77%20MZ%2f75B00973C5D899C8BA4858F5E4FAA59B"	
19	mediaid	媒体 ID 信息	1118	
20	os_type	操作系统类型标记	0（采集到的操作系统类型标记为 0）	
21	born_time	Cookie 生成时间	160807（第 160807 天）	
22	label	违规标签	0	1 为违规

（二）创建 Hive 表

创建 Hive 表的基本流程如图 3-24 所示。

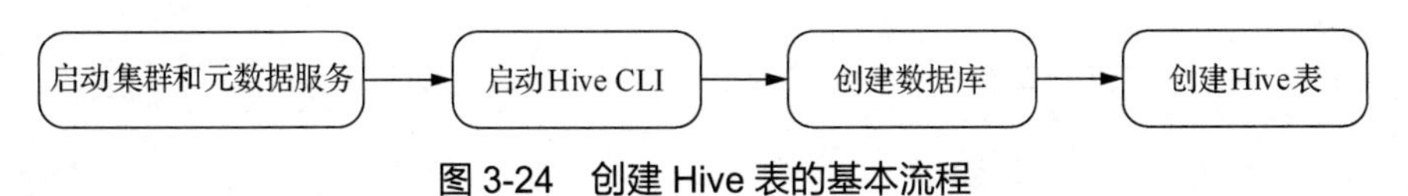

图 3-24　创建 Hive 表的基本流程

创建 Hive 表的流程主要涉及以下步骤。

1. 启动集群和元数据服务

在创建 Hive 表之前，需启动相应的 Hadoop 集群和元数据服务，如代码 3-18 所示。

代码 3-18　启动 Hadoop 集群和元数据服务

```
/usr/local/hadoop-3.1.4/sbin/start-all.sh
hive --service metastore&
```

运行代码 3-18 后，可通过“jps”命令查看进程，如图 3-25 所示，结果表明已成功启动 Hadoop 集群和元数据服务。

```
[root@master ~]# jps
1744 SecondaryNameNode
2369 RunJar
1992 ResourceManager
1467 NameNode
2733 Jps
```

图 3-25　查看进程

2. 启动 Hive CLI

使用“hive”命令进入 Hive CLI（Command Line Interface，命令行界面），如图 3-26 所示。

```
[root@master ~]# hive
which: no hbase in (/usr/local/spark-3.2.1-bin-hadoop2.7/bin:/usr/local/hive/bin:/usr/loca
l/hadoop-3.1.4/bin:/usr/local/sbin:/usr/local/bin:/usr/sbin:/usr/bin:/usr/java/jdk1.8.0_28
1-amd64/bin:/root/bin)
SLF4J: Class path contains multiple SLF4J bindings.
SLF4J: Found binding in [jar:file:/usr/local/hive/lib/log4j-slf4j-impl-2.10.0.jar!/org/slf
4j/impl/StaticLoggerBinder.class]
SLF4J: Found binding in [jar:file:/usr/local/hadoop-3.1.4/share/hadoop/common/lib/slf4j-lo
g4j12-1.7.25.jar!/org/slf4j/impl/StaticLoggerBinder.class]
SLF4J: See http://www.slf4j.org/codes.html#multiple_bindings for an explanation.
SLF4J: Actual binding is of type [org.apache.logging.slf4j.Log4jLoggerFactory]
Hive Session ID = 4da31ee7-98c2-4ada-8fdf-a16604dab38f

Logging initialized using configuration in jar:file:/usr/local/hive/lib/hive-common-3.1.2.
jar!/hive-log4j2.properties Async: true
Hive-on-MR is deprecated in Hive 2 and may not be available in the future versions. Consid
er using a different execution engine (i.e. spark, tez) or using Hive 1.X releases.
Hive Session ID = 23d247a1-88fc-4c5b-ab88-c1868f7b2dcb
hive> 
```

图 3-26　进入 Hive CLI

3. 创建数据库

通过创建数据库，可以将相关的表和数据组织在一起，使得数据管理更加清晰和规范，实现逻辑上的划分。因此创建广告流量检测数据表前，可以先创建数据库 ad_traffic，通过查看数据库检验是否成功创建，如代码 3-19 所示，运行结果如图 3-27 所示。

代码 3-19　创建数据库并检验是否成功创建

```
-- 创建数据库
create database ad_traffic;
-- 查看数据库
show databases;
```

```
hive> create database ad_traffic;
OK
Time taken: 0.241 seconds
hive> show databases;
OK
ad_traffic
default
weather
Time taken: 0.086 seconds, Fetched: 3 row(s)
```

图 3-27 创建数据库并检验是否成功创建

4. 创建 Hive 表

创建好数据库后，即可在数据库 ad_traffic 内创建 Hive 表 case_data_sample。若直接向 Hive 表导入 CSV（Comma-Separated Values，逗号分隔值）文件数据，字段类型会全部变成 string 类型，不利于后续数据分析，所以需要创建两个 Hive 表 case_data_sample_tmp 和 case_data_sample，case_data_sample_tmp 用于导入 CSV 文件的数据，再将 case_data_sample_tmp 表的数据复制到 case_data_sample 中，如代码 3-20 所示。

代码 3-20 创建两个 Hive 表 case_data_sample_tmp 和 case_data_sample

```
use ad_traffic;
-- 创建 Hive 表 case_data_sample_tmp
create table `case_data_sample_tmp` (
  `rank` int,
  `dt` int,
  `cookie` string,
  `ip` string,
  `idfa` string,
  `imei` string,
  `android` string,
  `openudid` string,
  `mac` string,
  `timestamps` int,
  `camp` int,
  `creativeid` int,
  `mobile_os` int,
  `mobile_type` string,
  `app_key_md5` string,
  `app_name_md5` string,
  `placementid` string,
  `useragent` string,
  `mediaid` string,
  `os_type` string,
  `born_time` int,
  `label` int
) row format serde
'org.apache.hadoop.hive.serde2.OpenCSVSerde'
with
serdeproperties
 ("separatorChar"=",","quotechar"="\"")
 stored as textfile;
```

```
-- 创建 Hive 表 case_data_sample
create table `case_data_sample` (
  `rank` int,
  `dt` int,
  `cookie` string,
  `ip` string,
  `idfa` string,
  `imei` string,
  `android` string,
  `openudid` string,
  `mac` string,
  `timestamps` int,
  `camp` int,
  `creativeid` int,
  `mobile_os` int,
  `mobile_type` string,
  `app_key_md5` string,
  `app_name_md5` string,
  `placementid` string,
  `useragent` string,
  `mediaid` string,
  `os_type` string,
  `born_time` int,
  `label` int
) row format delimited fields terminated by ', ';
```

通过"show tables;"命令可验证是否成功创建 Hive 表，如图 3-28 所示，Hive 中存在表 case_data_sample 和 case_data_sample_tmp。

```
hive> show tables;
OK
case_data_sample
case_data_sample_tmp
Time taken: 0.11 seconds, Fetched: 2 row(s)
```

图 3-28　查看 Hive 表

任务二　导入数据至 Hive 表

广告流量检测违规识别项目提供的原始建模数据已经包含相关流量数据是否违规的标签，然而目标网站在收集流量数据的时候是没有类别标签的，所以应该处理一份没有标签的数据，与原始的流量数据一致，以便在后期用于模型应用，更加贴合实际生产环境。综上，导入数据至 Hive 表的基本流程如图 3-29 所示。

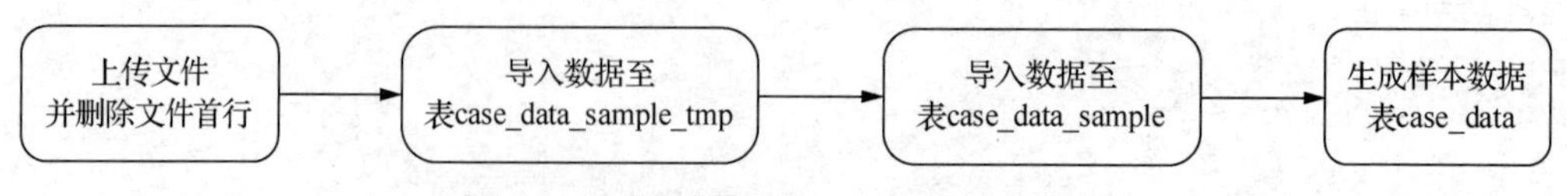

图 3-29　导入数据至 Hive 表的基本流程

导入数据至 Hive 表的流程主要涉及以下步骤。

（1）上传文件并删除文件首行。通过 Xftp 工具将 CSV 文件 case_data_new.csv 上传到

Linux 的/opt 目录下，通过命令“sed -i '1d' /opt/case_data_new.csv”删除文件首行的字段名。

（2）导入数据至表 case_data_sample_tmp。使用 load 命令将 Linux 本地数据导入表 case_data_sample_tmp，如代码 3-21 所示。

代码 3-21　导入数据至表 case_data_sample_tmp

```
load data local inpath '/opt/case_data_new.csv' into table case_data_sample_tmp;
```

（3）导入数据至表 case_data_sample。使用 insert 命令将表 case_data_sample_tmp 的数据导入表 case_data_sample，如代码 3-22 所示。

代码 3-22　导入数据至表 case_data_sample

```
insert overwrite table case_data_sample select * from case_data_sample_tmp;
```

导入成功后，可以使用“select * from case_data_sample limit 1;”命令查看表 case_data_sample 的第一行数据，如图 3-30 所示。

```
hive> select * from case_data_sample limit 1;
OK
9       1       7a4754fe6aa84e94406fe576f4240d78        2.204.113.106                   6
1677    0       NULL            fdf48f06520618219a7f4caeafb83a31                        C
lover%201.0%20%28iOS%209.3.2%3b%20zh_CN%29      1858            151016  0
Time taken: 0.441 seconds, Fetched: 1 row(s)
```

图 3-30　表 case_data_sample 的第一行数据

（4）生成样本数据表 case_data。生成一份未进行类别标识的样本数据，以原始建模数据为基础，生成没有类别标签的样本数据，如代码 3-23 所示。

代码 3-23　创建表 case_data

```
create table case_data as select rank,dt,cookie,ip,idfa,imei,android,openudid,
mac,timestamps,
camp,creativeid,mobile_os,mobile_type,app_key_md5,app_name_md5,placementid,
useragent,mediaid,
os_type,born_time from case_data_sample;
```

【项目总结】

本项目首先介绍了 Hive 的数据类型，为读者学习 Hive 表的创建奠定基础；其次介绍了数据库的创建与管理操作，使得数据更加有序和易于维护；接着介绍了表的创建与修改，包括如何灵活地构建和调整表结构，帮助读者掌握 Hive 表的创建和管理技巧；然后介绍了数据的导入与导出，实现数据的存储与备份；最后实现了创建表与导入相应数据至 Hive 表，为后续的广告流量检测数据分析提供基础数据。

【技能拓展】

数据查询的语法格式如下。

```
select [all | distinct] select_expr, select_expr, ...
from table_reference
[where where_condition]
[group by col_list]
[having having_condition]
[order by col_list]
```

```
[cluster by col_list
| [distribute by col_list] [sort by col_list]
]
[limit [offset,] rows]
```

在数据查询的语法格式中，“select…from…”为 select 语句的主体部分，select 续接的部分可为“*”（表示指定所有数据）通配符、数据表的字段名、Hive 中的各类函数、算术表达式等内容，from 续接的部分可为表、视图或子查询语句，其中[ ]中包含的内容为可选项，数据查询的语法格式的关键字说明如表 3-9 所示。

表 3-9　数据查询的语法格式的关键字说明

关键字	说明
table_reference	table_reference 可以是表、视图或子查询语句
where	可选，用于指定查询条件
distinct	用于剔除查询结果中重复的数据，如果没有定义那么将输出全部数据
group by	用于将查询结果按照指定字段进行分组
having	可选，与 group by 关键字连用，可以将分组后的结果进行过滤
distribute by	根据指定字段将数据分发到不同的 Reducer 进行处理，且分发算法采用哈希算法，类似 MapReduce 中的 Partition 分区，通常结合 sort by 使用
sort by	用于在数据进入 Reducer 前完成排序，因此不是全局排序。如果设置 mapred.reduce.tasks>1，那么 sort by 只能保证每个 Reducer 的输出有序，不保证全局有序
cluster by	根据指定的字段对数据进行分桶，分桶数取决于用户设置 reduce 的个数，并且分桶后，每桶数据都会进行排序。如果 distribute by 和 sort by 指定的字段是同一个，那么此时可以理解为 distribute by 与 sort by 联用的作用相当于 cluster by
order by	用于将查询结果按照指定字段进行全局排序，因此输出文件只有一个，且只存在一个 Reducer，当数据量很大时，需要较长的计算时间
limit	用于限制查询结果返回的行数。其中“offset”用于指定行的起始位置，计数从 0 开始，“rows”用于指定返回的行数

1. 简单查询天气数据

使用 select 语句加 limit 关键字，读取数据库 weather 的表 weather_in 的前 10 行数据，如代码 3-24 所示，运行结果如图 3-31 所示。

代码 3-24　读取数据库 weather 的表 weather_in 的前 10 行数据

```
use weather;
select * from weather_in limit 10;
```

```
hive> use weather;
OK
Time taken: 0.188 seconds
hive> select * from weather_in limit 10;
OK
城市A   2023/1/1        星期日  -7      4       多云    西北风 1级
城市C   2023/1/1        星期日  10      19      多云    北风 1级
城市B   2023/1/1        星期日  5       8       多云    北风 3级
城市D   2023/1/1        星期日  12      16      多云    西南风 1级
城市A   2023/1/2        星期一  -8      3       多云    东风 1级
城市C   2023/1/2        星期一  11      18      多云    东北风 2级
城市B   2023/1/2        星期一  4       9       阴      东北风 2级
城市D   2023/1/2        星期一  13      20      多云    北风 1级
城市A   2023/1/3        星期二  -8      3       多云    东北风 1级
城市C   2023/1/3        星期二  11      18      多云    北风 2级
Time taken: 0.303 seconds, Fetched: 10 row(s)
```

图 3-31　读取数据库 weather 的表 weather_in 的前 10 行数据

表 weather_in 的数据中包含最低气温和最高气温，为了解一天的温差变化，可以使用 select 语句，计算最高气温和最低气温的差值，同样只查看前 10 行数据，如代码 3-25 所示，运行结果如图 3-32 所示。

代码 3-25　计算最高气温和最低气温的差值

```
select *,high-low from weather_in limit 10;
```

```
hive> select *,high-low from weather_in limit 10;
OK
城市A	2023/1/1	星期日	-7	4	多云	西北风 1级	11.0
城市C	2023/1/1	星期日	10	19	多云	北风 1级	9.0
城市B	2023/1/1	星期日	5	8	多云	北风 3级	3.0
城市D	2023/1/1	星期日	12	16	多云	西南风 1级	4.0
城市A	2023/1/2	星期一	-8	3	多云	东风 1级	11.0
城市C	2023/1/2	星期一	11	18	多云	东北风 2级	7.0
城市B	2023/1/2	星期一	4	9	阴	东北风 2级	5.0
城市D	2023/1/2	星期一	13	20	多云	北风 1级	7.0
城市A	2023/1/3	星期二	-8	3	多云	东北风 1级	11.0
城市C	2023/1/3	星期二	11	18	多云	北风 2级	7.0
Time taken: 2.019 seconds, Fetched: 10 row(s)
```

图 3-32　计算最高气温和最低气温的差值

2. 依据城市分组统计数据量

使用 select 语句加 group by 关键字，可以统计表 weather_in 中每个城市的数据量，如代码 3-26 所示。

代码 3-26　统计表 weather_in 中每个城市的数据量

```
select city,count(*) from weather_in group by city;
```

运行结果如图 3-33 所示，表 weather_in 记录了 4 个城市的 181 天的气温数据。

```
OK
城市A	181
城市B	181
城市C	181
城市D	181
Time taken: 99.122 seconds, Fetched: 4 row(s)
```

图 3-33　统计表 weather_in 中每个城市的数据量

【知识测试】

（1）下列不属于 Hive 的数据类型的是（　　）。

A. tinyint　　B. chars　　C. date　　D. boolean

（2）下列不能创建数据库 test 的语句是（　　）。

A. create database test;　　B. create databases test;

C. CREATE DATABASE TEST;　　D. create database if not exists test;

（3）下列关于 Hive 数据库的管理操作的说法不正确的是（　　）。

A. 数据库可直接删除

B. 创建数据库时需保证数据库名称的唯一性

C. 删除数据库时，添加关键字 cascade 可强制删除数据库及其相关的表

D. 数据库创建好后不能直接更改有关数据库的其他元数据

（4）下列关于 Hive 表创建的说法不正确的是（　　）。

A. 在 Hive 中可使用 HDFS 上的数据创建外部表

B. 在 Hive 中默认创建内部表
C. 分区表和桶表是一样的
D. 可对分区表进行分桶

（5）下列关于修改 Hive 表的说法不正确的是（　　）。
A. 使用关键字 rename，可对 Hive 表进行重命名
B. 使用“alter table”语句可增加、修改 Hive 表的列信息
C. 在 Hive 中可随意删除无用的分区
D. 在 Hive 中，修改表的一些操作可以修改数据本身

（6）代码“create table if exists Q_6(num, question string)”解释错误的是（　　）。
A. 代码执行后会创建表 Q_6
B. 代码无法执行，缺少分号
C. 代码不正确，没有指定字段 num 的数据类型
D. 代码不正确，缺少关键字 not

（7）下列关于导入数据至 Hive 表的说法正确的是（　　）。
A. 在 Hive 中，导入数据的命令只有 load
B. 在 Hive 中使用单表插入数据和多表插入数据的语法格式一样
C. 查询到的数据无法使用新建表保存
D. 单表插入数据操作要求插入的数据与查询的数据类型一致

（8）下列关于导出 Hive 表数据的说法不正确的是（　　）。
A. 导出和导入的语法格式类似，均可指定覆盖或追加模式
B. 导出数据至指定文件路径时需要确保已存在该文件路径
C. Linux 文件系统的/opt/output 目录下已存在文件 8.txt，将 Hive 表的数据导出至/opt/output 后，/opt/output 目录下只存在文件 000000_0
D. 将 Hive 表的数据导出至本地文件系统和 HDFS 的语法类似，不同的是将 Hive 数据导出至 HDFS 无须添加 local 关键字

（9）导入数据至 Hive 表的操作错误的是（　　）。
A. 需要将数据文件上传至指定目录下，如 Linux 文件系统目录、HDFS 目录
B. 使用 load 命令将文件数据导入至 Hive 表
C. 使用 insert 命令将文件数据导入至 Hive 表
D. 导入数据至 Hive 表前，为避免数据文件的首行字段名异常显示，需要使用 sed 命令将首行字段名删除

【技能测试】

测试　某连锁咖啡店经营情况数据存储

1．测试要点

（1）熟悉 Hive 的基础数据类型和复杂数据类型的使用。
（2）掌握数据库的创建方法。

（3）掌握 Hive 表的创建方法。
（4）熟悉 Hive 表的数据导入方法。

2. 需求说明

我国坚持把发展经济着力点放在实体经济上，其中实体经济包括农业、服务业（如甜品店、咖啡店）等。现有一份某全国连锁咖啡店品牌的全国各区域门店的经营情况数据 coffee_shop.csv，包括销售数据、利润数据，以及门店基础数据等，数据字段说明如表 3-10 所示。某连锁咖啡店的负责人为提高收益，想对各区域门店经营情况对比进行分析，为新门店选址提供建议依据，助力构建优质高效的服务业新体系。在对连锁咖啡店经营情况进行分析之前，需要将数据存储至 Hive 数据仓库。

表 3-10　数据字段说明

字段名	说明
Store_ID	门店编号，每个门店的唯一标识
Region	门店所在的区域或城市
Sales	门店的销售总额，单位：元
Profit	门店的利润总额，单位：元
Customers	门店的顾客总数量
Avg_Transaction	每位顾客的平均交易金额，单位：元
Staff_Count	门店的员工数量
Store_Area	门店的营业面积，单位：m^2
Rent	门店的租金费用，单位：元
Opening_Date	门店的开业日期

3. 实现步骤

（1）启动 Hadoop 集群和 Hive 元数据服务，打开 Hive CLI 页面。
（2）创建数据库 shop。
（3）基于表 3-10，设计、创建数据表 coffee_shop。
（4）导入 coffee_shop.csv 数据至 Hive 表 coffee_shop。

项目 4 基于Spark SQL实现广告流量检测数据探索分析

【教学目标】

1. 知识目标

（1）了解 Spark SQL 框架的功能及运行过程。

（2）了解 Spark SQL 与 Shell 交互。

（3）掌握 Spark SQL 的可编程数据模型 DataFrame 的创建、查询等操作方法。

2. 技能目标

（1）能够配置 Spark SQL CLI，提供 Spark SQL 与 Shell 交互环境。

（2）能够通过不同数据源创建 DataFrame。

（3）能够实现 DataFrame 数据及行列表的查询操作。

3. 素质目标

（1）具备刻苦钻研的精神，通过学习 Spark SQL CLI，能够独立完成 Spark SQL 与 Shell 交互环境配置。

（2）具备独立思考和自主学习的能力，通过学习可编程数据模型 DataFrame，能够运用多种方式创建 DataFrame。

（3）具备良好的创新能力，通过学习 DataFrame 的查询操作，掌握探索广告流量检测数据的分析方法。

【思维导图】

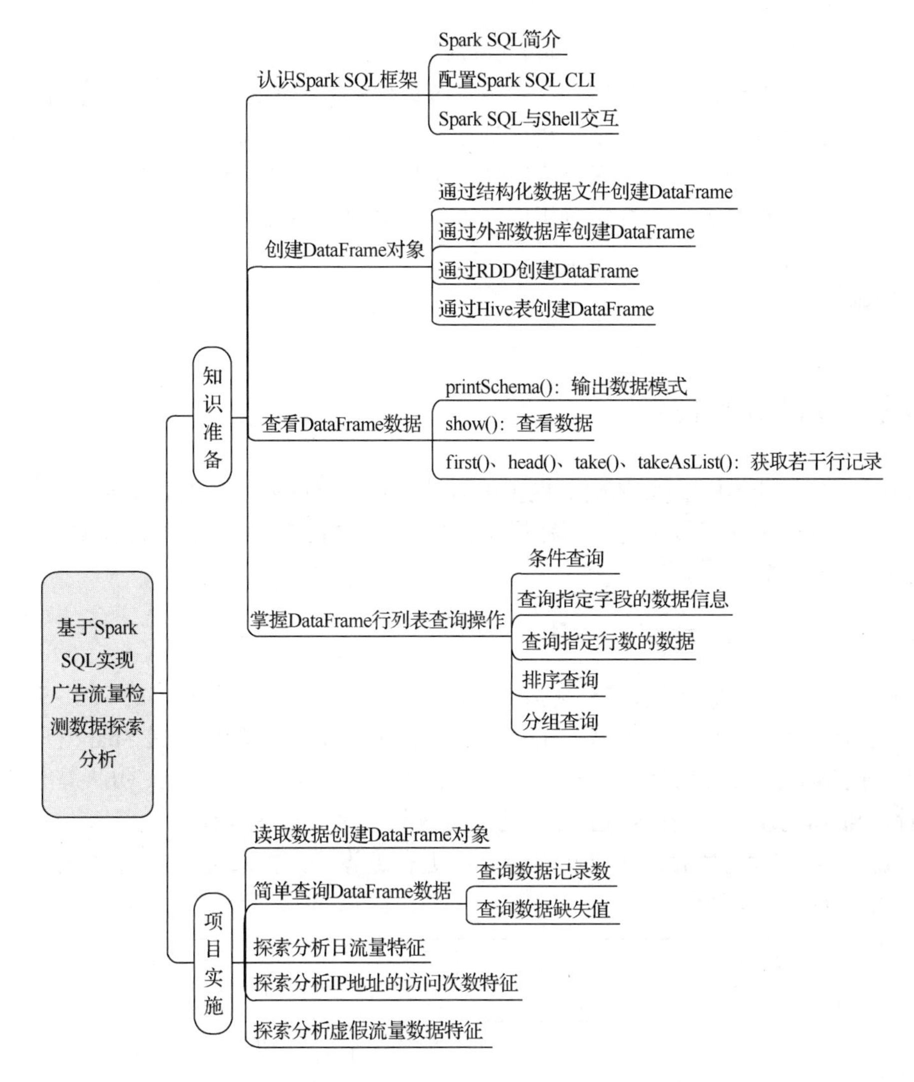

【项目背景】

数据探索分析是通过对数据进行整理、清洗、可视化和统计分析等，发现数据中的模式、趋势和关联性，从而帮助人们理解数据背后的信息和规律，为决策提供支持和指导。广告数据监测公司希望通过 Spark SQL 技术实现广告流量检测数据探索分析，主要从数据记录数、数据缺失值和字段特征进行探索，了解广告流量检测数据的整体情况与大体质量，为后续数据预处理提供处理凭证，并且为数据挖掘分析结论的有效性和准确性奠定基础。

【项目目标】

根据存储在 Hive 中的广告流量检测数据，使用 Spark SQL 中的 SQL 函数读取、查询、探索分析广告流量检测数据。

【目标分析】

（1）读取 Hive 中的表并创建 DataFrame 对象。
（2）简单查询 DataFrame 数据，分析广告流量检测数据的总记录数及缺失值等情况。
（3）利用分组查询方法，探索分析广告流量检测数据中的日流量特征。
（4）利用排序查询方法，探索分析广告流量检测数据中 IP 地址的访问次数特征。
（5）利用分组查询函数，探索分析广告流量检测数据中虚假流量数据特征。

【知识准备】

一、认识 Spark SQL 框架

Spark SQL 在 Spark Core 基础上提供了对结构化数据的处理。所谓结构化数据，就是每条记录共用的已知的字段集合。当数据符合条件时，Spark SQL 针对数据的读取和查询会变得更加简单高效。

（一）Spark SQL 简介

Spark SQL 是一个用于处理结构化数据的框架，可被视为一个分布式的 SQL 查询引擎，提供了一个抽象的可编程数据模型 DataFrame。Spark SQL 框架的前身是 Shark 框架。由于 Shark 需要依赖于 Hive，这制约了 Spark 各个组件的相互集成，所以 Spark 团队提出了 Spark SQL 项目。Spark SQL 在借鉴 Shark 优点的同时摆脱了对 Hive 的依赖。相对于 Shark，Spark SQL 在数据兼容、性能优化、组件扩展等方面更有优势。具体来说，Spark SQL 提供了以下 3 大功能，如图 4-1 所示。

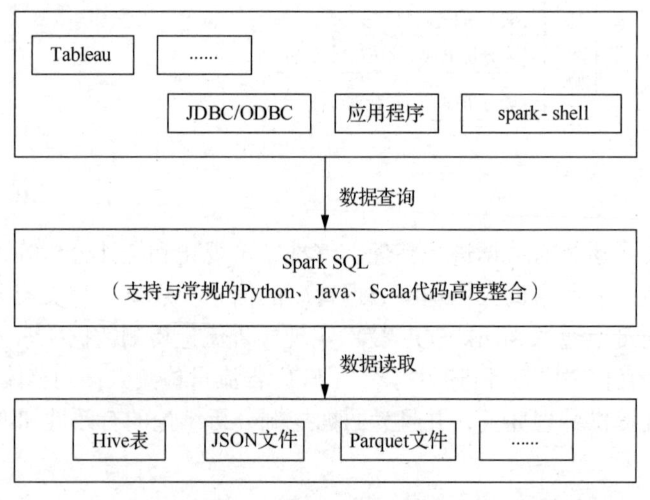

图 4-1　Spark SQL 功能

（1）Spark SQL 可以从各种结构化数据文件（如 JSON 文件、Hive 表、Parquet 文件等）中读取数据。

（2）Spark SQL 不仅支持通过 spark-shell 在 Spark 程序内使用 SQL 语句进行数据查询，也支持类似商业智能软件 Tableau 外部工具、应用程序等通过标准数据库连接器（JDBC/ODBC）连接 Spark SQL 进行查询。

（3）当在 Spark 程序内使用 Spark SQL 时，Spark SQL 支持 SQL 与常规的 Python、Java、Scala 代码高度整合，包括连接 RDD（Resilient Distributed Dataset，弹性分布式数据集）与 SQL 表、公开的自定义 SQL 函数接口等。

为了实现以上的功能，Spark SQL 提供了一种特殊的 RDD，叫作 SchemaRDD。SchemaRDD 是存放 Row 对象的 RDD，每个 Row 对象代表一行记录。SchemaRDD 包含记录的结构信息（即数据字段）。SchemaRDD 看起来和普通的 RDD 很像，但是在内部，SchemaRDD 可以利用结构信息更加高效地存储数据。此外，SchemaRDD 支持 RDD 上所没有的一些新操作，如运行 SQL 查询。SchemaRDD 可以从外部数据源创建，也可以从查询结果或普通 RDD 中创建。从 Spark 1.3.0 开始，SchemaRDD 更名为 DataFrame。

Spark SQL 的运行过程如图 4-2 所示。DataFrame 是一个分布式的 Row 对象的数据集合，该数据集合提供了由列组成的详细模式信息，并且 DataFrame 实现了 RDD 的绝大多数功能。Spark SQL 通过 SQLContext 对象或 HiveContext 对象提供的方法可从外部数据源（如 Parquet 文件、JSON 文件、RDD、Hive 表等）加载数据创建 DataFrame，再通过 DataFrame API 接口、DSL（Domain-Specific Language，领域特定语言）、spark-sql、spark-shell 或 Thrift JDBC/ODBC server 等方式对 DataFrame 数据进行查询、转换操作，并将结果进行展现或使用 save()、saveAsTable()方法将结果存储为不同格式的文件。

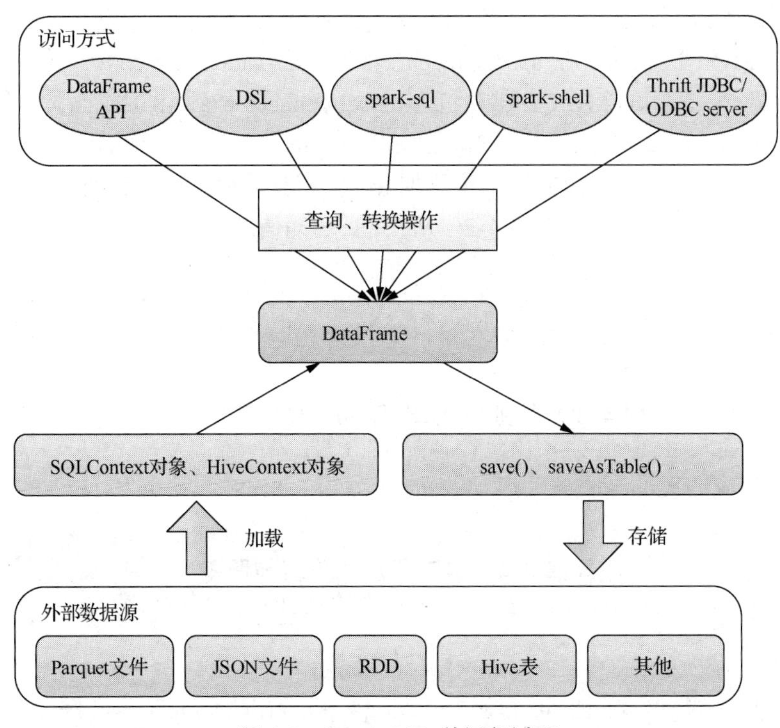

图 4-2　Spark SQL 的运行过程

（二）配置 Spark SQL CLI

Hive 是 Hadoop 上的 SQL 引擎，Spark SQL 编译时可以包含 Hive 支持，也可以不包含。包含 Hive 支持的 Spark SQL 可以支持 Hive 表访问、用户自定义函数、SerDe（序列化格式和反序列化格式），以及 Hive 查询语言。从 Spark 1.1 开始，Spark 增加了 Spark SQL CLI 和 Thrift JDBC/ODBC server 功能，使得 Hive 的用户与熟悉 SQL 语句的数据库管理员更容易上手。

即使没有部署好与 Hive 的交互，Spark SQL 也可以运行。若要使用 Spark SQL CLI 的方式访问操作 Hive 表数据，则需要将 Spark SQL 连接至一个部署成功的 Hive 上。配置 Spark SQL CLI 的基本流程如图 4-3 所示。

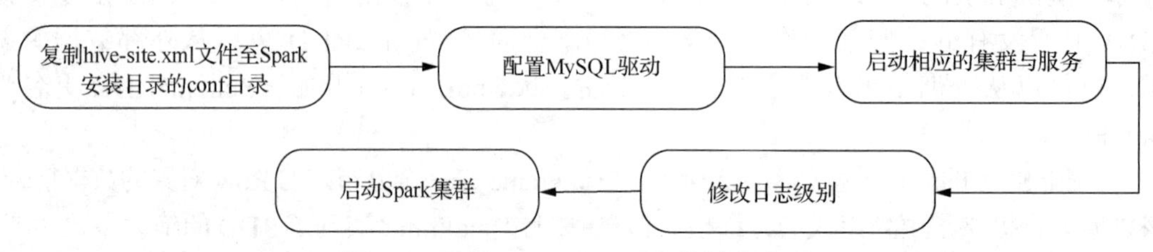

图 4-3　配置 Spark SQL CLI 的基本流程

配置 Spark SQL CLI 的具体步骤如下。

（1）复制 hive-site.xml 文件至 Spark 安装目录的 conf 目录。将 hive-site.xml 复制至/usr/local/spark-3.2.1-bin-hadoop2.7/conf/目录下，如代码 4-1 所示。

代码 4-1　复制 hive-site.xml 到 Spark 的 conf 目录下

```
cp /usr/local/hive/conf/hive-site.xml /usr/local/spark-3.2.1-bin-hadoop2.7/conf/
```

（2）配置 MySQL 驱动，在/usr/local/spark-3.2.1-bin-hadoop2.7/conf/spark-env.sh 文件中配置 MySQL 驱动，使用的 MySQL 驱动包为 mysql-connector-java-8.0.21.jar，具体操作如下。

① 配置 spark-env.sh 文件。进入 Spark 安装目录的 conf 目录，使用“vim spark-env.sh”命令打开 spark-env.sh 文件，在文件末尾添加 MySQL 驱动信息，如代码 4-2 所示。

代码 4-2　MySQL 驱动信息

```
export SPARK_CLASSPATH= \
/usr/local/spark-3.2.1-bin-hadoop2.7/jars/mysql-connector-java-8.0.21.jar
```

② 复制 MySQL 驱动包至 Spark 安装目录的 jars 目录。将 MySQL 驱动包复制至 Spark 安装目录的 jars 目录下，如代码 4-3 所示。

代码 4-3　复制 MySQL 驱动包到对应的目录下

```
cp /opt/mysql-connector-java-8.0.21.jar /usr/local/spark-3.2.1-bin-hadoop2.7/jars/
```

（3）启动相应的集群与服务。启动 Hadoop 集群、MySQL 服务和 Hive 的元数据服务，如代码 4-4 所示。

代码 4-4　启动相应的集群与服务

```
/usr/local/hadoop-3.1.4/sbin/start-all.sh
systemctl start mysqld.service
hive --service metastore &
```

（4）修改日志级别。将 conf 目录下的 log4j.properties.template 文件复制并重命名为 log4j.properties，执行命令“vim log4j.properties”打开 log4j.properties 文件，修改 Spark SQL

运行时的日志级别，将文件中“log4j.rootCategory”的值修改为“WARN, console”，如代码 4-5 所示。

代码 4-5 修改日志级别

```
log4j.rootCategory=WARN, console
```

（5）启动 Spark 集群。切换至 Spark 安装目录的/sbin 目录，执行命令“./start-all.sh”启动 Spark 集群，如图 4-4 所示。

```
[root@master sbin]# ./start-all.sh
/usr/local/spark-3.2.1-bin-hadoop2.7/conf/spark-env.sh: line 12: export: `/usr/local/spark
-3.2.1-bin-hadoop2.7/jars/mysql-connector-java-8.0.26.jar': not a valid identifier
starting org.apache.spark.deploy.master.Master, logging to /usr/local/spark-3.2.1-bin-hado
op2.7/logs/spark-root-org.apache.spark.deploy.master.Master-1-master.out
/usr/local/spark-3.2.1-bin-hadoop2.7/conf/spark-env.sh: line 12: export: `/usr/local/spark
-3.2.1-bin-hadoop2.7/jars/mysql-connector-java-8.0.26.jar': not a valid identifier
slave1: starting org.apache.spark.deploy.worker.Worker, logging to /usr/local/spark-3.2.1-
bin-hadoop2.7/logs/spark-root-org.apache.spark.deploy.worker.Worker-1-slave1.out
slave2: starting org.apache.spark.deploy.worker.Worker, logging to /usr/local/spark-3.2.1-
bin-hadoop2.7/logs/spark-root-org.apache.spark.deploy.worker.Worker-1-slave2.out
```

图 4-4 启动 Spark 集群

（三）Spark SQL 与 Shell 交互

Spark SQL 框架已经集成在 spark-shell 中，因此，启动 spark-shell 即可使用 Spark SQL 的 Shell 交互接口。Spark SQL 查询数据时可以使用两个对象，即 SQLContext 和 HiveContext，从 Spark 2.x 开始，Spark 将 SQLContext 和 HiveContext 进行整合，提供一种全新的编程接口——SparkSession。SparkSession 也称为上下文，是与 Spark SQL 交互的主要入口点，用于处理与 SQL 相关的任务。SparkSession 封装了之前版本的 SparkConf、SparkContext 和 SQLContext，提供了许多方便的方法来简化 Spark 编程。而 SparkContext 是 Spark Core 的上下文，是整个 Spark 应用程序的基础，负责与集群管理器通信以及执行 RDD 操作。

如果要在 spark-shell 中执行 SQL 语句，那么需要使用 SparkSession 对象调用 sql()方法。

在 spark-shell 启动的过程中会初始化 SparkSession 对象为 spark，此时初始化的 spark 对象既支持 SQL 语法解析器，也支持 HQL 语法解析器。也就是说，使用 spark 可以执行 SQL 语句和 HQL 语句。

读者也可以自己创建 SQLContext 对象，如代码 4-6 所示。但通过 SQLContext()创建的对象只能执行 SQL 语句，不能执行 HQL 语句。

代码 4-6 创建 SQLContext 对象

```
val sqlContext = new org.apache.spark.sql.SQLContext(sc)
```

使用 HiveContext 之前首先需要确认使用的 Spark 是支持 Hive 的，并且已配置 Spark SQL CLI。与使用 SQLContext 类似，使用 HiveContext 之前可以先创建一个 HiveContext 对象，如代码 4-7 所示。

代码 4-7 创建 HiveContext 对象

```
val hiveContext = new org.apache.spark.sql.hive.HiveContext(sc)
```

二、创建 DataFrame 对象

DataFrame 对象可以通过结构化数据文件、外部数据库、Spark 计算过程中生成的 RDD、Hive 中的表等数据源进行创建。虽然数据源有多种，但创建 DataFrame 对象的流程是类似的。

学习过程中要以辩证的思维看待问题，学会辩证统一，真正掌握创建 DataFrame 对象的方法。

（一）通过结构化数据文件创建 DataFrame

一般情况下，结构化数据文件存储在 HDFS 中，较为常见的结构化数据文件格式是 Parquet 格式或 JSON 格式。通过结构化数据文件创建 DataFrame 的方法如下。

（1）通过 Parquet 文件创建 DataFrame。Spark SQL 可以通过 load()方法将 HDFS 上的结构化数据文件转换为 DataFrame，load()方法默认导入的文件的格式是 Parquet。通过 Parquet 文件创建 DataFrame 的基本流程如下。

① 将 Parquet 文件上传至 HDFS。将/usr/local/spark-3.2.1-bin-hadoop2.7/examples/src/main/resources/目录下的 users.parquet 文件上传至 HDFS 的/user/root/SparkSQL 目录下，如代码 4-8 所示。

代码 4-8 将 Parquet 文件上传至 HDFS

```
hdfs dfs -mkdir -p /user/root/SparkSQL
hdfs dfs -put /usr/local/spark-3.2.1-bin-hadoop2.7/examples/src/main/resources/
users.parquet /user/root/SparkSQL
```

② 加载 Parquet 文件创建 DataFrame。在 spark-shell 界面中，使用 load()方法加载 HDFS 上的 users.parquet 文件数据并将其转换为 DataFrame，如代码 4-9 所示。

代码 4-9 加载 Parquet 文件创建 DataFrame

```
val dfParquet = spark.read.load("/user/root/SparkSQL/users.parquet")
```

从图 4-5 所示的运行结果中可以看出，dfParquet 存在 name、favorite_color 等 3 个字段。

```
scala> val dfParquet = spark.read.load("/user/root/SparkSQL/users.parquet")
dfParquet: org.apache.spark.sql.DataFrame = [name: string, favorite_color: string ...
1 more field]
```

图 4-5 加载 Parquet 文件创建 DataFrame

（2）通过 JSON 文件创建 DataFrame。若要加载 JSON 格式的文件数据并将其转换为 DataFrame，则还需要使用 format()方法。通过 JSON 文件创建 DataFrame 的基本流程如下。

① 将 JSON 文件上传至 HDFS。将/usr/local/spark-3.2.1-bin-hadoop2.7/examples/src/main/resources/目录下的 employees.json 文件上传至 HDFS 的/user/root/SparkSQL 目录下，如代码 4-10 所示。

代码 4-10 将 JSON 文件上传至 HDFS

```
hdfs dfs -put /usr/local/spark-3.2.1-bin-hadoop2.7/examples/src/main/resources/
employees.json /user/root/SparkSQL
```

② 加载 JSON 文件创建 DataFrame。在 spark-shell 界面中，使用 format()方法和 load()方法加载 HDFS 上的 employees.json 文件数据并将其转换为 DataFrame，如代码 4-11 所示。

代码 4-11 加载 JSON 文件创建 DataFrame

```
val dfJson= spark.read.format("json").load("/user/root/SparkSQL/employees.json")
```

从图 4-6 所示的运行结果中可以看出，dfJson 存在 name、salary 两个字段。

```
scala> val dfJson= spark.read.format("json").load("/user/root/SparkSQL/employees.json"
)
dfJson: org.apache.spark.sql.DataFrame = [name: string, salary: bigint]
```

图 4-6 加载 JSON 文件创建 DataFrame

（二）通过外部数据库创建 DataFrame

Spark SQL 可以读取关系型数据库中的数据并使用 SQL 查询。首先需要将关系型数据库表加载成 DataFrame，然后将 DataFrame 注册成视图使用 SQL 查询。以 MySQL 数据库为例，将 MySQL 数据库 test 中 student 表的数据加载成 DataFrame，如代码 4-12 所示，读者需要将"user""password"对应的值修改为实际进入 MySQL 数据库时的账户名称和密码。

代码 4-12　通过外部数据库创建 DataFrame

```
// 设置 MySQL 的 url
val url = "jdbc:mysql:// 192.168.128.130/test"
// 连接 MySQL 获取数据库 test 中的 student 表
val jdbcDF = spark.read.format("jdbc").options(Map("url" -> url, "user" -> "root",
"password" -> "123456", "dbtable" -> "student")).load()
```

（三）通过 RDD 创建 DataFrame

Spark SQL 也可以对普通 RDD 的数据使用 SQL 查询。RDD 是 Spark 核心底层操作的数据类型，也是 Spark 批处理底层操作的数据类型。

RDD 数据转换为 DataFrame 有两种方式。

第一种方式是利用反射机制推断 RDD 模式再创建 DataFrame，基本流程如图 4-7 所示。

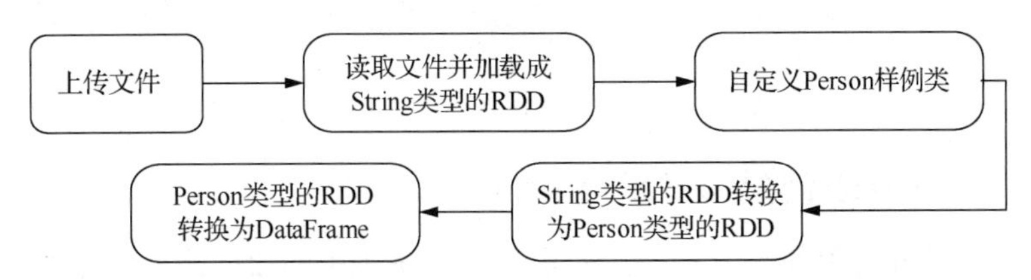

图 4-7　利用反射机制推断 RDD 模式再创建 DataFrame 的基本流程

利用反射机制推断 RDD 模式再创建 DataFrame，如代码 4-13 所示，步骤如下。

（1）将/usr/local/spark-3.2.1-bin-hadoop2.7/examples/src/main/resources/目录下的 people.txt 文件上传至 HDFS 的/user/root/SparkSQL 目录下。

（2）读取 HDFS 上的 people.txt 文件。

（3）将文件加载成 String 类型的 RDD。

（4）自定义 Person 样例类。

（5）将得到的 String 类型的 RDD 转换为 Person 类型的 RDD。

（6）将 Person 类型的 RDD 通过隐式转换函数转换成 DataFrame。

代码 4-13　RDD 数据转换为 DataFrame 方式 1

```
val rdd = sc.textFile("/user/root/SparkSQL/people.txt")
case class Person(name:String,age:Int)
val personDS=rdd.map(one=>{
          val arr=one.split(",")
          Person(arr(0).toString,arr(1).trim.toInt)
})
val dfPerson=personDS.toDF()
```

第二种方式是通过动态创建 Schema 的方式将 RDD 转换成 DataFrame，基本流程如图 4-8 所示。

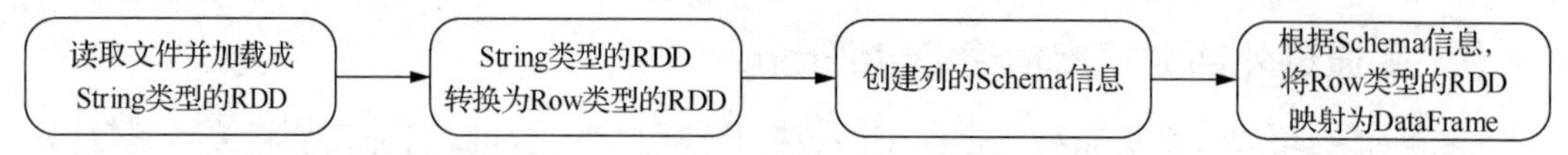

图 4-8 通过动态创建 Schema 的方式将 RDD 转换成 DataFrame 的基本流程

通过动态创建 Schema 的方式将 RDD 转换成 DataFrame，如代码 4-14 所示，步骤如下。

（1）将 HDFS 上的 people.txt 文件加载成 String 类型的 RDD。

（2）将 String 类型的 RDD 转换成 Row 类型的 RDD。

（3）创建列的 Schema 信息。

（4）将 Row 类型的 RDD 根据列的 Schema 信息映射为 DataFrame。

代码 4-14 RDD 数据转换为 DataFrame 方式 2

```
val peopleRDD = sc.textFile("/user/root/SparkSQL/people.txt")
import org.apache.spark.sql.Row
import org.apache.spark.sql.types.{StructType, StructField, StringType,IntegerType}
val rowRDD = peopleRDD.map(one=>{
          val arr=one.split(",")
          Row(arr(0),arr(1).trim.toInt)
})
val structType = StructType(List[StructField](
              StructField("name",StringType,true),
              StructField("age",IntegerType,true)
))
val dfPerson = spark.createDataFrame(rowRDD,structType)
```

（四）通过 Hive 表创建 DataFrame

使用 SparkSession 对象并调用 sql()方法可查询 Hive 表中的数据并将其转换成 DataFrame，查询 weather 数据库中的 weather_in 表数据并将其转换成 DataFrame，如代码 4-15 所示，创建结果如图 4-9 所示。

代码 4-15 通过 Hive 中的表创建 DataFrame

```
spark.sql("use weather")
val people = spark.sql("select * from weather_in")
people.show()
```

```
scala> people.show()
+-----+---------+------+---+-----+--------+----------+
| city|   r_date|  week|low|hight|weather|      wind|
+-----+---------+------+---+-----+--------+----------+
|城市A|2023/1/1|星期日| -7|    4|    多云|西北风 1级|
|城市C|2023/1/1|星期日| 10|   19|    多云|  北风 1级|
|城市B|2023/1/1|星期日|  5|    8|    多云|  北风 3级|
|城市D|2023/1/1|星期日| 12|   16|    多云|西南风 1级|
|城市A|2023/1/2|星期一| -8|    3|    多云|  东风 1级|
|城市C|2023/1/2|星期一| 11|   18|    多云|东北风 2级|
|城市B|2023/1/2|星期一|  4|    9|      阴|东北风 2级|
|城市D|2023/1/2|星期一| 13|   20|    多云|  北风 1级|
|城市A|2023/1/3|星期二| -8|    3|    多云|东北风 1级|
|城市C|2023/1/3|星期二| 11|   18|    多云|  北风 2级|
|城市B|2023/1/3|星期二|  3|   10|    多云|  东风 2级|
|城市D|2023/1/3|星期二| 13|   18|    多云|  东风 2级|
|城市A|2023/1/4|星期三| -8|    5|      晴|东北风 1级|
|城市C|2023/1/4|星期三| 13|   17|    多云|  北风 1级|
|城市B|2023/1/4|星期三|  5|   11|    多云|  东风 2级|
|城市D|2023/1/4|星期三| 15|   19|    多云|  东风 2级|
|城市A|2023/1/5|星期四| -6|    4|    多云|西南风 1级|
|城市C|2023/1/5|星期四| 13|   24|    多云|  北风 2级|
|城市B|2023/1/5|星期四|  7|   12|    多云|东南风 2级|
|城市D|2023/1/5|星期四| 16|   24|    多云|  东风 2级|
+-----+---------+------+---+-----+--------+----------+
only showing top 20 rows
```

图 4-9 通过 Hive 中的表创建 DataFrame 结果

三、查看 DataFrame 数据

DataFrame 派生于 RDD，因此类似于 RDD，DataFrame 只有在提交 Action 操作时才进行计算。DataFrame 查看及获取数据常用的函数或方法如表 4-1 所示。

表 4-1 DataFrame 查看及获取数据常用的函数或方法

函数或方法	说明
printSchema()	输出数据模式
show()	查看数据
first()、head()、take()、takeAsList()	获取若干行数据
collect()/collectAsList()	获取所有数据

坚持在发展中保障和改善民生，鼓励共同奋斗创造美好生活，不断实现人民对美好生活的向往。随着人们生活质量的提高，人们开始注重享受美好生活，其中逛街、看电影等成为常见的选择。现有一份用户对电影评分的数据 ratings.csv 和电影数据 movie.csv，字段说明如表 4-2 所示。为了更好地满足人们对电影的需求，需要对上述两份电影数据文件进行分析，帮助了解用户对电影的兴趣和喜好。

表 4-2 字段说明

数据文件	字段名	说明
movie.csv	movieId	电影 ID
	title	电影名称
	Genres	电影类型
ratings.csv	userId	用户 ID
	movieId	电影 ID
	rating	用户对电影的评分
	timestamp	时间戳

将两份数据文件上传至 HDFS，加载 movie.csv 数据文件并创建 DataFrame 对象 movies，如代码 4-16 所示；加载 ratings.csv 数据文件并创建 DataFrame 对象 ratings，如代码 4-17 所示。

代码 4-16 创建 DataFrame 对象 movies

```
// 定义一个样例类 Movie
case class Movie(movieId: Int, title: String, Genres: String)
// 创建 RDD
val data = sc.textFile("/user/root/SparkSQL/movies.csv").map(_.split(","))
// RDD 转换成 DataFrame
val movies = data.map(m => Movie(m(0).trim.toInt, m(1), m(2))).toDF()
```

代码 4-17 创建 DataFrame 对象 ratings

```
case class Rating(userId:Int,movieId:Int,rating:Double,timestamp:Long)
val data = sc.textFile("/user/root/SparkSQL/ratings.csv").map(_.split(","))
val ratings = data.map(m=>Rating(m(0).toInt,m(1).toInt,m(2).toDouble,m(3).
toLong)).toDF()
```

通过查看 DataFrame 数据，可以了解数据的属性及数据的格式。

（一）printSchema()：输出数据模式

创建 DataFrame 对象后，可以查看 DataFrame 对象的数据模式。使用 printSchema()函数可以查看 DataFrame 数据模式，输出列的名称和类型。查看 DataFrame 对象 ratings 的数据模式，如代码 4-18 所示，结果如图 4-10 所示。

代码 4-18　查看 DataFrame 对象 ratings 的数据模式

```
ratings.printSchema()
```

```
scala> ratings.printSchema()
root
 |-- userId: integer (nullable = false)
 |-- movieId: integer (nullable = false)
 |-- rating: double (nullable = false)
 |-- timestamp: long (nullable = false)
```

图 4-10　查看 DataFrame 对象 ratings 的数据模式结果

（二）show()：查看数据

使用 show()方法可以查看 DataFrame 数据，其参数及说明如表 4-3 所示。

表 4-3　show()方法的参数及说明

方法	说明
show()	显示前 20 条记录
show(numRows:Int)	显示前 numRows 条记录
show(truncate:Boolean)	是否最多只显示 20 个字符，默认为 true
show(numRows:Int,truncate:Boolean)	显示前 numRows 条记录并设置过长字符串的显示格式

show()方法与 show(true)方法的结果一样，只显示前 20 条记录，并且最多只显示 20 个字符。使用 show()方法查看 DataFrame 对象 ratings 中的数据，如代码 4-19 所示，结果如图 4-11 所示。

代码 4-19　使用 show()方法查看 DataFrame 对象 ratings 中的数据

```
ratings.show()
```

```
scala> ratings.show()
+------+-------+------+----------+
|userId|movieId|rating| timestamp|
+------+-------+------+----------+
|     1|    296|   5.0|1147880044|
|     1|    306|   3.5|1147868817|
|     1|    307|   5.0|1147868828|
|     1|    665|   5.0|1147878820|
|     1|    899|   3.5|1147868510|
|     1|   1088|   4.0|1147868495|
|     1|   1175|   3.5|1147868826|
|     1|   1217|   3.5|1147878326|
|     1|   1237|   5.0|1147868839|
|     1|   1250|   4.0|1147868414|
|     1|   1260|   3.5|1147877857|
|     1|   1653|   4.0|1147868097|
|     1|   2011|   2.5|1147868079|
|     1|   2012|   2.5|1147868068|
|     1|   2068|   2.5|1147869044|
|     1|   2161|   3.5|1147868609|
|     1|   2351|   4.5|1147877957|
|     1|   2573|   4.0|1147878923|
|     1|   2632|   5.0|1147878248|
|     1|   2692|   5.0|1147869100|
+------+-------+------+----------+
only showing top 20 rows
```

图 4-11　使用 show()方法查看 DataFrame 对象 ratings 中的数据结果

show()方法默认只显示前 20 行记录。若需要查看前 numRows 行记录则可以使用 show(numRows:Int)方法，如通过“ratings.show(5)”命令查看 DataFrame 对象 ratings 的前 5 行记录，结果如图 4-12 所示。

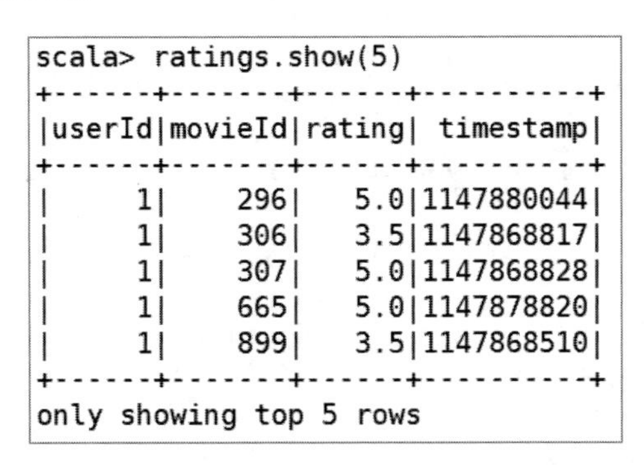

图 4-12　查看 DataFrame 对象 ratings 前 5 行记录结果

（三）first()、head()、take()、takeAsList()：获取若干行记录

获取 DataFrame 的若干行记录除了使用 show()方法之外，还可以使用 first()、head()、take()、takeAsList()方法。DataFrame 获取若干行记录的方法及说明如表 4-4 所示。

表 4-4　DataFrame 获取若干行记录的方法及说明

方法	说明
first()	获取第一行记录
head(n:Int)	获取前 *n* 行记录
take(n:Int)	获取前 *n* 行记录
takeAsList(n:Int)	获取前 *n* 行数据，并以列表（List）的形式展现

分别使用 first()、head()、take()、takeAsList()方法查看对象 ratings 前几行数据记录，如代码 4-20 所示，结果如图 4-13 所示。first()和 head()方法的功能相似，以 Row 或 Array[Row] 的形式返回一行或多行数据。take()和 takeAsList()方法则会将获得的数据返回驱动程序，为避免驱动程序发生内存溢出错误（OutofMemoryError），数据量比较大时不建议使用。

代码 4-20　使用 first()、head()、take()、takeAsList()方法查看对象 ratings 前几行数据记录

```
// 获取第一行记录
ratings.first()
// 使用 head()方法获取前 3 行记录
ratings.head(3)
// 使用 take()方法获取前 3 行记录
ratings.take(3)
// 使用 takeAsList()方法获取前 3 行数据，并以 List 的形式展现
ratings.takeAsList(3)
```

collect()方法可以查看 DataFrame 中所有的数据，并返回一个 Array 对象；collectAsList()方法和 collect()方法类似，可以查看 DataFrame 中所有的数据，但是返回的是 List 对象。分别使用 collect()和 collectAsList()方法查看 ratings 所有数据，如代码 4-21 所示。

```
scala> ratings.first()
res6: org.apache.spark.sql.Row = [1,296,5.0,1147880044]

scala> ratings.head(3)
res7: Array[org.apache.spark.sql.Row] = Array([1,296,5.0,1147880044], [1,306,3.5,11478
68817], [1,307,5.0,1147868828])

scala> ratings.take(3)
res8: Array[org.apache.spark.sql.Row] = Array([1,296,5.0,1147880044], [1,306,3.5,11478
68817], [1,307,5.0,1147868828])

scala> ratings.takeAsList(3)
res9: java.util.List[org.apache.spark.sql.Row] = [[1,296,5.0,1147880044], [1,306,3.5,1
147868817], [1,307,5.0,1147868828]]
```

图 4-13 first()、head()、take()、takeAsList()方法操作结果

代码 4-21 collect()和 collectAsList()方法的使用

```
// 使用 collect()方法查看数据
ratings.collect()
// 使用 collectAsList()方法查看数据
ratings.collectAsList()
```

四、掌握 DataFrame 行列表查询操作

DataFrame 查询数据有两种方法，第一种方法是将 DataFrame 注册为临时表，再通过 SQL 语句查询。在代码 4-14 中已创建了 DataFrame 对象 dfPerson，将 dfPerson 注册为临时表，使用 spark.sql()方法查询 dfPerson 中年龄大于 20 的用户如代码 4-22 所示，结果如图 4-14 所示。

代码 4-22 将 DataFrame 注册为临时表并查询数据

```
dfPerson.registerTempTable("peopleTamp")
val persons = spark.sql("select name,age from peopleTamp where age>20")
persons.collect()
```

```
scala> persons.collect()
res15: Array[org.apache.spark.sql.Row] = Array([张三,29], [李四,30])
```

图 4-14 将 DataFrame 注册为临时表并查询数据结果

第二种方法是直接在 DataFrame 对象上进行查询。DataFrame 提供了很多查询数据的方法，类似于 Spark RDD 的转换操作，DataFrame 的查询操作是一个懒操作，即执行后仅仅生成查询计划，只有触发执行操作才会进行计算并返回结果。DataFrame 查询数据常用的方法如表 4-5 所示。

表 4-5 DataFrame 查询数据常用的方法

方法	说明
where()、filter()	条件查询
select()、selectExpr()、col()、apply()	查询指定字段的数据
limit(n)	查询前 n 行记录
orderBy()、sort()	排序查询
groupBy()	分组查询
join()	联合表查询

（一）条件查询

使用 where()或 filter()方法可以查询数据中符合条件的所有字段的数据。

1. where()：查询符合指定条件的数据

DataFrame 可以使用 where()方法查询符合指定条件的数据，参数中可以使用 and 或 or。where()方法的返回结果仍然为 DataFrame。查询 ratings 对象中电影 ID 为 306 且评分大于 3 的电影评分信息，如代码 4-23 所示，前 3 条结果如图 4-15 所示。

代码 4-23　where()方法查询

```
// 使用 where()查询 ratings 对象中电影 ID 为 306 且评分大于 3 的电影评分信息
val ratingsWhere = ratings.where("movieId=306 and rating>3")
// 查看结果的前 3 条信息
ratingsWhere.show(3)
```

```
scala> ratingsWhere.show(3)
+------+-------+------+----------+
|userId|movieId|rating| timestamp|
+------+-------+------+----------+
|     1|    306|   3.5|1147868817|
|     7|    306|   5.0| 835444970|
|    25|    306|   4.0| 836217388|
+------+-------+------+----------+
only showing top 3 rows
```

图 4-15　where()方法查询结果

2. filter()：筛选符合条件的数据

DataFrame 还可以使用 filter()方法筛选符合条件的数据，filter()的使用方法和 where()的使用方法是一样的。使用 filter()方法查询 ratings 对象中电影 ID 为 306 且评分大于 3 的电影评分信息，如代码 4-24 所示，查询结果如图 4-16 所示，与图 4-15 所示的查询结果一致。

代码 4-24　filter()方法查询

```
// 使用 filter()查询 ratings 对象中电影 ID 为 306 且评分大于 3 的电影评分信息
val ratingsFilter = ratings.filter("movieId=306 and rating>3")
// 查看查询结果的前 3 条信息
ratingsFilter.show(3)
```

```
scala> ratingsFilter.show(3)
+------+-------+------+----------+
|userId|movieId|rating| timestamp|
+------+-------+------+----------+
|     1|    306|   3.5|1147868817|
|     7|    306|   5.0| 835444970|
|    25|    306|   4.0| 836217388|
+------+-------+------+----------+
only showing top 3 rows
```

图 4-16　filter()方法查询结果

（二）查询指定字段的数据信息

在生活中，完成一件事的方法不止一种，人生选择的路也不止一条等着大家去发现。

所谓“条条大路通罗马”，完成目标的方法有很多，多掌握一种方法，便能多一条“去罗马的路”。指定字段的数据信息可以通过多种方法查询，其中 where()和 filter()方法查询的数据包含的是所有字段的信息，但是有时用户只需要查询某些字段的值即可。DataFrame 提供了查询指定字段的值的方法，如 select()、selectExpr()、col()和 apply()方法，用法介绍如下。

1. select()方法：获取指定字段的数据

select()方法根据传入的 String 类型字段名获取指定字段的数据，并返回一个 DataFrame 对象。查询 ratings 对象中 movieId 和 rating 字段的数据，如代码 4-25 所示，结果如图 4-17 所示。

代码 4-25　使用 select()方法查询 ratings 对象中 movieId 和 rating 字段的数据

```
// 使用 select()方法查询 ratings 对象中 movieId 和 rating 字段的数据
val ratingsSelect = ratings.select("movieId","rating")
// 查看查询结果的前 3 条信息
ratingsSelect.show(3)
```

```
scala> ratingsSelect.show(3)
+-------+------+
|movieId|rating|
+-------+------+
|    296|   5.0|
|    306|   3.5|
|    307|   5.0|
+-------+------+
only showing top 3 rows
```

图 4-17　使用 select()方法查询 ratings 对象中 movieId 和 rating 字段的数据结果

2. selectExpr()方法：对指定字段进行特殊处理

在实际业务中，可能需要对某些字段进行特殊处理，如对某个字段取别名、对某个字段的数据进行四舍五入等。DataFrame 提供了 selectExpr()方法，可以对某个字段指定别名进行其他处理。如代码 4-26 所示，使用 selectExpr()方法查询 ratings 对象中 movieId 和 rating 字段数据，结果如图 4-18 所示。

代码 4-26　selectExpr()方法查询 ratings 对象中 movieId 和 rating 字段数据

```
// 使用 selectExpr()方法查询 ratings 对象中 movieId 及 rating 字段的数据
val ratingsSelectExpr = ratings.selectExpr ("movieId","rating")
// 查看查询结果的前 3 条信息
ratingsSelectExpr.show(3)
```

```
scala> ratingsSelectExpr.show(3)
+-------+------+
|movieId|rating|
+-------+------+
|    296|   5.0|
|    306|   3.5|
|    307|   5.0|
+-------+------+
only showing top 3 rows
```

图 4-18　selectExpr()方法查询 ratings 对象中 movieId 和 rating 字段信息结果

3. col()、apply()方法：获取一个指定字段的数据

col()、apply()方法也可以用于获取 DataFrame 指定字段的数据，但只能获取一个字段的数据，并且返回的是一个 Column 类型的对象。分别使用 col()和 apply()方法查询 ratings 对象中 timestamp 字段的数据，如代码 4-27 所示，结果如图 4-19 所示。

代码 4-27 使用 col()和 apply()方法获取指定字段的数据

```
// 查询 ratings 对象中 timestamp 字段的数据
val ratingsCol = ratings.col("timestamp")
// 查看查询结果
ratings.select(ratingsCol).collect
// 查询 ratings 对象中 timestamp 字段的数据
val ratingsApply = ratings.apply("timestamp")
// 查看查询结果
ratings.select(ratingsApply).collect
```

```
scala> val ratingsCol = ratings.col("timestamp")
ratingsCol: org.apache.spark.sql.Column = timestamp

scala> ratings.select(ratingsCol).collect
res20: Array[org.apache.spark.sql.Row] = Array([1147880044], [1147868817], [1147868828
], [1147878820], [1147868510], [1147868495], [1147868826], [1147878326], [1147868839],
 [1147868414], [1147877857], [1147868097], [1147868079], [1147868068], [1147869044], [
1147868609], [1147877957], [1147878923], [1147878248], [1147869100], [1147868891], [11
47868480], [1147879603], [1147868678], [1147868898], [1147868534], [1147878122], [1147
869048], [1147869223], [1147869080], [1147877654], [1147879571], [1147879797], [114787
8729], [1147868807], [1147878698], [1147868053], [1147869090], [1147869191], [11478684
69], [1147868461], [1147868622], [1147869150], [1147877986], [1147868869], [1147879850
], [1147869119], [1147868855], [1147880055], [1147869033], [1147878050], [114787805...

scala> val ratingsApply = ratings.apply("timestamp")
ratingsApply: org.apache.spark.sql.Column = timestamp

scala> ratings.select(ratingsApply).collect
res21: Array[org.apache.spark.sql.Row] = Array([1147880044], [1147868817], [1147868828
], [1147878820], [1147868510], [1147868495], [1147868826], [1147878326], [1147868839],
 [1147868414], [1147877857], [1147868097], [1147868079], [1147868068], [1147869044], [
1147868609], [1147877957], [1147878923], [1147878248], [1147869100], [1147868891], [11
47868480], [1147879603], [1147868678], [1147868898], [1147868534], [1147878122], [1147
869048], [1147869223], [1147869080], [1147877654], [1147879571], [1147879797], [114787
8729], [1147868807], [1147878698], [1147868053], [1147869090], [1147869191], [11478684
69], [1147868461], [1147868622], [1147869150], [1147877986], [1147868869], [1147879850
], [1147869119], [1147868855], [1147880055], [1147869033], [1147878050], [114787805...
```

图 4-19 使用 col()和 apply()方法获取指定字段的数据结果

（三）查询指定行数的数据

limit()方法可以用于获取指定 DataFrame 数据的前 *n* 行记录，不同于 take()与 head()方法，limit()方法不是 Action 操作，因此并不会直接返回结果，需要结合 show()方法或其他 Action 操作才可以显示结果。使用 limit()方法查询 ratings 对象的前 3 行记录，并使用 show()方法显示结果，如代码 4-28 所示，结果如图 4-20 所示。

代码 4-28 使用 limit()方法查询 ratings 对象的前 3 行记录

```
// 查询 ratings 对象前 3 行记录
val ratingsLimit = ratings.limit(3)
// 查看结果
ratingsLimit.show()
```

```
scala> val ratingsLimit = ratings.limit(3)
ratingsLimit: org.apache.spark.sql.Dataset[org.apache.spark.sql.Row] = [userId: int, m
ovieId: int ... 2 more fields]

scala> ratingsLimit.show()
+------+-------+------+---------+
|userId|movieId|rating|timestamp|
+------+-------+------+---------+
|   420|    608|   5.0|940173256|
|   420|    695|   3.0|948578431|
|   420|    778|   4.0|940173310|
+------+-------+------+---------+
```

图 4-20　使用 limit()方法查询 ratings 对象的前 3 行记录结果

（四）排序查询

orderBy()方法可以根据指定字段对数据进行排序，默认为升序排列。若要求降序排列，可以在 orderBy()方法中使用 desc("字段名称")或$"字段名称".desc，也可以在指定字段前面加“-”。使用 orderBy()方法根据 userId 字段对 ratings 对象进行降序排列，如代码 4-29 所示，结果如图 4-21 所示。

代码 4-29　使用 orderBy()方法根据 userId 字段对 ratings 对象进行降序排列

```
// 使用 orderBy()方法根据 userId 字段对 ratings 对象进行降序排列
val ratingsOrderBy = ratings.orderBy(desc("userId"))
val ratingsOrderBy = ratings.orderBy($"userId".desc)
val ratingsOrderBy = ratings.orderBy(-ratings("userId"))
// 查看结果的前 3 条信息
ratingsOrderBy.show(3)
```

```
scala> ratingsOrderBy.show(3)
+------+-------+------+----------+
|userId|movieId|rating| timestamp|
+------+-------+------+----------+
|   770|     16|   3.0|1204060031|
|   770|      1|   4.0|1204059490|
|   770|     21|   2.5|1204059612|
+------+-------+------+----------+
only showing top 3 rows
```

图 4-21　使用 orderBy()方法根据 userId 字段对 ratings 对象进行降序排列结果

sort()方法也可以根据指定字段对数据进行排序，用法与 orderBy()方法的用法一样。使用 sort()方法根据 userId 字段对 ratings 对象进行升序排列，如代码 4-30 所示，结果如图 4-22 所示。

代码 4-30　使用 sort()方法根据 userId 字段对 ratings 对象进行升序排列

```
// 使用 sort()方法根据 userId 字段对 ratings 对象进行升序排列
val ratingsSort = ratings.sort(asc("userId"))
val ratingsSort = ratings.sort($"userId".asc)
val ratingsSort = ratings.sort(ratings("userId"))
// 查看结果的前 3 条信息
ratingsSort.show(3)
```

```
scala> ratingsSort.show(3)
+------+-------+------+----------+
|userId|movieId|rating| timestamp|
+------+-------+------+----------+
|     1|    296|   5.0|1147880044|
|     1|    306|   3.5|1147868817|
|     1|    307|   5.0|1147868828|
+------+-------+------+----------+
only showing top 3 rows
```

图 4-22　sort()方法根据 userId 字段对 ratings 对象进行升序排列结果

（五）分组查询

使用 groupBy()方法可以根据指定字段进行分组操作。groupBy()方法的输入参数既可以是 String 类型的字段名，也可以是 Column 类型的对象。使用 groupBy()方法根据 movieId 字段对 ratings 对象进行分组，如代码 4-31 所示。

代码 4-31　使用 groupBy()方法根据 movieId 字段对 ratings 对象进行分组

```
// 根据 movieId 字段对 ratings 对象进行分组
val ratingsGroupBy = ratings.groupBy("movieId")
val ratingsGroupBy = ratings.groupBy(ratings("movieId"))
```

groupBy()方法返回的是 GroupedData 对象，GroupedData 对象可调用的方法及说明如表 4-6 所示。

表 4-6　GroupedData 对象可调用的方法及说明

方法	说明
max(colNames:String)	获取分组中指定字段或所有的数值类型字段的最大值
min(colNames:String)	获取分组中指定字段或所有的数值类型字段的最小值
mean(colNames:String)	获取分组中指定字段或所有的数值类型字段的平均值
sum(colNames:String)	获取分组中指定字段或所有的数值类型字段的值的和
count()	获取分组中的元素个数

表 4-6 所示的方法都可以用在 groupBy()方法之后。根据 movieId 字段对 ratings 对象进行分组并计算分组中的元素个数，如代码 4-32 所示，结果如图 4-23 所示。

代码 4-32　根据 movieId 字段对 ratings 对象进行分组并计算分组中的元素个数

```
// 根据 movieId 字段对 ratings 对象进行分组并计算分组中的元素个数
val ratingsGroupByCount=ratings.groupBy("movieId").count()
// 查看结果的前 3 条信息
ratingsGroupByCount.show(3)
```

```
scala> ratingsGroupByCount.show(3)
+-------+-----+
|movieId|count|
+-------+-----+
|   1580|  178|
|   1645|   54|
|   1088|   60|
+-------+-----+
only showing top 3 rows
```

图 4-23　根据 movieId 字段对 ratings 对象进行分组并计算分组中的元素个数结果

【项目实施】

任务一　读取数据创建 DataFrame 对象

要想对广告流量检测数据进行探索分析，需先通过 Spark SQL 读取项目 3 保存到 Hive 表中的广告流量检测数据，并创建 DataFrame。在【知识准备】的通过 Hive 表创建 DataFrame 章节中已经介绍了相关的配置步骤。

Hive 环境准备完成后，即可从 Hive 中读取数据后创建 DataFrame，如代码 4-33 所示。

代码 4-33　从 Hive 中读取数据后创建 DataFrame

```
spark.sql("use ad_traffic")
val df =spark.sql("select * from case_data_sample")
df.show(3)
```

广告流量检测数据的前 3 行读取结果如图 4-24 所示。

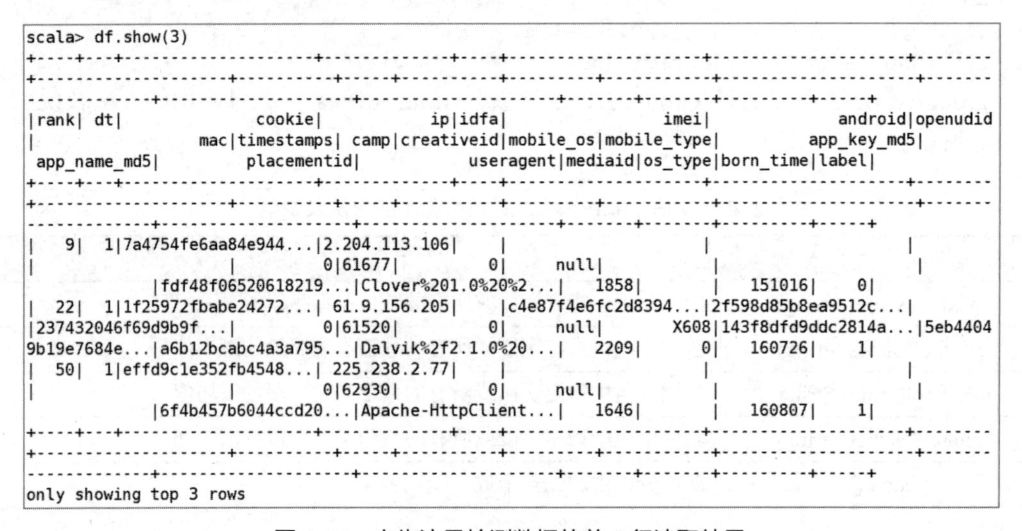

```
scala> df.show(3)
|rank| dt|              cookie|            ip|idfa|                imei|             android|openudid|
|                mac|timestamps| camp|creativeid|mobile_os|mobile_type|         app_key_md5|
 app_name_md5|        placementid|           useragent|mediaid|os_type|born_time|label|
|   9|  1|7a4754fe6aa84e944...|2.204.113.106|    |                    |                    |
|                   |         0|61677|         0|     null|           |                    |
            |fdf48f06520618219...|Clover%201.0%20%2...|   1858|       |   151016|    0|
|  22|  1|1f25972fbabe24272...| 61.9.156.205|    |c4e87f4e6fc2d8394...|2f598d85b8ea9512c...|
|237432046f69d9b9f...|         0|61520|         0|     null|       X608|143f8dfd9ddc2814a...|5eb4404
9b19e7684e...|a6b12bcabc4a3a795...|Dalvik%2f2.1.0%20...|   2209|      0|   160726|    1|
|  50|  1|effd9c1e352fb4548...| 225.238.2.77|    |                    |                    |
|                   |         0|62930|         0|     null|           |                    |
            |6f4b457b6044ccd20...|Apache-HttpClient...|   1646|       |   160807|    1|
only showing top 3 rows
```

图 4-24　广告流量检测数据的前 3 行读取结果

任务二　简单查询 DataFrame 数据

基础数据探索是数据挖掘的基础工作，可以通过查询数据记录来了解广告流量检测数据的数据量。

（一）查询数据记录数

通过查询数据总记录数及 IP 地址数量进行简单的分析，探索 7 天中广告流量检测数据的数据量。

1. 查询数据总记录数

本项目的数据是 7 天的流量数据，查询数据总记录数，如代码 4-34 所示，结果如图 4-25 所示。

代码 4-34 查询数据总记录数

```
val num=df.count()
```

```
scala> val num=df.count()
num: Long = 1704154
```

图 4-25 探索数据总记录数结果

2. 统计 IP 地址数量

在广告流量检测数据中，字段 ip 记录了提取流量数据的 IP 地址。通过统计 IP 地址数量，可知 ip 字段的记录数与 7 天的数据总记录数是否一致，如代码 4-35 所示。

代码 4-35 统计 IP 地址数量

```
val ip=df.select("ip")
ip.count()
```

统计 IP 地址数量运行结果如图 4-26 所示，可知 IP 地址数量与通过代码 4-34 得出数据总记录数一致，可得 IP 地址不存在缺失值。

```
scala> ip.count()
res2: Long = 1704154
```

图 4-26 统计 IP 地址数量运行结果

（二）查询数据缺失值

数据质量分析是数据预处理的前提，也是数据挖掘分析结论有效性和准确性的基础，主要任务是检查原始数据中是否存在脏数据。脏数据一般是指不符合要求，以及不能直接进行分析的数据，包括缺失值、不一致值等。下面将通过缺失值分析广告流量检测数据中是否存在脏数据。

对数据进行质量分析首先需考虑数据是否存在缺失值，因此，对 7 天中所有的广告流量检测数据进行缺失值探索，统计各个字段的缺失率，如代码 4-36 所示，统计各个字段的缺失率结果如图 4-27 所示。

代码 4-36 统计各个字段的缺失率

```
val null_count =spark.sql("select sum(case when dt='' then 1 else 0 end)/1704154*100
as dt_null_count,sum(case when cookie='' then 1 else 0 end)/1704154*100 as
cookie_null_count,sum(case when ip='' then 1 else 0 end)/1704154*100 as
ip_null_count,sum(case when idfa='' then 1 else 0 end)/1704154*100 as
idfa_null_count,sum(case when imei='' then 1 else 0 end)/1704154*100  as
imei_null_count,sum(case when android='' then 1 else 0 end)/1704154*100 as
android_null_count,sum(case when openudid='' then 1 else 0 end)/1704154*100  as
openudid_null_count,sum(case when mac='' then 1 else 0 end)/1704154*100 as
mac_null_count,sum(case when timestamps='' then 1 else 0 end)/1704154*100 as
timestamps_null_count,sum(case when camp='' then 1 else 0 end)/1704154*100 as
camp_null_count,sum(case when creativeid=0 then 1 else 0 end)/1704154*100  as
creativeid_null_count,sum(case when mobile_os is null then 1 else 0 end)/1704154*100
as mobile_os_null_count,sum(case when mobile_type='' then 1 else 0 end)/1704154*100
as mobile_type_null_count,sum(case when app_key_md5='' then 1 else 0
end)/1704154*100 as app_key_md5_null_count,sum(case when app_name_md5='' then 1
else 0 end)/1704154*100 as app_name_md5_null_count,sum(case when placementid='' then
```

```
1 else 0 end)/1704154*100 as placementid_null_count,sum(case when useragent='' then
1 else 0 end)/1704154*100 as useragent_null_count,sum(case when mediaid='' then 1
else 0 end)/1704154*100 as mediaid_null_count,sum(case when os_type='' then 1 else
0 end)/1704154*100 as os_type_null_count,sum(case when born_time='' then 1 else 0
end)/1704154*100 as born_time_null_count from case_data_sample")
```

```
scala> null_count.show()
+-------------+-----------------+-------------+-----------------+-----------------+-----------------
-+-----------------+-----------------+---------------------+---------------+---------------------+
--------------------+----------------------+----------------------+-----------------------+---------
-------------+--------------------+------------------+------------------+--------------------+
|dt_null_count|cookie_null_count|ip_null_count|  idfa_null_count|  imei_null_count|android_null_coun
t|openudid_null_count|   mac_null_count|timestamps_null_count|camp_null_count|creativeid_null_count|
mobile_os_null_count|mobile_type_null_count|app_key_md5_null_count|app_name_md5_null_count|placement
id_null_count|useragent_null_count|mediaid_null_count|os_type_null_count|born_time_null_count|
+-------------+-----------------+-------------+-----------------+-----------------+-----------------
-+-----------------+-----------------+---------------------+---------------+---------------------+
--------------------+----------------------+----------------------+-----------------------+---------
-------------+--------------------+------------------+------------------+--------------------+
|          0.0|              0.0|          0.0|92.19213756503227|79.83116549325942| 80.7885907024834
6|  84.14450806675923|78.82843921382691|                  0.0|            0.0|    98.38905404089067|
   95.66077948354432|     77.39617428941281|     79.96577774074409|       80.5729411778513|
          0.0|   4.350839184721568|               0.0| 67.29080822507825|                 0.0|
+-------------+-----------------+-------------+-----------------+-----------------+-----------------
-+-----------------+-----------------+---------------------+---------------+---------------------+
--------------------+----------------------+----------------------+-----------------------+---------
-------------+--------------------+------------------+------------------+--------------------+
```

图 4-27　统计各个字段的缺失率结果

根据如图 4-27 所示的各个字段的缺失率绘制柱形图，如图 4-28 所示。mac、creativeid、mobile_os、mobile_type、app_key_md5、app_name_md5、os_type、idfa、imei、android、openudid 等字段的缺失率非常高，尤其是 creativeid 字段，缺失率约 98.39%（保留 2 位小数）。由于原始数据存在字符型数据，无法进行插补，后续编写程序时，对部分缺失过多的字段进行删除操作。

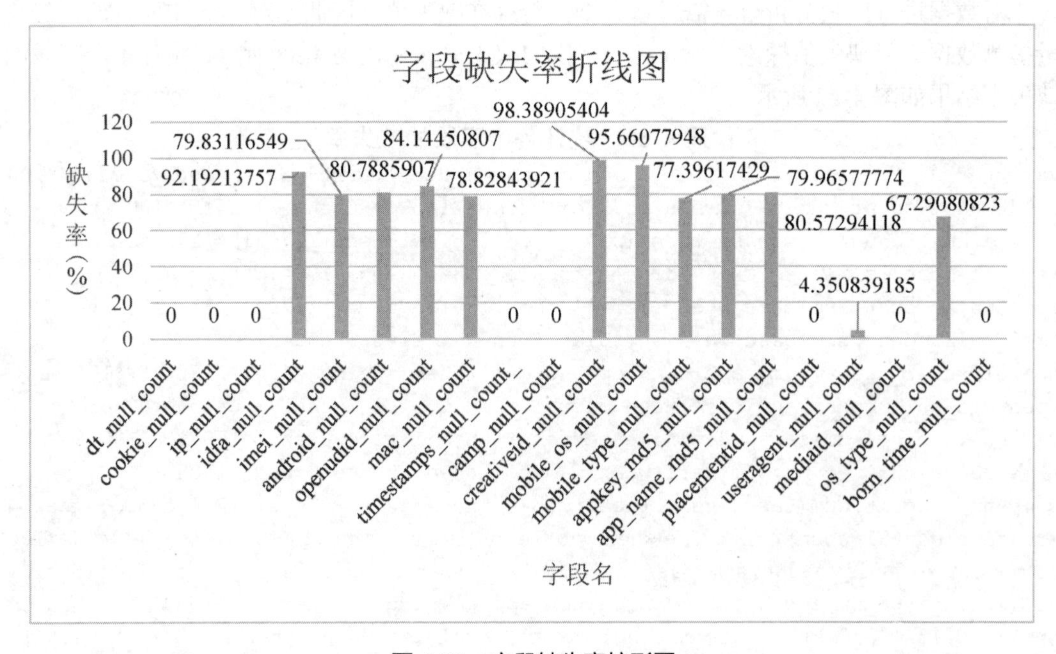

图 4-28　字段缺失率柱形图

如果缺失值占数据集的较大比例，可能无法获得全面和准确的数据视图，从而影响分析结果的可靠性。缺失值的存在可能导致数据的不一致，对数据进行观察，其中 idfa、imei、android、openudid 这 4 个字段都是用于识别手机系统类型的，对后续建模存在较大的影响，4 个字段的分析结果如表 4-7 所示。

表 4-7 分析结果

字段名称	缺失率	备注
idfa	92.19%	可用于识别 iOS 用户
imei	79.83%	可用于识别 Android 用户
android	80.79%	可用于识别 Android 用户
openudid	84.14%	可用于识别 iOS 用户

在缺失率的统计中，数据集中 idfa、imei、android、openudid 这 4 个字段各自的缺失率是偏高的，若后续构建特征时需要使用识别手机系统类型的字段，可以将 4 个字段合并，以降低手机系统类型字段缺失率，提取有效信息。

任务三 探索分析日流量特征

7 天的广告流量检测数据通过字段 dt 记录了流量数据提取的相对日期，字段的值为 1~7，1 表示提取的 7 天流量数据的第一天数据，以此类推。对每天的流量数据进行分组统计，查看是否有异常现象，如代码 4-37 所示。

代码 4-37 分组统计日流量数据

```
// 统计日流量数据
val dt="dt"
val day_num =df.groupBy(dt).agg(count(dt) as "daycount")
// 查看结果
day_num.show()
```

分组统计日流量数据结果如图 4-29 所示，可以看出日流量流据差异不大，说明并没有存在数据异常增加或减少的情况，数据产生的环境相对稳定。

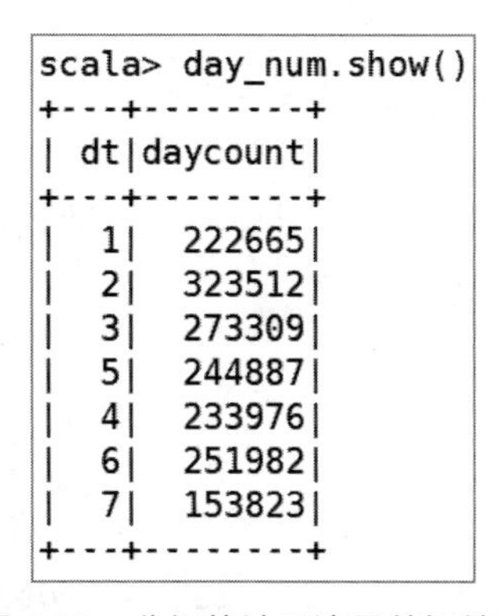

```
scala> day_num.show()
+---+--------+
| dt|daycount|
+---+--------+
|  1|  222665|
|  2|  323512|
|  3|  273309|
|  5|  244887|
|  4|  233976|
|  6|  251982|
|  7|  153823|
+---+--------+
```

图 4-29 分组统计日流量数据结果

任务四 探索分析 IP 地址的访问次数特征

在广告流量检测数据中，每个记录都记录了对应的 IP 地址，对 IP 地址进行简单的统计，并根据统计数进行排序，查看 IP 地址是否存在异常，如代码 4-38 所示。

代码 4-38　排序查询 IP 地址的访问次数

```
// 根据 IP 地址分组统计访问次数，并根据统计数排序
val ip_num = df.groupBy("ip").agg(count("ip") as "ipCount").orderBy(desc("ipCount"))
// 查看结果
ip_num.show()
```

结果如图 4-30 所示，IP 地址访问次数中存在异常，存在同一个 IP 地址高频访问广告的情况，同时占据很高的数据比例，在后续违规探索中需对 ip 字段进行估量。

```
scala> ip_num.show()
+---------------+-------+
|             ip|ipCount|
+---------------+-------+
|  24.241.51.192|  11718|
|  61.197.48.115|   6591|
|  97.200.72.170|   5970|
|  61.197.172.35|   5836|
| 101.116.58.221|   5156|
| 236.243.100.27|   5135|
| 101.188.77.100|   5103|
| 236.217.34.152|   4833|
| 236.217.34.159|   4828|
|  24.228.179.13|   4654|
| 157.41.126.140|   4599|
|  97.200.183.64|   4516|
|212.133.141.193|   4469|
|220.251.218.178|   4439|
|    2.90.198.97|   4439|
|236.217.119.201|   4416|
|236.217.237.213|   4412|
|    2.90.198.28|   4366|
|  61.197.48.207|   4344|
|    2.90.198.31|   4340|
+---------------+-------+
only showing top 20 rows
```

图 4-30　排序查询 IP 地址的访问次数结果

任务五 探索分析虚假流量数据特征

不同违规行为产生的数据特征不同，对虚假流量数据进行探索分析，将虚假流量根据违规行为进行划分，为构建特征提供保障。

1. 脚本刷新网页

脚本刷新网页是通过设定程序，使计算机按一定的规则访问目标网站。该违规行为产生的数据记录中的 Cookie 和 IP 地址不变，且存在多条记录。例如，某用户（IP 地址为 44.75.99.61，Cookie 为 646d9cd31ae2a674d1ed6d68acc6e019）在第 1 天利用同一浏览器（useragent：Mozilla）多次访问某一网页（mediaid：151）上的广告（placementid:

e886beb3cc63365cf71e1ae19aae60ea），经过统计，产生了 1206 条 Cookie 和 IP 地址不变的数据记录，该用户的行为属于利用脚本刷新网页的违规行为，产生的流量数据为虚假流量。

对 Cookie 和 IP 地址不变的数据记录进行分组统计，统计 Cookie 和 IP 地址相同的流量记录数，如代码 4-39 所示。

代码 4-39 统计 Cookie 和 IP 地址相同的流量记录数

```
// 统计 Cookie 和 IP 地址相同的流量记录数
val cookie_ip_distribute = df.groupBy("ip","cookie").count().withColumn
("ip_cookie_count_precent", col("count") / df.count()*100).orderBy(desc("count"))
// 查看数据
cookie_ip_distribute.show(false)
```

Cookie 和 IP 地址相同的流量记录数统计结果如图 4-31 所示，表明在 7 天的流量数据中，存在同一 IP 地址和 Cookie 高频点击广告的情况。

```
scala> cookie_ip_distribute.show(false)
+---------------+--------------------------------+-----+-----------------------+
|ip             |cookie                          |count|ip_cookie_count_precent|
+---------------+--------------------------------+-----+-----------------------+
|44.75.99.61    |646d9cd31ae2a674d1ed6d68acc6e019|1208 |0.07088561245051797    |
|24.147.126.192 |8ce10846ee66427f8527780107aa200f|1109 |0.06507627831756989    |
|167.229.153.163|07de748dce9b1368c5b5130955ce7409|934  |0.05480725333508592    |
|236.197.41.7   |32eefef058200011e763d5e4fc29a8ec|632  |0.03708585022245642    |
|225.238.2.77   |a153835d4e80dd2669683f674ca708be|406  |0.023824137959362827   |
|2.90.65.111    |869b7e061094fad43425ebe6cbd70dde|369  |0.02165297267735193    |
|61.222.188.99  |8d3a4618fb892ac933e96cfe963aa337|354  |0.0207727705359961 6   |
|228.145.228.70 |4cba9c30eefdecf92543e19bd1caa052|350  |0.020538049964967955   |
|212.192.121.67 |9016201fad855101dd6c496dd1ccb9bc|349  |0.0204793698222109     |
|228.77.242.25  |cf8d9f33570ea11c9cecc64194e81da6|336  |0.019716527966369236   |
|97.200.72.4    |c9cea0a377a252f5fcf57f5028c852b9|335  |0.01965784782361 2185  |
|38.24.247.161  |8920d2e178764afece5a7b0537772a81|327  |0.019188406681555775   |
|43.138.126.148 |d27ca52e9a76c2df1d4de6f87bfb594a|321  |0.018836325825013468   |
|228.65.20.94   |062bda023791ebb237d4b74594eef1af|321  |0.018836325825013468   |
|206.173.197.159|efcec1dac79ccd5ef196a0a72c6af866|303  |0.017780083255386544   |
|190.21.41.53   |ea55bf69c4053b57d50684cd28e5fafc|302  |0.017721403112629493   |
|101.188.77.160 |1dde6f28fa24f9aec73378030e766fa0|290  |0.01701724139954488    |
|218.47.16.196  |92dbed09e2bb1b424d8fac3e1ebd7a4c|271  |0.015902318687160903   |
|218.13.60.59   |68a08e3a107c79ed4d96414eb7e7fd03|266  |0.015608917973375646   |
|38.69.182.243  |14d3a71fdd2ed6d81afab16fb620ed1e|252  |0.014787395974776926   |
+---------------+--------------------------------+-----+-----------------------+
only showing top 20 rows
```

图 4-31 Cookie 和 IP 地址相同的流量记录数统计结果

正常情况下极少会有人在 7 天内频繁点击某广告多达 100 次或以上，因此在 IP 地址和 Cookie 相同的情况下，统计单击频数超过 100 次的 IP 地址和 Cookie 数，如代码 4-40 所示。

代码 4-40 统计单击频数超过 100 次的 IP 地址和 Cookie 数

```
val click_gt_100 = cookie_ip_distribute.filter("count>100").count()
```

单击频数超过 100 次的 IP 地址和 Cookie 数统计结果如图 4-32 所示，可知 7 天中同一个 IP 地址和 Cookie 点击广告超过 100 次的有 104 个，这些记录在流量记录中会占据很大比例，如果不加以识别，将会对广告主造成很大损失。

```
scala> val click_gt_100 = cookie_ip_distribute.filter("count>100").count()
click_gt_100: Long = 104
```

图 4-32 单击频数超过 100 次的 IP 地址和 Cookie 数统计结果

2. 定期清除 Cookie，刷新网页

使用同一 IP 地址和 Cookie 浏览数据很容易被识别出来，所以违规者往往会通过定期清除 Cookie，产生新的 Cookie，制造不同 Cookie 的访问记录，避免流量数据被广告主识别为虚假流量，该类虚假流量表现为同一 IP 地址含有多条不同 Cookie 记录。例如，某用户（IP 地址为 24.241.51.192）的流量记录有 10000 条，其中含有 9000 个不同的 Cookie，该用户通过定期清除 Cookie，刷新网页产生虚假流量。

统计每个 IP 地址对应的不同 Cookie 的分布情况，如代码 4-41 所示。

代码 4-41　统计每个 IP 地址对应的不同 Cookie 的分布情况

```
val ip_distribute = df.groupBy("ip").agg(countDistinct("cookie") as "ip_count").
groupBy("ip_count").agg(count("ip_count") as "ip_count_count",count("ip_count")/
1704154*100  as "ip_count_count_precent").orderBy(desc("ip_count"))
ip_distribute.show(false)
```

每个 IP 地址对应的不同 Cookie 的分布情况如图 4-33 所示，存在同一个 IP 地址高频访问广告的情况，同时占据很高的数据比例，需要进行识别。

```
scala> ip_distribute.show(false)
+--------+--------------+----------------------+
|ip_count|ip_count_count|ip_count_count_precent|
+--------+--------------+----------------------+
|10046   |1             |5.8680142757051305E-5 |
|6173    |1             |5.8680142757051305E-5 |
|5442    |1             |5.8680142757051305E-5 |
|5135    |1             |5.8680142757051305E-5 |
|4256    |1             |5.8680142757051305E-5 |
|4233    |1             |5.8680142757051305E-5 |
|4220    |1             |5.8680142757051305E-5 |
|4157    |1             |5.8680142757051305E-5 |
|4127    |1             |5.8680142757051305E-5 |
|4066    |1             |5.8680142757051305E-5 |
|4027    |1             |5.8680142757051305E-5 |
|3942    |1             |5.8680142757051305E-5 |
|3488    |1             |5.8680142757051305E-5 |
|3377    |1             |5.8680142757051305E-5 |
|3356    |1             |5.8680142757051305E-5 |
|3291    |1             |5.8680142757051305E-5 |
|3290    |1             |5.8680142757051305E-5 |
|3260    |1             |5.8680142757051305E-5 |
|3251    |1             |5.8680142757051305E-5 |
|3236    |1             |5.8680142757051305E-5 |
+--------+--------------+----------------------+
only showing top 20 rows
```

图 4-33　每个 IP 地址对应的不同 Cookie 的分布情况

3. ADSL 重新拨号后刷新网页

违规者利用 ADSL（Asymmetric Digital Subscribe Line，非对称数字用户线）重新拨号后刷新网页。具体表现为在某一时间段里，多条流量记录的 IP 地址来源于同一个区域，且 IP 地址的前两段或前三段相同，此类行为产生的流量数据同样为虚假流量。例如，前两段为 97.200 的 IP 地址共 20000 条，其中前三段为 97.200.183 的 IP 地址有 5000 条，前三段为 97.200.72 的 IP 地址有 15000 条。虽然区域办公可能会导致用户 IP 地址的前两段或前三段相同，但是上万条的流量记录超出了正常范围，是违规者利用 ADSL 重新拨号后刷新网页制造的。

根据 IP 地址前两段进行分组统计，统计 IP 地址前两段相同的记录数的分布情况，如代码 4-42 所示。

代码 4-42　统计 IP 地址前两段相同的记录数的分布情况

```
val ip_two = spark.sql("select substring_index(ip, '.', 2) as ip_two from
ad_traffic.case_data_sample").groupBy("ip_two").agg(count("ip_two") as
"ip_two_count").orderBy(desc("ip_two_count"))
ip_two.show()
```

IP 地址前两段相同的记录数的分布情况如图 4-34 所示，IP 地址前两段相同的流量记录上万的情况比较多，属于虚假流量数据。

```
scala> ip_two.show()
+-------+------------+
| ip_two|ip_two_count|
+-------+------------+
| 190.21|      161154|
| 220.19|      117661|
|  38.24|      103438|
| 24.228|       76513|
|246.124|       75024|
|  38.69|       71825|
|236.217|       61955|
| 61.197|       48460|
|166.115|       44679|
| 212.37|       36773|
|   2.90|       35052|
|220.251|       30445|
| 97.200|       28189|
|246.188|       27218|
| 61.131|       26718|
| 197.10|       24791|
|225.112|       22799|
|222.149|       20901|
| 218.13|       18649|
| 38.239|       18313|
+-------+------------+
only showing top 20 rows
```

图 4-34　IP 地址前两段相同的记录数的分布情况

根据 IP 地址前三段进行分组统计，统计 IP 地址前三段相同的记录数的分布情况，如代码 4-43 所示。

代码 4-43　统计 IP 地址前三段相同的记录数的分布情况

```
val ip_three = spark.sql("select substring_index(ip, '.', 3) as ip_three from
ad_traffic.case_data_sample").groupBy("ip_three").agg(count("ip_three") as
"ip_three_count").orderBy(desc("ip_three_count"))
ip_three.show()
```

IP 地址前三段相同的记录数的分布情况如图 4-35 所示，IP 地址前三段相同的流量记录上万的情况也较多，与 IP 地址前两段相同一样，如果对应的记录过于庞大，那么定义为虚假流量数据。

不同的违规行为产生的数据的特征不同，对数据进行探索分析，合理归纳虚假流量的数据特征，为后期有针对性地对数据进行预处理，构建相应的特征提供可靠依据，可有效提高模型分类的准确率。

```
scala> ip_three.show()
+-----------+--------------+
|   ip_three|ip_three_count|
+-----------+--------------+
| 38.24.247|        99894|
| 190.21.238|        82338|
| 24.228.119|        57354|
| 246.124.11|        41771|
| 212.37.105|        34408|
|  61.197.48|        32434|
|  190.21.41|        32032|
|   38.69.59|        29771|
| 190.21.130|        26933|
|   2.90.198|        25022|
|220.251.245|        20805|
|  97.200.72|        19264|
| 24.228.179|        18873|
|166.115.204|        18390|
| 166.115.71|        17977|
|   166.6.39|        16879|
| 236.217.34|        16788|
|  38.69.182|        16390|
| 190.21.123|        16377|
|  218.13.60|        16059|
+-----------+--------------+
only showing top 20 rows
```

图 4-35　IP 地址前三段相同的记录数的分布情况

【项目总结】

本项目首先介绍了 Spark SQL 的功能及运行过程，并介绍了 Spark SQL CLI 的配置方法和 Spark SQL 与 Shell 交互；接着详细介绍了通过结构化数据文件、外部数据库、RDD 及 Hive 中的表 4 种方式创建 DataFrame 对象；最后介绍了 DataFrame 数据的查看以及 DataFrame 的行列表查询操作。基于知识介绍，根据广告流量检测数据创建 DataFrame，通过 DataFrame 的查询操作对广告流量检测数据进行基本数据查询、缺失值分析以及特征字段进行探索分析。基于本项目数据探索分析的结果，能够更好地开展后续的数据挖掘与数据建模工作。

【技能拓展】

主动学习、勇于实践是增强本领的重要途径，应当通过多方面主动学习来不断更新知识、更新技能，进而提高个人水平。DataFrame 是一种以 RDD 为基础的、带有 Schema 元信息的分布式数据集。RDD 其实就是分布式的元素集合。在 Spark 中，对数据的所有操作不外乎创建 RDD、转化已有 RDD 以及调用 RDD 操作进行求值。而在背后，Spark 会自动将 RDD 中的数据分发到集群上，并将操作并行化执行。

1. RDD 的创建

Spark 提供了两种创建 RDD 的方式：在驱动器程序中对一个集合并行化处理，以及读取外部数据集。

创建 RDD 最简单的方式就是将程序中一个已有的集合传给 SparkContext 的 parallelize() 方法，如代码 4-44 所示，可以在 Shell 中快速创建出 RDD，然后对 RDD 进行操作。需要注意的是，除了开发原型和测试时，此方式用得并不多，原因是此方式需要将整个数据集先放在一台机器的内存中。

代码 4-44 通过 parallelize()方法创建 RDD

```
val lines = sc.parallelize(List("pandas"," like pandas"))
```

更常用的方式是从外部存储中读取数据来创建 RDD，如代码 4-45 所示。

代码 4-45 通过 textFile()读取文件创建 RDD

```
val rdd = sc.textFile("/user/root/SparkSQL/people.txt")
```

2. RDD 的操作

RDD 支持两种操作：转换操作和行动操作。RDD 的转化操作是返回新的 RDD 的操作，如 map()和 filter()方法；而行动操作则是向驱动器程序返回结果或将结果写入外部系统的操作，会触发实际的计算，如 count()和 first()方法。

（1）转换操作。通过转换操作得到的 RDD 是惰性求值的，只有在行动操作中用到 RDD 时才会被计算。这样的设计使得 Spark 可以更高效地执行计算任务，避免了不必要的计算和数据移动。假定筛选电影评分数据中电影类型包含 Comedy 的电影，可以使用转换操作 filter()，如代码 4-46 所示。

代码 4-46 通过 fliter()方法进行转换操作

```
val inputRDD = sc.textFile("/user/root/SparkSQL/movies.csv")
val comedy= inputRDD.filter(line => line.contains("Comedy"))
```

（2）行动操作。行动操作是另一种 RDD 操作，会将最终求得的结果返回到驱动器程序，或写入外部存储系统中。由于行动操作需要生成实际的输出，会强制执行求值必须用到的 RDD 的转换操作。

要想输出数据信息，需要使用两个行动操作来实现，用 count()来返回计数结果，用 take()来收集 RDD 中的一些元素，如代码 4-47 所示，其结果如图 4-36 所示。

代码 4-47 通过 count()、take()实现 RDD 的行动操作

```
println(comedy.count())
comedy.take(10).foreach(println)
```

```
scala> comedy.take(10).foreach(println)
1,Toy Story (1995),Adventure|Animation|Children|Comedy|Fantasy
3,Grumpier Old Men (1995),Comedy|Romance
4,Waiting to Exhale (1995),Comedy|Drama|Romance
5,Father of the Bride Part II (1995),Comedy
7,Sabrina (1995),Comedy|Romance
11,"(1995)",Comedy|Drama|Romance
12,Dracula: Dead and Loving It (1995),Comedy|Horror
18,Four Rooms (1995),Comedy
19,Ace Ventura: When Nature Calls (1995),Comedy
20,Money Train (1995),Action|Comedy|Crime|Drama|Thriller
```

图 4-36 通过 count()、take()实现 RDD 的行动操作结果

【知识测试】

（1）下列关于 Spark SQL 框架的描述错误的是（　　）。

A. Spark SQL 可以从各种结构化数据文件（如 JSON 文件、Hive 表、Parquet 文件等）中读取数据

B. Spark SQL 提供了一种特殊的 RDD，叫作 DataFrame
C. Spark SQL 支持通过 spark-shell 在 Spark 程序内使用 SQL 语句进行数据查询
D. Spark SQL 是一个用于处理结构化数据的框架，可被视为一个分布式的 SQL 查询引擎，提供了一个抽象的可编程数据模型 RDD

（2）【多选题】下列关于 DataFrame 对象的说法正确的有（　　）。
A. DataFrame 可以通过结构化数据文件、外部数据库、Spark 计算过程中生成的 RDD、Hive 中的表等数据源进行创建
B. 加载 JSON 文件创建 DataFrame，可以使用 format()方法和 load()方法
C. Spark SQL 可以通过 load()方法将 HDFS 上的结构化数据文件转换为 DataFrame
D. 将 RDD 转换为 DataFrame 只能利用反射机制推断 RDD 模式，再创建 DataFrame

（3）下列选项中，与 Spark SQL 交互的主要入口点的是（　　）。
A. SparkSession　B. HiveContext　C. SQLContext　D. SparkContext

（4）【多选题】Spark 编程的上下文有（　　）。
A. SparkContext　B. SparkSession
C. SQLSession　D. SparkSQLContext

（5）Spark SQL 可以处理的数据源包括（　　）。
A. Hive 表
B. 数据文件、Hive 表
C. 数据文件、Hive 表、RDD
D. 数据文件、Hive 表、RDD、外部数据库

（6）下列操作中，不是 DataFrame 常用操作的是（　　）。
A. printSchema()　B. select()
C. filter()　D. sendto()

（7）下列选项中常用于输出 DataFrame 数据模式的是（　　）。
A. printSchema()　B. show()　C. first()　D. collect()

（8）【多选项】DataFrame 中（　　）方法可以获取若干行数据。
A. first()　B. head()　C. take()　D. collect()

（9）【多选题】DataFrame 中（　　）方法可以返回一个 Array 对象。
A. collect()　B. take()　C. takeAsList()　D. collectAsList()

（10）DataFrame 的（　　）方法可查询前 *n* 行记录。
A. where()　B. limit()　C. sort()　D. apply()

【技能测试】

测试 1　使用 DataFrame 查询操作分析员工基本信息

1. 测试要点

（1）通过测试掌握 Spark SQL 的基本编程方法。
（2）熟悉 RDD 到 DataFrame 的转化方法。

2. 需求说明

某公司数据库中有一份记录了员工基本信息的数据表，导出文件为 employee.csv，员工基本信息的数据字段说明如表 4-8 所示，主要包括部门名称、员工 ID、员工姓名、聘用日期及工资 5 个字段。通过对数据进行探索分析，分析每个部门的平均工资。

表 4-8 员工基本信息的数据字段说明

字段	说明
dname	部门名称
eid	员工 ID
ename	员工姓名
hireDate	聘用日期
salary	工资

3. 实现步骤

（1）读加载文件并加载 employeeRDD。

（2）生成 StructType 对象，其中包含表的模式信息。

（3）对 employeeRDD 中的每一行元素都进行解析。

（4）将 employeeRDD 转化为 DataFrame 对象 employeeDF。

（5）将 employeeDF 注册为临时表供查询使用。

（6）使用 Spark SQL 语句统计各个部门平均工资。

测试 2 使用 DataFrame 查询操作分析图书信息

1. 测试要点

（1）掌握用结构化数据源创建 DataFrame 的方法。

（2）熟悉将 DataFrame 注册为临时表，通过 SQL 语句查询数据。

2. 需求说明

书籍是人类进步的阶梯，为助力建设全民终身学习的学习型社会、学习型大国，我们必须坚持发展素质教育，让每个人都能在阅读中不断成长和进步。某出版社数据库包含图书信息的相关数据，导出文件为 book.txt，图书信息的相关数据字段说明如表 4-9 所示，主要包括序号、书名、评分、价格、出版社和图书链接 6 个字段。通过 Spark SQL 相关技术，实现对出版社的图书量及图书评分进行统计。

表 4-9 图书信息的相关数据字段说明

字段	说明
id	序号
book_name	书名

续表

字段	说明
rating	评分
price	价格
press	出版社
url	图书链接

3. 实现步骤

（1）读取文件创建 DataFrame。

（2）将 DataFrame 注册为视图。

（3）查询书名包含“程序”的图书。

（4）查询评分大于 9 的图书。

（5）统计各出版社的图书量。

（6）统计各出版社所出版图书的平均评分。

项目 5 基于Spark SQL实现广告流量检测数据预处理

【教学目标】

1. 知识目标

（1）掌握 DataFrame 行列表的增、删操作方法。
（2）掌握用户自定义函数的创建与使用方法。
（3）掌握多种 DataFrame 表联合操作的方法。
（4）掌握 DataFrame 保存数据的多种方式。

2. 技能目标

（1）能够处理 DataFrame 中的缺失值。
（2）能够实现 DataFrame 表联合操作。
（3）能够创建和使用用户自定义函数。
（4）能够按照不同需求采用不同方式保存 DataFrame 数据。

3. 素质目标

（1）具有将问题关联起来的系统思维，通过学习 DataFrame 表联合操作，能够掌握 DataFrame 不同联合方式的原理。

（2）具备强大的自习能力，通过学习自定义函数的创建和使用，提高代码的可重用性和可读性。

（3）具备知行合一的实践精神，通过学习 DataFrame 的输出操作，能够输出广告流量检测数据的关键特征。

【思维导图】

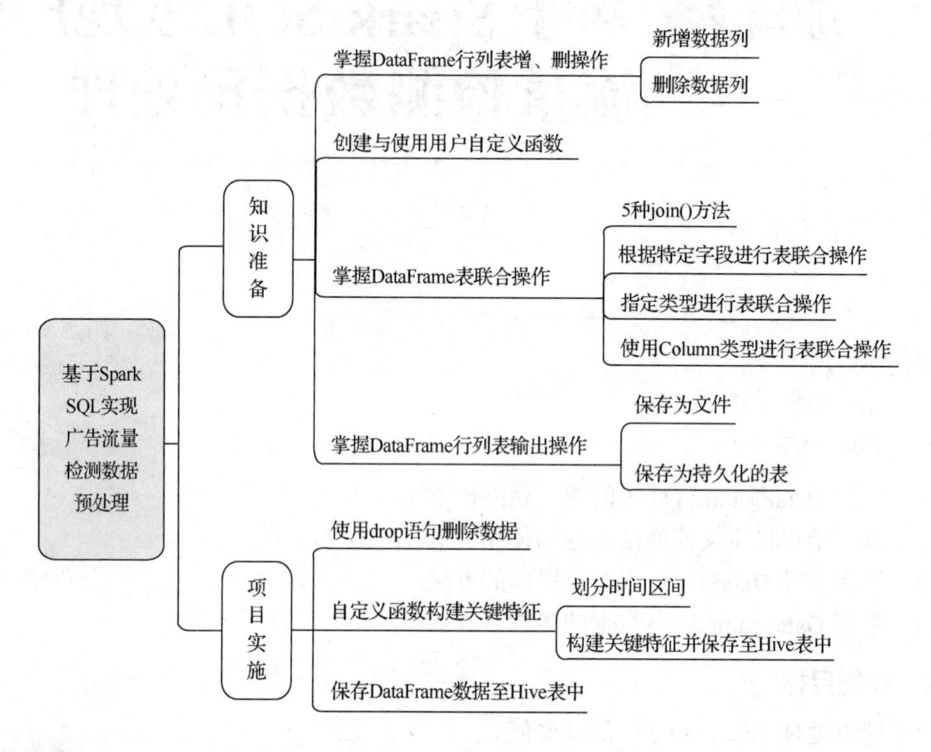

【项目背景】

数据预处理是整个数据分析过程中很重要的一个步骤。真实项目中的原始数据很多是不完整、不一致的脏数据，无法直接用于数据挖掘，或对这类数据的分析结果质量一般。广告流量检测数据的特点是包含上万个 IP 地址，而且每个 IP 地址的访问数据多达数万条，存在缺失值、与分析主题无关的字段或未直接反映虚假流量的字段等。针对广告流量检测数据的特点，本项目主要对广告流量检测数据存在的缺失字段进行删除处理，通过处理后的数据构建关键特征，并将关键特征合并后保存数据，实现广告流量检测违规识别项目中的数据预处理。

【项目目标】

根据项目 4 对广告流量检测数据的探索分析结果，通过 DataFrame 删除、自定义函数构建特征及表联合等操作对广告流量检测数据进行预处理。

【目标分析】

（1）使用 DataFrame 行列表删除操作，对广告流量检测数据缺失字段进行删除。

（2）使用用户自定义函数和 DataFrame 表联合操作，构建广告流量检测数据关键特征，生成 4 个特征数据集，然后合并特征数据集。

（3）使用 DataFrame 行列表输出操作，将广告流量检测模型数据保存到 Hive 表中。

【知识准备】

一、掌握 DataFrame 行列表增、删操作

Spark 可以通过对 DataFrame 进行新增或删除列操作得到新的 DataFrame。

(一)新增数据列

withColumn()方法通过添加或替换与现有列有相同名字的列，返回一个新的 DataFrame。当在 DataFrame 中新增一列时，该列可来自原始 DataFrame 对象，不可来自其他 DataFrame 对象。

withColumn(colName:String, col:Column)方法根据指定字段名（colName）向 DataFrame 中新增一列，若该字段已存在，则会覆盖当前列。

例如，读取 users.json 文件创建 DataFrame 对象 users，该 JSON 数据源是一张典型的结构化学生表，包括姓名、年龄、性别、学院等常见学生信息，其字段说明如表 5-1 所示。

表 5-1 users.json 文件字段说明

字段	说明
name	姓名
age	年龄
sex	性别
institute	学院

现向 DataFrame 对象 users 添加自增 id 列，其中 monotonically_increasing_id()方法可生成单调递增的整数数据列，如代码 5-1 所示，添加结果如图 5-1 所示。

代码 5-1 向 DataFrame 对象 users 添加自增 id 列

```
import org.apache.spark.sql.functions._
val users = spark.read.json("/user/root/SparkSQL/users.json")
val users_id = users.withColumn("id", monotonically_increasing_id())
users_id.show()
```

```
scala> users_id.show()
+---+----------+------+---+---+
|age|institute|  name|sex| id|
+---+----------+------+---+---+
| 20|  信息学院|张云霞| 男|  0|
| 21|  信息学院|李超妍| 女|  1|
| 19|  信息学院|蔡文秀| 男|  2|
| 19|  信息学院|宋冠旭| 男|  3|
| 20|  信息学院|马雪茹| 男|  4|
| 19|  信息学院|徐文钰| 女|  5|
| 20|  材料学院|李雪晴| 男|  6|
| 21|  材料学院|张秋月| 女|  7|
| 19|  材料学院|王子怡| 男|  8|
| 19|  材料学院|刘敏佳| 男|  9|
| 18|  材料学院|孙荣智| 女| 10|
| 19|  化工学院|  蔡浩| 女| 11|
| 20|  化工学院|  姜婕| 女| 12|
| 20|  化工学院|王含笑| 男| 13|
| 19|  化工学院|马诗琳| 男| 14|
| 22|  化工学院|周春红| 女| 15|
| 20|  经管学院|李如宽| 女| 16|
| 20|  经管学院|李付恒| 女| 17|
+---+----------+------+---+---+
```

图 5-1 向 DataFrame 对象 users 添加自增 id 列结果

（二）删除数据列

drop()方法可删除指定数据列，保留其他数据列。drop()方法有两种使用方式。

（1）第一种使用方式是 drop(colName:String)，其输入参数是字段名。例如，删除 DataFrame 对象 users_id 中的 id 列，如代码 5-2 所示，其返回结果如图 5-2 所示。

代码 5-2 传入字段名删除 id 列

```
users_id.drop("id").show()
```

```
scala> users_id.drop("id").show()
+---+---------+------+---+
|age|institute|  name|sex|
+---+---------+------+---+
| 20|  信息学院|张云霞|  男|
| 21|  信息学院|李超妍|  女|
| 19|  信息学院|蔡文秀|  男|
| 19|  信息学院|宋冠旭|  男|
| 20|  信息学院|马雪茹|  男|
| 19|  信息学院|徐文钰|  女|
| 20|  材料学院|李雪晴|  男|
| 21|  材料学院|张秋月|  女|
| 19|  材料学院|王子怡|  男|
| 19|  材料学院|刘敏佳|  男|
| 18|  材料学院|孙荣智|  女|
| 19|  化工学院|   蔡浩|  女|
| 20|  化工学院|   姜婕|  女|
| 20|  化工学院|王含笑|  男|
| 19|  化工学院|马诗琳|  男|
| 22|  化工学院|周春红|  女|
| 20|  经管学院|李如宽|  女|
| 20|  经管学院|李付恒|  女|
+---+---------+------+---+
```

图 5-2 传入字段名删除 id 列结果

（2）第二种使用方式是 drop(col:Column)，输入参数是 Column 类型的列。例如，删除 DataFrame 对象 users_id 中的 id 列，如代码 5-3 所示，其返回结果如图 5-3 所示。

代码 5-3 传入 Column 类型的列删除 id 列

```
users_id.drop(users_id("id")).show()
```

```
scala> users_id.drop(users_id("id")).show()
+---+---------+------+---+
|age|institute|  name|sex|
+---+---------+------+---+
| 20|  信息学院|张云霞|  男|
| 21|  信息学院|李超妍|  女|
| 19|  信息学院|蔡文秀|  男|
| 19|  信息学院|宋冠旭|  男|
| 20|  信息学院|马雪茹|  男|
| 19|  信息学院|徐文钰|  女|
| 20|  材料学院|李雪晴|  男|
| 21|  材料学院|张秋月|  女|
| 19|  材料学院|王子怡|  男|
| 19|  材料学院|刘敏佳|  男|
| 18|  材料学院|孙荣智|  女|
| 19|  化工学院|   蔡浩|  女|
| 20|  化工学院|   姜婕|  女|
| 20|  化工学院|王含笑|  男|
| 19|  化工学院|马诗琳|  男|
| 22|  化工学院|周春红|  女|
| 20|  经管学院|李如宽|  女|
| 20|  经管学院|李付恒|  女|
+---+---------+------+---+
```

图 5-3 传入 Column 类型的列删除 id 列结果

图 5-2 和图 5-3 的返回结果一致，drop()方法两种使用方式的不同之处在于，前者的输入参数是描述列字段的 String 类型的列，而后者的输入参数是 Column 类型的列，两者都会返回一个新的 DataFrame 对象。

二、创建与使用用户自定义函数

当系统的内置函数不足以执行所需任务时，用户可以定义自己的函数，即用户自定义函数（User Defined Functions，UDFs）。要在 Spark SQL 中使用 UDFs，用户首先需要定义函数，然后向 Spark 注册函数，最后调用注册的函数。UDFs 可以作用于单行，也可以同时作用于多行。Spark SQL 支持将现有的 Hive 中的 UDFs、用户自定义聚合函数（User Defined Aggregate Functions，UDAFs）和用户自定义表值函数（User Defined Table Functions，UDTFs）集成至 Spark SQL 中使用。

1. UDFs 使用介绍

UDFs 的使用步骤如下。

（1）编写函数。通过 Scala 语言或 Python 语言编写函数，用于实现用户想要的自定义逻辑。

（2）注册函数。通过将函数名及其签名（即输入参数的类型和返回值的类型）传递给 Spark 的 udf()方法或 register()方法来注册函数。

（3）使用函数。一旦函数被注册为 UDFs，用户就可以在 Spark 的 DataFrame 代码或 SQL 查询中使用。在 DataFrame API 中，用户可以使用注册的函数作为列转换函数。

注册 UDFs 有两种方式。

（1）使用 spark.udf.register()方法进行 UDFs 注册，注册后的函数既可以在 SQL 中使用，也可以在 DataFrame 的 selectExpr()中使用。

（2）使用 org.apache.spark.sql.functions.udf()方法进行 UDFs 注册，注册后的函数只能在 DataFrame 中使用，不能在 Spark SQL 中使用，也不能在 DataFrame 的 selectExpr()中使用。

2. 使用 UDFs

以使用 org.apache.spark.sql.functions.udf()方法注册 UDFs 为例，使用 UDFs 的流程如图 5-4 所示。

图 5-4　使用 UDFs 的流程

以成绩等级评定为例，实现操作如下。

（1）创建 DataFrame 对象。创建 DataFrame 对象 studentDF，如代码 5-4 所示，查看 DataFrame 对象 studentDF 结果如图 5-5 所示。

代码 5-4　创建 DataFrame 对象 studentDF

```
// 导入依赖包
import org.apache.spark.sql.SparkSession
```

```
import org.apache.spark.sql.functions._
// 定义样例类
case class Student(name:String, score:Int)
// 创建学生成绩
val studentDF = Seq(
      Student("张三", 85),
      Student("李四", 90),
      Student("王五", 55)
    ).toDF()
// 查看 DataFrame 对象
studentDF.show()
```

```
scala> studentDF.show()
+------+-----+
|  name|score|
+------+-----+
|  张三|   85|
|  李四|   90|
|  王五|   55|
+------+-----+
```

图 5-5　查看 DataFrame 对象 studentDF 结果

（2）编写函数。创建自定义函数，将成绩转换为等级，如代码 5-5 所示。

代码 5-5　创建自定义函数

```
// 创建自定义函数，将成绩转换为等级
def convertGrade(score:Int) : String = {
    score match {
        case `score` if score > 100 => "作弊"
        case `score` if score >= 90 => "优秀"
        case `score` if score >= 80 => "良好"
        case `score` if score >= 70 => "中等"
        case `score` if score >= 60 => "及格"
        case _ => "不及格"
      } }
```

（3）注册并使用 UDFs。将成绩转换为等级，如代码 5-6 所示，转换结果如图 5-6 所示。

代码 5-6　注册并使用 UDFs

```
// 注册 UDFs（在 DSL API 中使用时的注册方法）
val convertGradeUDF = udf(convertGrade(_:Int):String)
// 使用该 UDFs 将成绩转换为等级
studentDF.select($"name",$"score", convertGradeUDF($"score").as("grade")).show()
```

```
scala> studentDF.select($"name",$"score", convertGradeUDF
($"score").as("grade")).show()
+------+-----+------+
|  name|score| grade|
+------+-----+------+
|  张三|   85|  良好|
|  李四|   90|  优秀|
|  王五|   55|不及格|
+------+-----+------+
```

图 5-6　使用 UDFs 转换结果

三、掌握 DataFrame 表联合操作

在 SQL 中，表联合操作应用非常广泛，DataFrame 中同样也提供了表联合操作。在 DataFrame 中提供了 5 种用于重载的 join()方法，如表 5-2 所示。

表 5-2 DataFrame 提供的 5 种用于重载的 join()方法

序号	方法	说明
1	def join(right: Dataset[_], usingColumn: String): DataFrame	使用一个给定列与另一个 DataFrame 进行内连接
2	def join(right: Dataset[_], usingColumns: Seq[String]): DataFrame	使用两个或多个给定的列与另外一个 DataFrame 进行内连接
3	def join(right: Dataset[_], usingColumns: Seq[String], joinType:String): DataFrame	使用给定的列与另一个 DataFrame 按照指定的连接类型进行连接
4	def join(right: Dataset[_], joinExprs: Column): DataFrame	使用给定的连接表达式与另一个 DataFrame 进行内连接
5	def join(right: Dataset[_], joinExprs: Column, joinType: String):DataFrame	使用给定的连接表达式与另一个 DataFrame 按照指定的连接类型进行连接

使用表联合操作时，可指定的连接类型有 inner、outer、left_outer、right_outer、semijoin，连接类型说明如表 5-3 所示。

表 5-3 连接类型说明

连接类型	说明
inner	内连接，返回两个表中满足连接条件的匹配行。只有在两个表中都存在匹配的行时，才会返回结果
outer	外连接，返回两个表中满足连接条件的匹配行以及不满足连接条件的行。若在一个表中找不到匹配的行，则以 NULL 填充结果
left_outer	左外连接，返回左表中的所有行以及右表中满足连接条件的匹配行。若在右表中找不到匹配的行，则以 NULL 填充结果
right_outer	右外连接，返回右表中的所有行以及左表中满足连接条件的匹配行。若在左表中找不到匹配的行，则以 NULL 填充结果
semijoin	半连接，返回左表中满足连接条件的行，但只返回右表中的列。可用于过滤左表中的行，而无须返回完整的连接结果。通常用于优化查询性能

（一）5 种 join()方法

观察表 5-2 中的 5 种 join()方法，可以发现其主要区别在于输入参数的个数与类型不同。其中，第 1 种、第 2 种、第 4 种 join()方法皆为内连接，原因是 join()方法中并没有 String 类型的 joinType 的参数输入，因此是默认的内连接。而第 3 种、第 5 种 join()方法皆有 joinType:String 参数，因此可使用内连接、左外连接、右外连接等任何一种连接类型进行表联合操作。

观察表 5-2 中的第 1 种、第 2 种 join()方法，这两者的主要区别在于第 2 个输入参数分别为 usingColumn:String、usingColumns:Seq[String]，前者是表示一个数据列的字符串（String），后者是表示多个数据列的序列（Seq），即使用两个 DataFrame 对象进行内连接操作时，不仅可以基于一个数据列，也可以基于多个数据列进行匹配连接。

观察表 5-2 中的第 4 种、第 5 种 join()方法，可看到第 2 个输入参数不再是象征着数据列的 usingColumn:String、usingColumns:Seq[String]，而是 joinExprs:Column，其表示两个参与 join 运算的连接数据列的表述（Expression）。

（二）根据特定字段进行表联合操作

使用表 5-2 中的第 1 种 join()方法需要两个 DataFrame 中有相同的一个列名。

以 info.json 文件为例，该 JSON 文件记录着学生个人信息，数据字段说明如表 5-4 所示。

表 5-4　info.json 数据字段说明

字段	说明
name	姓名
height	身高（单位：cm）
weight	体重（单位：kg）
phone	手机号码

读取 info.json 文件并创建 DataFrame 对象，如代码 5-7 所示，查看创建结果如图 5-7 所示。

代码 5-7　读取 info.json 文件并创建 DataFrame 对象

```
val info= spark.read.json("/user/root/SparkSQL/info.json")
info.show()
```

```
scala> info.show()
+------+------+-----------+------+
|height|  name|      phone|weight|
+------+------+-----------+------+
|   169|张云霞|186****0185|  65.0|
|   170|李超妍|186****0186|  70.0|
|   155|蔡文秀|186****0187|  57.5|
|   168|宋冠旭|186****0188|  61.5|
|   180|马雪茹|186****0189|  77.0|
|   181|李雪晴|186****0180|  72.5|
|   176|徐文钰|181****0185|  78.0|
|   160|张秋月|182****0185|  60.0|
|   169|王子怡|183****0185|  62.5|
|   169|刘敏佳|184****0185|  56.0|
|   178|孙荣智|185****0185|  66.0|
|   176|  蔡浩|187****0185|  82.0|
|   176|王含笑|188****0185|  67.5|
|   168|  姜婕|189****0185|  56.0|
|   178|马诗琳|186****0185|  73.0|
|   166|周春红|186****0185|  66.0|
|   170|李如宽|186****0125|  70.5|
|   181|李付恒|186****0135|  75.0|
+------+------+-----------+------+
```

图 5-7　创建 DataFrame 对象 info 查看结果

users 与 info 进行单字段内连接，如代码 5-8 所示，运行结果如图 5-8 所示。其中，name 字段只显示一次。

代码 5-8　users 与 info 进行单字段内连接

```
val user_info = users.join(info,"name")
user_info.show(5)
```

```
scala> user_info.show(5)
+------+---+--------+---+------+-----------+------+
|  name|age|institute|sex|height|      phone|weight|
+------+---+--------+---+------+-----------+------+
|张云霞| 20| 信息学院| 男|   169|186****0185|  65.0|
|李超妍| 21| 信息学院| 女|   170|186****0186|  70.0|
|蔡文秀| 19| 信息学院| 男|   155|186****0187|  57.5|
|宋冠旭| 19| 信息学院| 男|   168|186****0188|  61.5|
|马雪茹| 20| 信息学院| 男|   180|186****0189|  77.0|
+------+---+--------+---+------+-----------+------+
only showing top 5 rows
```

图 5-8　users 与 info 进行单字段内连接结果

（三）指定类型进行表联合操作

在根据多个字段进行表联合的情况下，可以选表 5-2 中的第 3 种 join()方法，指定连接类型为右连接，如代码 5-9 所示，联合结果如图 5-9 所示。

代码 5-9　指定类型进行表联合操作

```
users.join(info,Seq("name"),"right_outer").show()
```

```
scala> users.join(info,Seq("name"),"right_outer").show()
+------+---+--------+---+------+-----------+------+
|  name|age|institute|sex|height|      phone|weight|
+------+---+--------+---+------+-----------+------+
|张云霞| 20| 信息学院| 男|   169|186****0185|  65.0|
|李超妍| 21| 信息学院| 女|   170|186****0186|  70.0|
|蔡文秀| 19| 信息学院| 男|   155|186****0187|  57.5|
|宋冠旭| 19| 信息学院| 男|   168|186****0188|  61.5|
|马雪茹| 20| 信息学院| 男|   180|186****0189|  77.0|
|李雪晴| 20| 材料学院| 男|   181|186****0180|  72.5|
|徐文钰| 19| 信息学院| 女|   176|181****0185|  78.0|
|张秋月| 21| 材料学院| 女|   160|182****0185|  60.0|
|王子怡| 19| 材料学院| 男|   169|183****0185|  62.5|
|刘敏佳| 19| 材料学院| 男|   169|184****0185|  56.0|
|孙荣智| 18| 材料学院| 女|   178|185****0185|  66.0|
|  蔡浩| 19| 化工学院| 女|   176|187****0185|  82.0|
|王含笑| 20| 化工学院| 男|   176|188****0185|  67.5|
|  姜婕| 20| 化工学院| 女|   168|189****0185|  56.0|
|马诗琳| 19| 化工学院| 男|   178|186****0185|  73.0|
|周春红| 22| 化工学院| 女|   166|186****0185|  66.0|
|李如宽| 20| 经管学院| 女|   170|186****0125|  70.5|
|李付恒| 20| 经管学院| 女|   181|186****0135|  75.0|
+------+---+--------+---+------+-----------+------+
```

图 5-9　指定类型进行表联合操作结果

（四）使用 Column 类型进行表联合操作

如果不采用表 5-2 中的第 1 种、第 2 种、第 3 种 join()方法，即不采用通过直接传入列名或多个列名组成的序列的指定连接条件，也可以使用表 5-2 中的第 4 种 join()方法，通过直接指定两个 DataFrame 连接的 Column 类型，如代码 5-10 所示，其联合结果如图 5-10 所示。

代码 5-10　使用 Column 类型进行表联合操作

```
users.join(info,users("name" ) === info("name")).show()
```

```
scala> users.join(info,users("name" ) === info("name")).show()
+---+---------+------+---+------+------+-----------+------+
|age|institute|  name|sex|height|  name|      phone|weight|
+---+---------+------+---+------+------+-----------+------+
| 20| 信息学院|张云霞|  男|   169|张云霞|186****0185|  65.0|
| 21| 信息学院|李超妍|  女|   170|李超妍|186****0186|  70.0|
| 19| 信息学院|蔡文秀|  男|   155|蔡文秀|186****0187|  57.5|
| 19| 信息学院|宋冠旭|  男|   168|宋冠旭|186****0188|  61.5|
| 20| 信息学院|马雪茹|  男|   180|马雪茹|186****0189|  77.0|
| 19| 信息学院|徐文钰|  女|   176|徐文钰|181****0185|  78.0|
| 20| 材料学院|李雪晴|  男|   181|李雪晴|186****0180|  72.5|
| 21| 材料学院|张秋月|  女|   160|张秋月|182****0185|  60.0|
| 19| 材料学院|王子怡|  男|   169|王子怡|183****0185|  62.5|
| 19| 材料学院|刘敏佳|  男|   169|刘敏佳|184****0185|  56.0|
| 18| 材料学院|孙荣智|  女|   178|孙荣智|185****0185|  66.0|
| 19| 化工学院|  蔡浩|  女|   176|  蔡浩|187****0185|  82.0|
| 20| 化工学院|  姜婕|  女|   168|  姜婕|189****0185|  56.0|
| 20| 化工学院|王含笑|  男|   176|王含笑|188****0185|  67.5|
| 19| 化工学院|马诗琳|  男|   178|马诗琳|186****0185|  73.0|
| 22| 化工学院|周春红|  女|   166|周春红|186****0185|  66.0|
| 20| 经管学院|李如宽|  女|   170|李如宽|186****0125|  70.5|
| 20| 经管学院|李付恒|  女|   181|李付恒|186****0135|  75.0|
+---+---------+------+---+------+------+-----------+------+
```

图 5-10　使用 Column 类型进行表联合操作结果

四、掌握 DataFrame 行列表输出操作

DataFrame 提供了很多输出操作相关的方法，可以使用 save()方法将 DataFrame 数据保存成文件，也可以使用 saveAsTable()方法将 DataFrame 数据保存成持久化的表。saveAsTable()方法会在 Hive 的元数据库中创建一个指针指向持久化的表的位置，该表会一直保留，即使 Spark 程序重启也没有影响，只要连接至同一个元数据服务即可读取表数据。读取持久化的表时，用表名作为参数，调用 spark.table()方法即可加载表数据并创建 DataFrame。

默认情况下，saveAsTable()方法会创建一个内部表，表数据的位置是由元数据服务控制的。如果删除表，那么表数据也会同步删除。

（一）保存为文件

将 DataFrame 数据保存为文件，实现步骤如下。

（1）首先创建一个 Map 对象，用于存储 save()方法需要用到的一些数据，指定文件的头信息及文件的保存路径，如代码 5-11 所示。

代码 5-11　创建 Map 对象

```
val saveOptions = Map("header" -> "true", "path" -> "/user/root/SparkSQL/
copyOfUser.json")
```

（2）从 users 数据中选择出 name、sex 和 age 这 3 列的数据并创建 DataFrame 数据 copyOfUser，如代码 5-12 所示。

代码 5-12　创建 copyOfUser

```
val copyOfUser = users.select("name", "sex", "age")
```

（3）调用 save()方法将步骤（2）中的 DataFrame 数据保存至 copyOfUser.json 文件中，如代码 5-13 所示。

代码 5-13　调用 save()方法

```
copyOfUser.write.format("json").mode("Overwrite").options(saveOptions).save()
```

在代码 5-13 中，format()方法用于指定输出文件格式的方法，接受一个字符节参数，表示输出文件的格式；mode()方法用于指定数据保存的模式，可以接收的参数有 Overwrite、Append、Ignore 和 ErrorIfExists，参数说明如表 5-5 所示；options()方法用于设置一些额外的选项，如压缩级别、编码方式等。

表 5-5　mode()方法参数说明

参数	说明
Overwrite	表示覆盖目录中已存在的数据
Append	表示在目标目录下追加数据
Ignore	表示如果目录下已有文件，那么什么都不执行
ErrorIfExists	表示如果目标目录下已存在文件，那么抛出相应的异常

在 HDFS 的/user/root/SparkSQL/目录下查看保存结果，如图 5-11 所示。

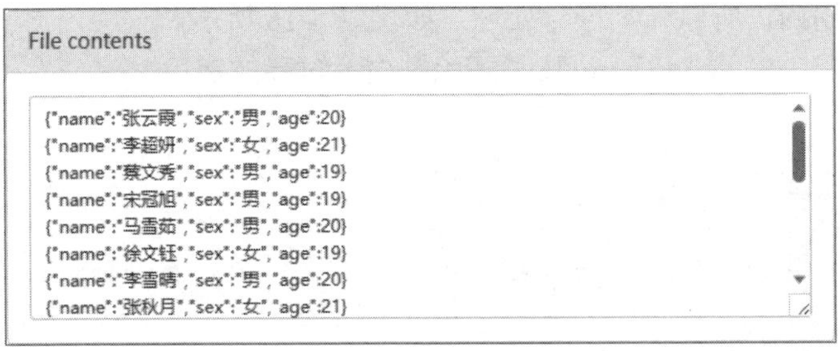

File contents

```
{"name":"张云霞","sex":"男","age":20}
{"name":"李超妍","sex":"女","age":21}
{"name":"蔡文秀","sex":"男","age":19}
{"name":"宋冠旭","sex":"男","age":19}
{"name":"马雪茹","sex":"男","age":20}
{"name":"徐文钰","sex":"女","age":19}
{"name":"李雪晴","sex":"男","age":20}
{"name":"张秋月","sex":"女","age":21}
```

图 5-11　保存结果

（二）保存为持久化的表

将 DataFrame 数据保存为持久化的表，实现步骤如下。

（1）启动 Hive 的元数据（metastore）服务，如代码 5-14 所示。

代码 5-14　启动 Hive 的元数据服务

```
hive --service metastore &
```

（2）使用 saveAsTable()方法将 DataFrame 对象 copyOfUser 保存为 Hive 中 copyUser 表，如代码 5-15 所示，结果如图 5-12 所示。

代码 5-15　将 DataFrame 对象数据保存为表

```
// 获取 users 表的部分字段
val copyOfUserInfo = user_info.select("name", "sex", "age", "institute", "phone")
// 保存为表 user_info
copyOfUserInfo.write.saveAsTable("user_info")
// 查询 user_info 表前 5 条记录
spark.sql("select * from user_info").show(5)
```

```
scala> spark.sql("select * from user_info").show(5)
+------+---+---+---------+-----------+
|  name|sex|age|institute|      phone|
+------+---+---+---------+-----------+
|张云霞| 男| 20|  信息学院|186****0185|
|李超妍| 女| 21|  信息学院|186****0186|
|蔡文秀| 男| 19|  信息学院|186****0187|
|宋冠旭| 男| 19|  信息学院|186****0188|
|马雪茹| 男| 20|  信息学院|186****0189|
+------+---+---+---------+-----------+
only showing top 5 rows
```

图 5-12　将 DataFrame 数据保存为表结果

【项目实施】

任务一　使用 drop 语句删除数据

在项目 4 的任务二中，发现数据存在缺失值。但由于所采集到的数据为字符型数据，无法对缺失值进行插补，为了减小缺失数据对模型产生的影响，将缺失率过高的 mac、creativeid、mobile_os、mobile_type、app_key_md5、app_name_md5、os_type 等字段进行删除，而 idfa、imei、android、openudid 这 4 个数据含义相似的字段，由于不确定后续构建特征时是否需要使用到，所以先不进行处理，如代码 5-16 所示。

代码 5-16　删除缺失率过高的字段

```
import org.apache.spark.sql.SaveMode
val data_new = spark.sqlContext.read.table("ad_traffic.case_data_sample").drop
("mac").drop("creativeid").drop("mobile_os").drop("mobile_type").drop("app_key_
md5").drop("app_name_md5").drop("os_type")
data_new.write.mode(SaveMode.Overwrite).saveAsTable("ad_traffic.case_data_
sample_new")
```

处理后的结果将保存在 Hive 表 case_data_sample_new 中，保存成功后，即可在 Hive 的命令行窗口中，使用 select 语句查询 case_data_sample_new 表的前 3 行，如图 5-13 所示。

```
hive> select * from ad_traffic.case_data_sample_new limit 3;
OK
9       1       7a4754fe6aa84e94406fe576f4240d78        2.204.113.1066
1677    fdf48f06520618219a7f4caeafb83a31        Clover%201.0%20%28iOS%
209.3.2%3b%20zh_CN%29   1858    151016  0
22      1       1f25972fbabe24272c69f2a37d4c664d        61.9.156.205 c
4e87f4e6fc2d8394690d6bc888753e9 2f598d85b8ea9512c7a29ac25a34c85d       6
1520    a6b12bcabc4a3a795de65e3fbdd57f0e        Dalvik%2f2.1.0%20%28Li
nux%3b%20U%3b%20Android%205.0.2%3b%20X608%20Build%2fACXCNCM5501304131S
%29     2209    160726  1
50      1       effd9c1e352fb4548ad84bd43faf6043        225.238.2.77 6
2930    6f4b457b6044ccd205dcf5531582af54        Apache-HttpClient%2fUN
AVAILABLE%20%28java%201.4%29    1646    160807  1
Time taken: 4.304 seconds, Fetched: 3 row(s)
```

图 5-13　case_data_sample_new 表的前 3 行

任务二　自定义函数构建关键特征

通过数据挖掘得到的数据分析结论具有极高的价值，能进一步推动构建精细化管理模式，提升管理水平的精准性、科学性、有效性。因此，要充分利用数据分析结论。根据探索分析结果，不同违规行为产生的虚假流量有不同的特征，分别构建 N、N1、N2、N3 关键特征。指标构建说明如表 5-6 所示，其中，5h 是根据广告点击周期的频率进行划分得出的。

表 5-6 关键特征构建说明

关键特征	构建方法	说明
N	统计在 5h 内，原始数据集中，IP 地址与 Cookie 两个字段相同的记录的出现次数	IP 地址和 Cookie 不变的情况下，出现的记录次数特征：N
N1	统计在 5h 内，原始数据集中，同一个 IP 地址产生的 Cookie 记录条数	IP 地址不变，对应 Cookie 出现的记录次数特征：N1
N2	统计在 5h 内，原始数据集中，IP 地址前两段相同的记录的出现次数	IP 地址前两段相同的记录的出现次数特征：N2
N3	统计在 5h 内，原始数据集中，IP 地址前三段相同的记录的出现次数	IP 地址前三段相同的记录的出现次数特征：N3

（一）划分时间区间

以规定的间隔（5h，即 18000s）将时间区间等分切割成不同的小区间，如代码 5-17 所示，运行结果如图 5-14 所示，存在 34 个时间分割点。

代码 5-17 划分时间区间

```
import org.apache.spark.sql.types._
import org.apache.spark.sql.Row
import org.apache.spark.sql.SaveMode
// 定义特征的名称
val timestamps="timestamps"
val dt="dt"
val cookie="cookie"
val ip="ip"
val N="N"
val N1="N1"
val N2="N2"
val N3="N3"
val ranks="rank"
val data = spark.read.table("ad_traffic.case_data_sample_new")
// 取出时间戳最大值、最小值
val max_min_timestamp = data.select(max(col(timestamps)) as "max_ts",min
(col(timestamps)) as "min_ts").rdd.collect
val max_ts=max_min_timestamp(0).getInt(0)
val min_ts=max_min_timestamp(0).getInt(1)
// 以 18000s 切割时间区间
val times=List.range(min_ts,max_ts,18000)
println("时间分割点：" + times)
```

```
scala> println("时间分割点: " + times)
时间分割点: List(0, 18000, 36000, 54000, 72000, 90000, 108000, 126000, 144000, 162000,
 180000, 198000, 216000, 234000, 252000, 270000, 288000, 306000, 324000, 342000, 36000
0, 378000, 396000, 414000, 432000, 450000, 468000, 486000, 504000, 522000, 540000, 558
000, 576000, 594000)
```

图 5-14　时间分割点

（二）构建关键特征并保存至 Hive 表中

得到时间区间表后，以 5h 的区间对数据进行特征构建，构建关键特征 N、N1、N2、N3，在得到 4 个特征数据集后，将这些数据集以 ranks 字段进行合并得到含 ranks 和 4 个特征的完整特征数据集，将此数据集以追加（Append）的方式保存至 Hive 表中，如代码 5-18 所示。

代码 5-18　构建关键特征

```
// 计算每 5h 的特征值并合并
for (i<- 0 to times.length-1){
  val data_sub={if(i==times.length-1){
    data.filter("timestamps>="+times(i))
    }
  else{
      data.filter("timestamps>="+times(i)+" and timestamps<"+times(i+1))
      }
  }
  val data_N_sub = data_sub.groupBy(cookie,ip).agg(count(ip) as N).join(data_sub,
Seq(cookie, ip), "inner").select(ranks, N)
  val data_N1_sub = data_sub.groupBy(ip).agg(countDistinct(cookie) as
N1).join(data_sub, Seq(ip), "inner").select(ranks, N1)
  // 截取 IP 地址前两段作为一个新列
  val data_ip_two = data_sub.withColumn("ip_two",substring_index(col(ip), ".", 2))
  // 截取 IP 地址前三段作为一个新列
  val data_ip_three=data_sub.withColumn("ip_three",substring_index(col(ip), ".", 3))
  val data_N2_sub = data_ip_two.groupBy("ip_two").agg(count("ip_two") as
N2).join(data_ip_two, Seq("ip_two"), "inner").select(ranks, N2)
  val data_N3_sub = data_ip_three.groupBy("ip_three").agg(count("ip_three") as
N3).join(data_ip_three, Seq("ip_three"), "inner").select(ranks, N3)
  // 合并 4 个关键特征，以追加的方式保存至 Hive 表中
  val data_model_N = data_N_sub.join(data_N1_sub,ranks).join(data_N2_sub,ranks).
join(data_N3_sub,ranks)

  data_model_N.repartition(1).write.mode(SaveMode.Append).saveAsTable
("ad_traffic.case_data_sample_model_N")
}
```

需要注意的是，代码 5-18 中是对每个区间内的特征进行构建，由于 7 天的广告流量检测数据的数据量非常大，处理会耗费大量的时间，且对硬件要求极高，所以需要将 3 台虚拟机的内存至少调大为 2GB。若计算机硬件较差，或不想等待时间过长，可不对 7 天的广告流量检测数据进行处理，仅取出一部分时间区间进行处理即可，如将代码 5-18 中的循环变量“times.length-1”设置为“4”，取出前 25h 的数据。

执行代码 5-18 后，在 Hive 的 ad_traffic 数据库中查询 case_data_sample_model_N 表的前 10 行，并查看表中的字段名称及类型结果，如图 5-15 所示。

```
hive> select * from ad_traffic.case_data_sample_model_N limit 10;
OK
41524523        1       10      3902    61
41684726        2       3       39      5
41296444        1       75      1654    243
41373027        1       69      2057    1555
41846975        1       104     118     117
41573817        1       80      2821    2720
41077089        3       45      4261    750
41367690        2       7       1576    162
41215640        1       40      1654    426
41744192        1       1       15      1
Time taken: 0.445 seconds, Fetched: 10 row(s)
hive> desc ad_traffic.case_data_sample_model_N;
OK
rank                    int
n                       bigint
n1                      bigint
n2                      bigint
n3                      bigint
Time taken: 0.336 seconds, Fetched: 5 row(s)
```

图 5-15 case_data_sample_model_N 表的前 10 行

任务三 保存 DataFrame 数据至 Hive 表中

从图 5-15 中可以看出，case_data_sample_model_N 表只存在 5 个数据字段，不包含 label 字段，label 字段存在于完整数据集中，因此需要将 case_data_sample_model_N 表和 case_data_sample_new 表进行合并连接，构建存在 rank、dt、N、N1、N2、N3 和 label 字段的模型数据，如代码 5-19 所示。

代码 5-19 构建模型数据

```
val data_model = spark.sqlContext.read.table("ad_traffic.case_data_sample_
model_N").join(data, ranks).select(col(ranks), col(dt), col(N), col(N1), col(N2),
col(N3), col("label").cast("double"))
```

执行代码 5-19 后，可使用“data_model.show(5)”命令查看模型数据的前 5 行，如图 5-16 所示。

```
scala> data_model.show(5)
+----+---+---+---+----+----+-----+
|rank| dt|  N| N1|  N2|  N3|label|
+----+---+---+---+----+----+-----+
|   9|  1|  1|  3|  10|  10|  0.0|
|  22|  1|  1| 52| 229| 207|  1.0|
|  64|  1|  1| 11| 526| 503|  1.0|
|  76|  1| 97|  1|1392| 106|  0.0|
| 146|  1|  1| 29|1204|1166|  1.0|
+----+---+---+---+----+----+-----+
only showing top 5 rows
```

图 5-16 查看模型数据的前 5 行

将模型数据保存在 Hive 表 case_data_sample_model 中，如代码 5-20 所示。

代码 5-20 将模型数据保存到 Hive 表中

```
data_model.write.mode(SaveMode.Overwrite).saveAsTable("ad_traffic.case_data_sam
ple_model")
```

执行代码 5-20 后，可使用“data_model.describe().show(false)”命令，统计各个特征的数据分布，如图 5-17 所示。

```
scala> data_model.describe().show(false)
+-------+--------------------+------------------+------------------+-----------------+------------------+-----------------+------------------+
|summary|rank                |dt                |N                 |N1               |N2                |N3               |label             |
+-------+--------------------+------------------+------------------+-----------------+------------------+-----------------+------------------+
|count  |1704154             |1704154           |1704154           |1704154          |1704154           |1704154          |1704154           |
|mean   |2.122992044105873E7 |3.7781843659669256|4.059634281878281 |65.77285738260744|1835.8354280188294|729.3528894689096|0.49708124969926426|
|stddev |1.2256989463907648E7|1.8957832554968954|19.650923494751254|84.25232604562159|1904.8623485022981|1076.255327360273|0.4999916275220281|
|min    |9                   |1                 |1                 |1                |1                 |1                |0.0               |
|max    |42459756            |7                 |530               |945              |7800              |5013             |1.0               |
+-------+--------------------+------------------+------------------+-----------------+------------------+-----------------+------------------+
```

图 5-17　各个特征的数据分布

【项目总结】

本项目首先介绍了 DataFrame 行列表增、删操作，通过 DataFrame 对象新增或删除得到新的 DataFrame；接着介绍了创建与使用用户自定义函数，可以根据特定的需求编写和调用用户自定义函数；然后介绍了 DataFrame 表联合操作，并分别举例阐述联合操作的区别；最后介绍了 DataFrame 行列表输出操作相关知识。基于知识介绍，对广告流量检测数据进行数据预处理，在删除缺失值后构建关键特征，将构建出来的特征合并输出保存至 Hive 表中。本项目的操作可为项目 6 介绍的模型的构建与评估提供数据特征服务。

【技能拓展】

Datasets 是一个特定域的强类型、不可变数据集合，每个 Datasets 都有一个非类型化视图 DataFrame，DataFrame 是对 Datasets 的一种表示形式，具有特定的结构（Dataset[Row]）。可以通过调用 as(Encoder)方法将 DataFrame 转换成 Datasets，也可以通过调用 toDF()方法将 Datasets 转换成 DataFrame，两者之间可以互相灵活转换。操作 Datasets 可以像操作 RDD 一样使用各种转换（Transformation）操作并行操作，转换操作采用“惰性”执行方式，只有调用行动（Action）操作时才会触发真正的计算执行。创建 Datasets 需要显式提供编码器（Encoder）将对象序列化为二进制形式进行存储，而不是使用 Java 序列化或 Kryo 序列化方式。Datasets 使用专门的编码器序列化对象。在网络间传输时，编码器动态生成代码，可以在编译时检查类型，不需要将对象反序列化就可以进行过滤、排序等操作，避免了缓存（Cache）过程中频繁的序列化和反序列化，有效减少了内存的使用和 Java 对象频繁进行垃圾回收（Garbage Collection，GC）的开销。

Datasets 创建的方式有如下两种。

（1）通过样例类 case class 创建 Datasets，如代码 5-21 所示，创建结果如图 5-18 所示。

代码 5-21　通过 case class 创建 Datasets

```
case class AdData(city:String,pv:Long,click:Long)
val adDS = Seq(AdData("beijing",10000,1000)) .toDS()
adDS.show()
```

```
scala> adDS.show()
+-------+-----+-----+
|   city|   pv|click|
+-------+-----+-----+
|beijing|10000| 1000|
+-------+-----+-----+
```

图 5-18　通过 case class 创建 Datasets 结果

（2）通过 DataFrame 调用 as[Encoder]方法创建 Datasets，如代码 5-22 所示，创建结果如图 5-19 所示。

代码 5-22　通过 DataFrame 调用 as[Encoder]方法创建 Datasets

```
case class AdData(city:String,pv:Long,click:Long)
val df=Seq(AdData("beijing",10000,1000)).toDF()
df.as[AdData]
df.show()
```

```
scala> df.show()
+-------+-----+-----+
|   city|   pv|click|
+-------+-----+-----+
|beijing|10000| 1000|
+-------+-----+-----+
```

图 5-19　通过 DataFrame 调用 as[Encoder]方法创建 Datasets 结果

【知识测试】

（1）下列操作中，可删除数据列的是（　　）。

A. drop()　　B. withColumn()　　C. select()　　D. join()

（2）DataFrame 中 drop()方法的返回值的类型是（　　）。

A. Array　　B. Row　　C. DataFrame　　D. Column

（3）下列操作中，可新增数据列的是（　　）。

A. drop()　　B. withColumn()　　C. select()　　D. join()

（4）【多选题】Spark 支持将现有的 Hive 中的用户自定义函数集成至 Spark SQL 中使用，其中现有的 Hive 中的用户自定义函数类别包括（　　）。

A. UDFs　　B. UDAFs　　C. UDTFs　　D. FDAFs

（5）【多选题】下列选项中，使用内连接的代码有（　　）。

A. df.join(df, Seq("city", "state"), "inner").show

B. df.join(df, Seq("city", "state")).show

C. df.join(df, Seq("city", "state"), "left").show

D. df.join(df, Seq("city", "state"), "right").show

（6）【多选题】下列表述说法正确的有（　　）。

A. format()方法指定输出文件格式的方法，如 format("json")输出 JSON 文件格式

B. mode()方法用于指定数据保存的模式，可以接收的参数有 Overwrite、Append、Ignore 和 ErrorIfExists

C. mode("Overwrite")表示在目标目录下追加数据

D. options()方法用于设置一些额外的选项，如压缩级别、编码方式等

（7）下列选项中，能够正确地将 DataFrame 保存到 people.json 文件中的语句是（　　）。

A. df.write.json("people.json")

B. df.json("people.json")

C. df.write.format("csv").save("people.json")

D. df.write.csv("people.json")

（8）下列选项中，可将 DataFrame 保存至 Hive 表的方法是（　　）。

A. saveAsStreamingFiles()　　B. saveAsTable()

C. saveAsTextFiles()　　D. saveAsObjectFiles()

（9）【多选题】下列关于用户自定义函数说法正确的有（　　）。

A. Spark 支持用户自定义函数

B. Spark 支持将 Hive 中的用户自定义函数集成至 Spark SQL 中调用

C. 用户定义好所需函数后即可在 Spark SQL 中直接使用

D. 注册函数的方式有两种

（10）【多选题】下列方法中可注册用户自定义函数的有（　　）。

A. org.apache.spark.udf.register()　　B. spark.udf.register()

C. spark.udf()　　D. org.apache.spark.sql.functions.udf()

【技能测试】

测试　基于 Hive 的人力资源系统数据处理

1. 测试要点

（1）读取 Hive 中的表并创建 DataFrame。

（2）使用 DataFrame 表联合操作得到新的 DataFrame。

（3）使用 DataFrame 方法对数据信息进行统计。

2. 需求说明

某公司人力资源系统的数据组织结构如图 5-20 所示。

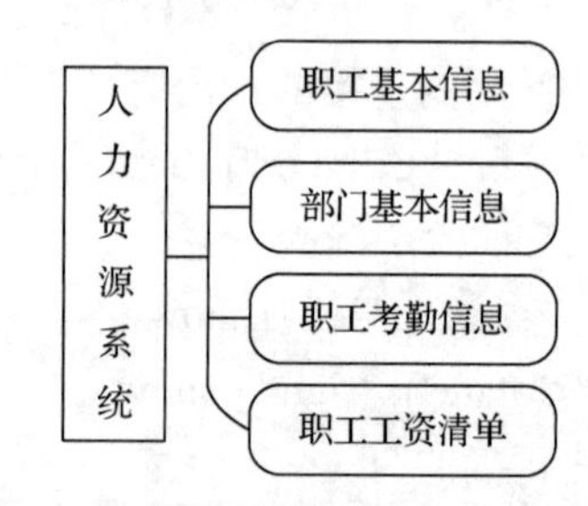

图 5-20　人力资源系统的数据组织结构

当前人力资源系统的数据包含以下几个部分。

（1）职工基本信息：存放职工的基本信息，职工基本信息字段说明如表 5-7 所示。

表 5-7　职工基本信息字段说明

字段	说明
name	职工姓名
id	职工 ID
sex	职工性别

续表

字段	说明
age	职工年龄
year	入职年份
position	职位
depID	所在部门 ID

（2）部门基本信息：存放部门信息，部门基本信息字段说明如表 5-8 所示。

表 5-8　部门基本信息字段说明

字段	说明
department	部门名称
depID	部门 ID

（3）职工考勤信息：存放职工的考勤信息，职工考勤信息字段说明如表 5-9 所示。

表 5-9　职工考勤信息字段说明

字段	说明
year	年
month	月
overtime	加班次数
latetime	迟到次数
absenteeism	旷工次数
leaveearlytime	早退次数

（4）职工工资清单：存放职工每月的工资清单信息，职工工资清单字段说明如表 5-10 所示。

表 5-10　职工工资清单字段说明

字段	说明
id	职工 ID
salary	工资，单位：元

为了更好地了解职工的情况，优化人力资源管理，提高组织效率，通过 Spark SQL 技术对人力资源系统的数据进行分析，实现对各部门每年职工工资的总数、部门职工的工资 Top 10 的查询、部门职工平均工资的排名的统计、各部门每年职工工资总数的统计。

3. 实现步骤

（1）对人力资源系统的数据分别建表，并将人力资源系统的数据加载到 Hive 数据仓库中。

（2）在 spark-shell 界面读取 Hive 中的表并创建 DataFrame。

（3）统计人力资源系统中各部门每年职工工资的总数。

（4）查询人力资源系统中部门职工的工资 Top 10。

（5）统计人力资源系统中部门职工平均工资的排名。

项目 6 基于 Spark MLlib 实现广告流量检测违规识别模型构建与评估

【教学目标】

1. 知识目标

（1）了解 Spark MLlib 算法库。

（2）熟悉 Spark MLlib 中的算法与算法包。

（3）掌握 Spark MLlib 的评估器与模型评估的使用方法。

2. 技能目标

（1）能够掌握 Spark MLlib 特征提取的方法。

（2）能够使用 Spark MLlib 回归与分类相关算法包构建模型。

（3）能够使用 Spark MLlib 评估器对模型进行评估。

3. 素质目标

（1）具备新的学习思维模式，通过扩展思维空间，深入了解 Spark MLlib 机器学习。

（2）具备刻苦钻研的学习态度，通过不断探索学习，能够掌握 Spark MLlib 相关算法包的使用方法。

（3）具备灵活运用思维的能力，通过学习相关算法，能够在案例中构建模型以及对模型进行评估。

【思维导图】

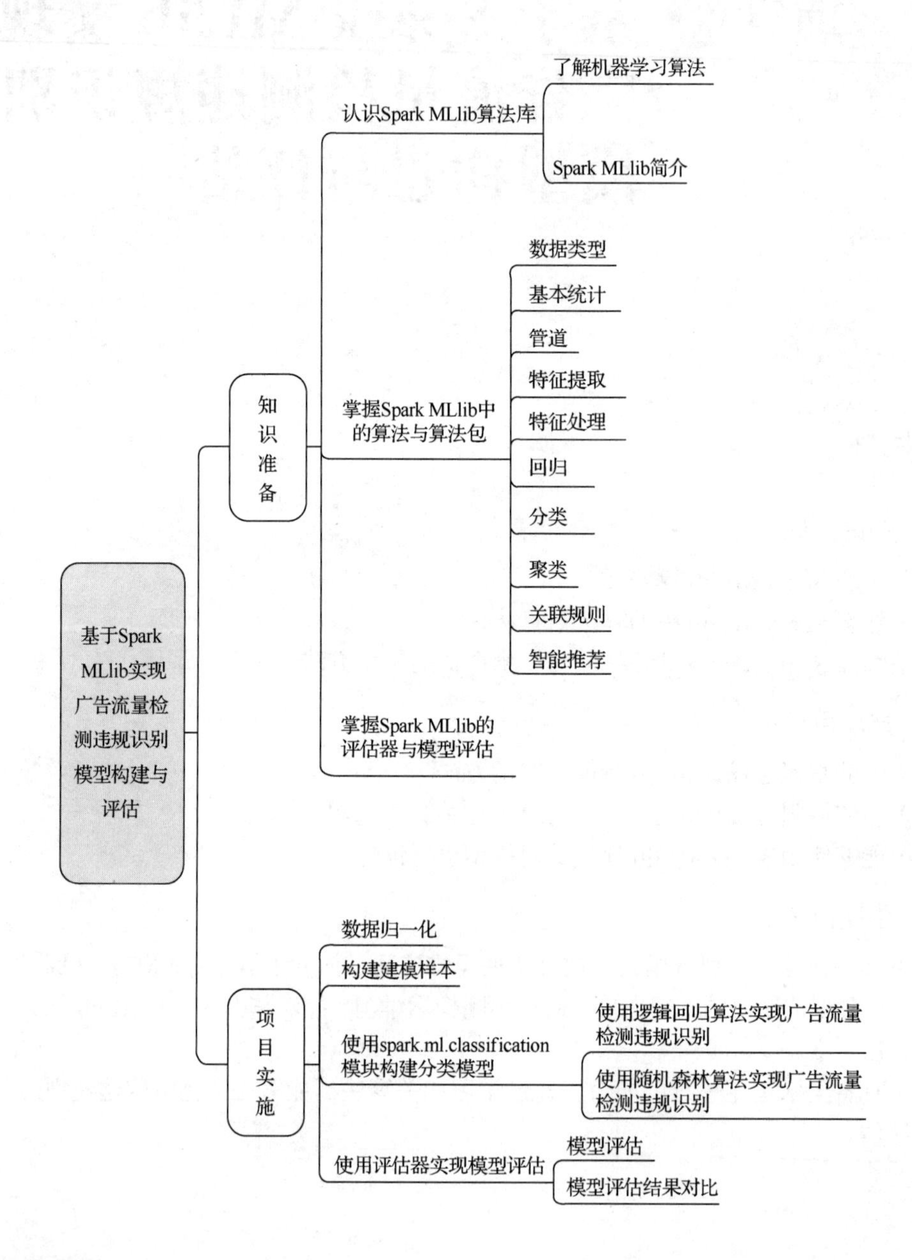

【项目背景】

随着互联网技术的快速发展，网络环境面临种种安全问题。网络安全牵一发而动全身，保障网络安全，可进一步维护国家安全和社会稳定。网络流量异常检测技术是网络安全保障的基础，也是网络安全研究的重要组成部分，可以健全网络综合治理体系，推动形成良好网络生态。机器学习的出现为网络流量异常检测提供了新的解决方案，网络流量异常检测可通过机器学习中分类算法完成，通过构建分类模型，然后利用分类模型对流量数据进行判别分类。然而在大数据时代，网络流量呈现爆发式增长，传统机器学习环境已难以解决海量数据的异常检测。此外，网络流量数据特征维度比较高，存在着较多冗余特征，严重影响着流量异常检测的性能和效率。针对以上问题，本项目基于机器学习中的分类算法，分别采用逻辑回归算法和随机森林算法构建分类模型，实现广告流量检测违规识别项目中的模型构建与评估。

【项目目标】

对经过预处理的广告流量检测数据构建模型，通过多种算法构建分类模型，并对模型进行评估，实现广告流量检测违规识别。

【目标分析】

（1）使用 MLlib 对广告流量检测数据进行数据归一化。
（2）归一化后，将样本数据划分为训练数据和测试数据。
（3）使用 spark.ml.classification 模块构建分类模型，实现广告流量检测违规识别。
（4）使用评估器对模型做评估，计算模型评估指标，实现模型评估结果对比。

【知识准备】

一、认识 Spark MLlib 算法库

Spark MLlib 是 Spark 的机器学习（Machine Learning）库，旨在简化机器学习的工程实践工作，并支持扩展，使得机器学习可以在分布式集群上进行处理。Spark MLlib 由一些通用的学习算法和工具组成，包括回归、分类、聚类、智能推荐等，同时还包括底层的优化原语和高层的管道 API，如表 6-1 所示。

表 6-1　Spark MLlib 组成

组成内容	描述
算法工具	包括分类、回归、聚类等机器学习算法工具
特征化工具	提供特征提取、转化、降维和特征选取等工具
管道（Pipeline）	提供用于构建、评估和调整机器学习管道的工具
底层基础	包括 Spark 的运行库、矩阵库和向量库；支持本地的密集向量和稀疏向量，并且支持标量向量。同时支持本地矩阵和分布式矩阵，其中分布式矩阵包括 RowMatrix、IndexedRowMatrix、CoordinateMatrix 等
实用工具	提供线性代数、统计、数据处理等工具

（一）了解机器学习算法

机器学习是人工智能的一个重要分支，也是实现人工智能的重要途径。机器学习是计算机科学领域一个重要的研究方向，已发展为一门多领域交叉的学科，涉及概率论、统计学、逼近论、凸分析、计算复杂性理论等。

1. 机器学习的概念

机器学习指的是让机器能像人一样有学习的能力。例如，在医学领域中，如果计算机能够对大量的癌症治疗记录进行归纳和总结，并给医生提出适当的建议，那么对于病人的康复将有重大的意义。

机器学习主要研究的是如何在经验学习中改善具体算法的性能。机器学习通过计算机利用历史数据的规律或以往经验进行学习并构建算法模型，然后对模型进行评估，如果效果达到要求，那么该模型即可用于测试其他的数据，如果效果达不到要求，那么需要调整算法重新构建模型，再次进行评估，如此循环，最终获得效果更佳的算法模型。

机器学习可以分为有监督学习、无监督学习、半监督学习 3 类，如表 6-2 所示。

表 6-2　机器学习分类

类别	描述
有监督学习	有监督学习的训练数据是有标签的，即已经能够确定所给数据集的类别，有监督学习算法有回归、分类等
无监督学习	无监督学习与有监督学习相反，训练数据完全没有标签，只能依靠数据间的相似性进行分类，无监督学习算法有聚类、关联规则等
半监督学习	半监督学习针对的是数据量超级大但是标签数据很少或标签数据不易获取的情况

2. 机器学习常用算法

机器学习的算法很多，常用的主要有以下几类。

（1）回归算法。回归算法是建立两种或两种以上变量间相互依赖的函数模型，然后使用函数模型预测目标的值。回归算法的流程包括选取特征、拟合模型、评估模型和预测。有两个重要的回归算法，即线性回归和逻辑回归，算法说明如表 6-3 所示。

表 6-3　回归算法说明

算法	作用	优势
线性回归	线性回归是根据已有数据拟合曲线，常采用最小二乘法进行参数估计	简单易懂、计算效率高
逻辑回归	逻辑回归是一种用于构建二分类或多分类模型的回归算法	简单且可解释性较强

（2）分类算法。分类算法用于构造分类模型，模型的输入为样本的字段值，输出为对应的类别，将每个样本映射到预先定义好的类别。分类算法的流程包括选取特征、训练分类器、评估分类器和预测。常见的分类算法有 KNN（K-Nearest Neighbor，K 近邻）、朴素贝叶斯、决策树、随机森林等，算法说明如表 6-4 所示。

表 6-4 分类算法说明

算法	作用	优势
KNN	通过计算不同特征值之间的距离进行分类，而且在决策样本类别时，只参考样本周围 k 个"邻居"样本的所属类别	精度高、对异常值不敏感、无数据输入假定
朴素贝叶斯	基于训练数据中的特征和标签之间的概率关系，通过计算后验概率来进行分类预测	算法简单容易实现，对异常值、缺失值不敏感，多分类能力强
决策树	根据已知的各种情况的发生概率，通过构建决策树来计算出各个方案的期望值，然后选择期望值大于等于零的方案	决策树的部分分支未展开，降低了过拟合的风险，节省训练时间
随机森林	通过从原始数据集中随机选取样本并构造出多棵决策树来训练模型。在训练完成后，随机森林可以通过对多棵决策树的预测结果进行投票来获得最终的输出结果	对于类不平衡的数据集来说，随机森林可以平衡误差

（3）聚类算法。聚类算法的主要思想是按照某个特定标准（如距离）把一个数据集分割成不同的类或簇，使得同一个簇内的数据对象的相似性尽可能大，同时不在同一个簇内的数据对象的差异性也尽可能地大。聚类算法的流程包括选取特征、计算样本之间的相似度或距离、聚类分组和评估聚类结果。常用的聚类算法有 K-Means（K 均值）聚类、层次聚类，算法说明如表 6-5 所示。

表 6-5 聚类算法说明

算法	作用	优势
K-Means 聚类	将给定的数据集划分成 K 个簇（K 是超参数），并给出每个样本数据对应的中心点	高效，可伸缩，收敛速度快，原理相对通俗易懂，可解释性强
层次聚类	通过计算不同类别数据点间的相似度来创建一棵有层次的嵌套聚类树，不同类别的原始数据点是树的最底层，树的顶层是一个聚类的根节点	无须指定聚类的数量，对距离度量的选择不敏感

（4）关联规则算法。关联规则算法的主要思想是发现数据中项之间的频繁关系和规则，用于描述数据中的相关性。关联规则算法的流程包括计算项集的支持度和置信度、挖掘频繁项集和生成关联规则。常用的关联规则算法说明如表 6-6 所示。

表 6-6　关联规则算法说明

算法	作用	优势
FP-growth	非常经典的挖掘频繁项集的算法，其核心思想是通过连接产生候选项及其支持度然后通过剪枝生成频繁项集	高效、准确，能够处理大规模数据集，挖掘出多种类型的关联规则
Apriori	Apriori 算法通过多次扫描事务数据库来发现频繁项集	简单易懂、可解释性强，适用于大规模数据集，能够发现单维、多层次的关联规则

（5）智能推荐算法。智能推荐算法的主要思想是根据用户的历史记录自动向用户智能推荐用户可能感兴趣的产品。智能推荐算法的流程包括收集用户行为数据、建立用户模型、计算物品的相关性和生成推荐列表。常用的智能推荐算法有协同过滤和基于关联规则的智能推荐算法，算法说明如表 6-7 所示。

表 6-7　智能推荐算法说明

算法	作用	优势
协同过滤	通过群体的行为来找到某种相似性（用户之间的相似性或标的物之间的相似性），通过该相似性来为用户做决策和推荐	原理简单、思想朴素，能够为用户推荐出多样、新颖的标的物
关联规则	以关联规则为基础，将已购商品作为规则头，规则体为推荐对象	可以产生清晰有用的结果，且可以处理变长的数据

（二）Spark MLlib 简介

Spark MLlib 旨在简化机器学习的工程实践工作，使用分布式并行计算实现模型，进行海量数据的迭代计算。Spark MLlib 对于数据计算处理的速度远快于普通的数据处理引擎，大幅度提升了运行性能。

Spark MLlib 的发展历程比较长，1.0 以前的版本提供的算法均是基于 RDD 实现的。Spark MLlib 的发展历程如图 6-1 所示。由发展历程可以看出，一个事物不会是凭空产生，其背后必然有着长时间积累和奋斗，不积跬步无以至千里。

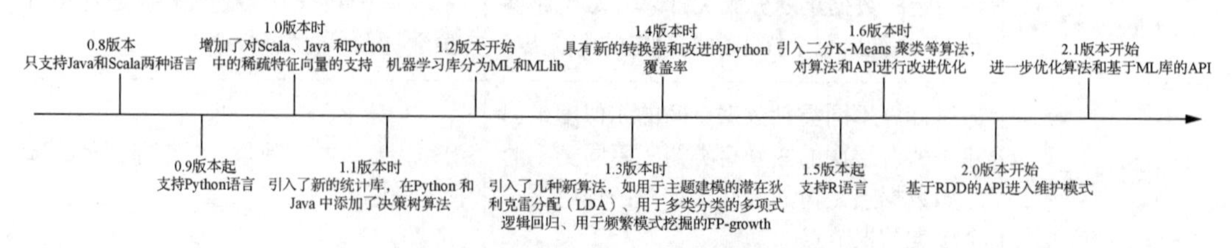

图 6-1　Spark MLlib 的发展历程

Spark MLlib 的发展历程说明如下。

（1）0.8 版本时，MLlib 算法库被加入 Spark，但只支持 Java 和 Scala 两种语言。

（2）0.9 版本时，Spark MLlib 开始支持 Python 语言。

（3）自 1.2 版本开始，Spark MLlib 分为以下两个包。

① spark.mllib 包：包含基于 RDD 的算法 API。

② spark.ml 包：提供基于 DataFrame 的算法 Pipeline，可以用于构建机器学习工作流。Pipeline 弥补了原始 MLlib 库的不足，向用户提供了一个基于 DataFrame 的机器学习工作流式 API 套件。

（4）1.2 版本以后，不断地增加和改进 Spark MLlib 中的算法。

（5）从 2.0 版本开始，基于 RDD 的 API 进入维护模式，即不增加任何新的特性。

二、掌握 Spark MLlib 中的算法与算法包

Spark MLlib 中的算法包很多，主要包含的模块有数据类型、基本统计、管道、特征提取、特征处理、回归、分类、聚类、关联规则、智能推荐等。

（一）数据类型

在 spark.mllib 包中，不同算法包对输入数据类型有一定的要求，其中几种常见的基本数据类型如表 6-8 所示。

表 6-8 常见的基本数据类型

数据类型	描述
Vector	数据向量，包括稀疏向量和稠密向量。稠密向量存储向量的每一个值。稀疏向量存储非 0 向量，由两个并行数组支持，即索引数组和值数组。例如，向量(1,0,3)用稠密向量表示为[1.0,0.0,3.0]；稀疏向量格式则表示为(3, [0, 2], [1, 3])，其中 3 是向量的大小，[0,2]为索引数组，[1, 3]为值数组。在使用算法包时，很多算法都要求将数据转化为向量，Vector 向量数据类型可以由 ml.linalg.Vectors 创建
LabeledPoint	有监督学习算法的数据类型，用于表示带标签的数据，包含如下两个部分。 （1）第一个部分为数据的类别标签 label，由一个浮点数表示。 （2）第二个部分为特征向量 feature，向量通常是 Vector 数据类型的，向量中的值是 Double 类型的。 LabeledPoint 数据类型存放在 mllib.regression 中，存在如下两种标签。 （1）对于二分类，标签是 0（负）或 1（正）。 （2）对于多分类，标签是从 0 开始的索引，即 0、1、2 等
Matrix	用于表示矩阵数据的数据类型。Matrix 是一个存储在单个机器上的矩阵，Matrix 可以是密集矩阵（Dense Matrix）或稀疏矩阵（Sparse Matrix）。密集矩阵存储所有矩阵元素的值，而稀疏矩阵仅存储非零矩阵元素的位置和值

（二）基本统计

Spark MLlib 的 mllib.stat.Statistics 类中提供了一些广泛使用的统计方法，用于计算最大值、最小值、平均值、方差和相关系数等，可以直接在 RDD 上进行使用，如表 6-9 所示。

表 6-9 Statistics 类中提供的统计方法

方法	描述
max()、min()	计算最大值或最小值
mean()	计算平均值
variance()	计算方差
normL1()、normL2()	计算 L1 范数/L2 范数
Statistics.corr(rdd,method)	计算相关系数，method 可选 pearson（皮尔逊相关系数算法）或 spearman（斯皮尔曼相关系数算法）
Statistics.corr(rdd1,rdd2, method)	计算两个由浮点值组成 RDD 的相关矩阵，使用 pearson 或 spearman 中的一种方法
Statistics.chiSqTest（rdd）	计算 LabeledPoint 对象的 RDD 的独立性检验

以 HDFS 文件目录/data 下的数据文件 data.txt 为例，数据如表 6-10 所示。

表 6-10 data.txt 数据

1.0 2.0 3.0 4.0 5.0
6.0 7.0 8.0 9.0 10.0
3.0 5.0 6.0 3.0 1.0
3.0 1.0 1.0 5.0 6.0

读取 data.txt 文件的数据并创建 RDD，调用 Statistics 类中的方法，统计 RDD 数据的平均值、方差和相关系数，如代码 6-1 所示，统计结果如图 6-2 所示。

代码 6-1 统计 RDD 数据的平均值、方差和相关系数

```
import org.apache.spark.mllib.linalg.{Vector,Vectors}
import org.apache.spark.mllib.stat.Statistics
val data = sc.textFile("/data/data.txt").map(_.split(" ")).map(f=>f.map
(f=>f.toDouble))
val datal = data.map(f=>Vectors.dense(f))
val statl = Statistics.colStats(datal)
statl.mean
statl.variance
val corrl=Statistics.corr(datal,"pearson")
```

```
scala> statl.mean
res14: org.apache.spark.mllib.linalg.Vector = [3.25,3.75,4.5,5.25,5.5]

scala> statl.variance
res15: org.apache.spark.mllib.linalg.Vector = [4.25,7.583333333333333,9.666666666666666,
6.916666666666667,13.666666666666666]

scala> val corrl=Statistics.corr(datal,"pearson")
corrl: org.apache.spark.mllib.linalg.Matrix =
1.0                 0.7779829610026359  0.7020688061146642   ... (5 total)
0.7779829610026359  1.0                 0.9927741970308563   ...
0.7020688061146642  0.9927741970308563  1.0                  ...
0.8453538896089974  0.5638146258698541  0.5095677844634848   ...
0.6341923244190083  0.2783147970187968  0.23200591622629665  ...
```

图 6-2 平均值、方差和相关系数统计结果

（三）管道

spark.ml 包中引入了 Pipeline（管道）API，类似于 Python 机器学习库 scikit-learn 中的 Pipeline，采用一系列 API 定义并标准化了机器学习中的工作流，包含数据收集、预处理、特征抽取、特征选择、模型拟合、模型验证、模型评估等阶段，简化机器学习过程，并使其可扩展。例如，对文档进行分类可能会包含分词、特征抽取、训练分类模型以及调优等过程。

spark.ml 包 Pipeline 对分布式机器学习过程进行模块化的抽象，使多个算法合并成一个 Pipeline 或工作流变得更加容易，Pipeline API 的关键概念如表 6-11 所示。

表 6-11　Pipeline API 的关键概念

关键概念	描述
DataFrame	DataFrame 与 Spark SQL 中用到的 DataFrame 一样，是 Pipeline 的基础数据结构，贯穿了整个 Pipeline，可以存储文本、特征向量、训练集以及测试集。除了常见的类型，DataFrame 还支持 Spark MLlib 特有的 Vector 类型
Transformer（转换器）	Transformer 对应数据转换的过程，接收一个 DataFrame，在 Transformer 的作用下，会生成一个新的 DataFrame。在机器学习中，Transformer 常用于特征转换的过程。通过 transform()方法，可以将训练得到的模型应用于特征数据集，生成带有预测结果的数据集
Estimator（评估器）	Estimator 通常被翻译为“评估器”，是学习算法或在训练数据上的训练方法的概念抽象。在机器学习模型中，Estimator 是一个带有 fit()和 predict()方法的对象。通过 fit()方法，Estimator 可以根据给定的训练数据拟合模型，然后使用 predict()方法进行预测
Pipeline	一个 Pipeline 将多个 Transformer 和 Estimator 组装成一个特定的机器学习工作流。Pipeline 定义了数据流和转换流程，可以按顺序执行多个步骤，并将结果传递给下一个步骤
Parameter	所有的 Estimator 和 Transformer 共用一套通用的 API 来指定参数

文档分类是在自然语言处理中非常常见的应用，如垃圾邮件监测、情感分析等，简单来说，任何文档分类应用都需要 4 步，如图 6-3 所示。

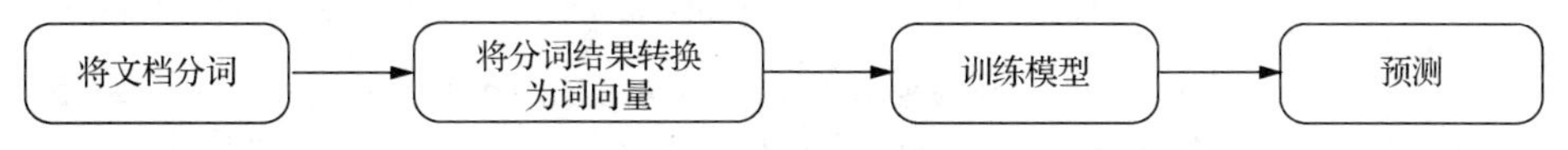

图 6-3　文档分类的基本流程

例如，通过 Pipeline 使用逻辑回归算法实现垃圾邮件监测，如代码 6-2 所示，实现结果如图 6-4 所示。在代码 6-2 中，Pipeline 的结构非常有利于复用 Transformer 与 Estimator 组件。

代码 6-2　通过 Pipeline 使用逻辑回归算法实现垃圾邮件监测

```
import org.apache.spark.ml.{Pipeline, PipelineModel}
import org.apache.spark.ml.classification.LogisticRegression
import org.apache.spark.ml.feature.{HashingTF, Tokenizer}
import org.apache.spark.ml.linalg.Vectors
import org.apache.spark.sql.Row
import org.apache.spark.sql.SparkSessioneightedRecall
// 准备训练数据，其中最后一列就是该文档的标签，即是否为垃圾邮件，1.0 代表是垃圾邮件，0.0 代表非
```

```
垃圾邮件
val training = spark.createDataFrame(Seq(
    (0L, "a b c d e spark", 1.0),
    (1L, "b d", 1.0),
    (2L, "spark f g h", 1.0),
    (3L, "hadoop mapreduce", 0.0)
)).toDF("id", "text", "label")
// 配置整个 Pipeline，由 3 个组件组成：tokenizer（Transformer）、hashingTF（Transformer）
和 lr（Estimator）
val tokenizer = new Tokenizer().setInputCol("text").setOutputCol("words")
val hashingTF = new HashingTF().setNumFeatures(1000).setInputCol(
    tokenizer.getOutputCol).setOutputCol("features")
val lr = new LogisticRegression().setMaxIter(10).setRegParam(0.001)
val pipeline = new Pipeline().setStages(Array(tokenizer, hashingTF, lr))
// 拟合模型，得到结果
val model = pipeline.fit(training)
// 准备无标签的测试集
val test = spark.createDataFrame(Seq(
    (4L, "spark i j k"),
    (5L, "l m n"),
    (6L, "s scala"),
    (7L, "apache hadoop")
)).toDF("id", "text")
// 用模型预测测试集，得到预测结果（标签）
model.transform(test).select("id", "text", "probability", "prediction").
collect().foreach {
  case Row(id: Long, text: String, prob: Vector, prediction: Double) =>
     println(s"($id, $text) --> prob=$prob, prediction=$prediction")
  }
```

```
scala> model.transform(test).select("id", "text", "probability", "prediction").collect().
foreach {
     |       case Row(id: Long, text: String, prob: Vector, prediction: Double) =>
     |             println(s"($id, $text) --> prob=$prob, prediction=$prediction")
     |     }
(4, spark i j k) --> prob=[0.04124999891082825,0.9587500010891717], prediction=1.0
(5, l m n) --> prob=[0.11289073017118176,0.8871092698288182], prediction=1.0
(6, s scala) --> prob=[0.11289073017118176,0.8871092698288182], prediction=1.0
(7, apache hadoop) --> prob=[0.8521778601727055,0.14782213982729453], prediction=0.0
```

图 6-4　实现结果

（四）特征提取

ml.feature 中提供了一些常见的对特征进行提取的方法，可通过调用不同算法实现，主要包括 TF-IDF、Word2Vec 算法。

1. TF-IDF 算法

TF-IDF（Term Frequency-Inverse Document Frequency，词频-逆文档频率）是一种将文档转化成特征向量的方法。TF 是词频，即该词在文档中出现的次数；IDF 是逆文档频率，是词在文档中出现的概率；TF 与 IDF 的乘积可以表示该词在文档中的重要程度。

ml.feature 类中有两个算法可以计算 TF-IDF，即 HashingTF 和 IDF。

（1）HashingTF 可以从一个文档中计算出给定大小的词频向量，并且通过哈希法（一种将词映射为固定长度的向量的技术）排列词向量的顺序，使词与向量能一一对应。

（2）IDF 则可以用于计算逆文档频率，需要调用 fit()方法获取一个 IDFModel，IDFModel 接收词频向量（由 HashingTF 产生），然后计算每一个词在文档中出现的频次。IDF 的主要作用是降低语料库中出现频率较高的词的权重，从而突出那些具有类别区分特征的稀有词。

TF-IDF 算法简单高效，能够有效地挖掘出文章中的关键词，更好地理解文本的主题和内容。对每一个句子，使用 HashingTF 将句子转换为特征向量，HashingTF 要求转换的数据为 RDD[Iterable[]]类型，即 RDD 中的每个元素应该是一个可迭代的对象。最后调用 IDF()方法重新调整特征向量，得到文档转化后的特征向量，TF-IDF 算法实现文档特征向量化如代码 6-3 所示。

代码 6-3 TF-IDF 算法实现文档特征向量化

```
import org.apache.spark.ml.feature.{HashingTF, IDF, Tokenizer}
val sentenceData = spark.createDataFrame(Seq(
 (0, "Hi I heard about Spark"),
 (0, "I wish Java could use case classes"),
 (1, "Logistic regression models are neat")
)).toDF("label", "sentence")
// 对文本进行分词
val tokenizer = new Tokenizer().setInputCol("sentence").setOutputCol("words")
val wordsData = tokenizer.transform(sentenceData)
// 创建词频映射，计算某个词在文件中出现的频率
val hashingTF = new HashingTF()
 .setInputCol("words").setOutputCol("rawFeatures").setNumFeatures(20)
// 将词转成特征向量
val featurizedData = hashingTF.transform(wordsData)
val idf = new IDF().setInputCol("rawFeatures").setOutputCol("features")
val idfModel = idf.fit(featurizedData)
val rescaledData = idfModel.transform(featurizedData)
rescaledData.select("features", "label").take(3).foreach(println)
```

转换后的结果如图 6-5 所示，其中每一条输出的第一个值为默认的哈希表的分桶个数，第一个列表的每一个值是每一个词被分配的 ID，第二个列表的值对应第一个列表中每一个词的逆文档频率，最后一个值为文档的标签。

```
scala> rescaledData.select("features", "label").take(3).foreach(println)
[(20,[6,8,13,16],[0.28768207245178085,0.6931471805599453,0.28768207245178085,0.5753641449035617]),0]
[(20,[0,2,7,13,15,16],[0.6931471805599453,0.6931471805599453,1.3862943611198906,0.28768207245178085,0.6931471805599453,0.28768207245178085]),0]
[(20,[3,4,6,11,19],[0.6931471805599453,0.6931471805599453,0.28768207245178085,0.6931471805599453,0.6931471805599453]),1]
```

图 6-5 转换后的结果

2. Word2Vec 算法

Word2Vec 是自然语言处理领域的重要算法，其功能是使用 K 维的稠密向量表示每个词，训练集是语料库，不含标点，以空格断句。通过训练将每个词映射成 K 维向量（K

一般为模型中的超参数），通过词之间的距离（如余弦相似度、欧氏距离等）判断词之间的语义相似度。每一个文档都表示为一个词序列，因此一个含有 M 个词的文档将由 M 个 K 维向量组成。在 ml.feature 中包含 Word2Vec 算法包，输入数据需要为 String 类型的可迭代对象。

例如，对于给定的一组文档，其中每个文档代表一个词语序列。我们可以将每个文档转换为一个特征向量，Word2Vec 转化文档如代码 6-4 所示，转化结果如图 6-6 所示。

代码 6-4　Word2Vec 转化文档

```
import org.apache.spark.ml.feature.{Word2Vec, Word2VecModel}
val documentDF = spark.createDataFrame(Seq(
 "Hi I heard about Spark".split(" "),
 "I wish Java could use case classes".split(" "),
 "Logistic regression models are neat".split(" ")
).map(Tuple1.apply)).toDF("text")
val word2Vec = new Word2Vec().setInputCol("text").setOutputCol("result").
setVectorSize(3).setMinCount(0)
val model = word2Vec.fit(documentDF)
val result = model.transform(documentDF)
result.select("result").take(3).foreach(println)
```

```
scala> result.select("result").take(3).foreach(println)
[[-0.022698143435991372,0.008176247053779662,0.03586103692650795]]
[[-0.024240143597126007,-0.03871889811541353,0.058214857642139704]]
[[-0.026554801035672426,-0.023383839800953866,0.014827185310423374]]
```

图 6-6　Word2Vec 转化文档结果

（五）特征处理

为避免数据字段的量纲和量级不同对模型的效果造成不好的影响，经常需要进行数据标准化或数据归一化处理。数据标准化是通过平均值和标准差转换数据，使其具有零均值和单位方差；而数据归一化是通过缩放将数据映射到特定范围内，通常是[0,1]或[-1,1]。经过数据标准化或数据归一化后，算法效果在一定程度上会得到提高。Spark 3.2.1 提供了很多常见的数据处理的方法，如 VectorAssembler()、Normalizer()、StandardScaler()和 MinMaxScaler()方法。其中，VectorAssembler()方法是数据向量化方法，可以将数据转换为 Vector 类型；Normalizer()、StandardScaler()和 MinMaxScaler()方法是向量特征处理方法，使用 Normalizer()和 MinMaxScaler()方法可以进行 Vector 类型数据归一化，使用 StandardScaler()方法可以进行 Vector 类型数据标准化。

1．数据向量化

VectorAssembler()方法是可以将给定列表组合成单个向量列的转换器，Normalizer()、MinMaxScaler()、StandardScaler()方法处理的均为 Vector 类型的数据，因此在使用 Normalizer()、MinMaxScaler()、StandardScaler()方法前，可以先使用 VectorAssembler()方法将数据的类型转换为 Vector 类型。

VectorAssembler()方法接收数值类型、布尔类型和向量类型 3 种输入类型。在每一行中，输入列的值将按照指定的顺序连接到一个向量中。

将 age、weight 和 height 合并成一个称为特征的单一特征向量，如代码 6-5 所示，输出结果如图 6-7 所示。

代码 6-5 VectorAssembler 转化

```
import org.apache.spark.ml.feature.VectorAssembler
val dataset = spark.createDataFrame(Seq(
 (0, 18.0, 50.0, 160.0),
 (1, 20.0, 55.6, 173.0),
 (2, 15.0, 60.1, 173.5)
)).toDF("id", "age", "weight", "height")
val assembler = new VectorAssembler().setInputCols(Array("age", "weight",
"height")).setOutputCol("features")
val dataframe_vec = assembler.transform(dataset)
dataframe_vec.show(false)
dataframe_vec.printSchema()
val dataFrame_vec = dataframe_vec.select("id", "features")
```

```
scala> dataframe_vec.show(false)
+---+----+------+------+-----------------+
|id |age |weight|height|features         |
+---+----+------+------+-----------------+
|0  |18.0|50.0  |160.0 |[18.0,50.0,160.0]|
|1  |20.0|55.6  |173.0 |[20.0,55.6,173.0]|
|2  |15.0|60.1  |173.5 |[15.0,60.1,173.5]|
+---+----+------+------+-----------------+


scala> dataframe_vec.printSchema()
root
 |-- id: integer (nullable = false)
 |-- age: double (nullable = false)
 |-- weight: double (nullable = false)
 |-- height: double (nullable = false)
 |-- features: vector (nullable = true)


scala> val dataFrame_vec = dataframe_vec.select("id", "features")
dataFrame_vec: org.apache.spark.sql.DataFrame = [id: int, features: vector]
```

图 6-7 VectorAssembler 转化结果

2. 向量特征处理

图 6-7 所示的 features 字段是 Vector 类型的数据，可使用 Normalizer()、MinMaxScaler()、StandardScaler()方法进行向量特征处理。

（1）Normalizer()归一化方法。Normalizer()方法本质上是一个转换器，可以将每行向量进行归一化，使每一个行向量的范数变换为一个单位范数，其中，单位范数是指向量的范数（即向量的大小）为 1。参数 setP()用于指定正则化中使用的 p-norm（P 范数，数学上用于衡量向量大小或距离的概念，用于控制模型的复杂度和防止过拟合），默认值为 2，即表示使用 L2 范数进行归一化。对图 6-7 所示的 Vector 类型的 dataFrame_vec 数据进行 Normalizer 归一化操作，如代码 6-6 所示。其中，setInputCol("features")设置了 Normalizer 归一化的输入数据，setOutputCol("normFeatures")设置了 Normalizer 归一化后输出的数据作为 DataFrame 中的 normFeatures 列。

代码 6-6 Normalizer 归一化

```
import org.apache.spark.ml.feature.Normalizer
val normalizer = new Normalizer().setInputCol("features").setOutputCol
("normFeatures").setP(1.0)
val l1NormData = normalizer.transform(dataFrame_vec)
l1NormData.show(false)
```

结果如图 6-8 所示，features 列为未进行 Normalizer 归一化的原数据列，normFeatures 列为进行归一化后的数据列。

```
scala> l1NormData.show(false)
+---+-----------------+------------------------------------------------------------+
|id |features         |normFeatures                                                |
+---+-----------------+------------------------------------------------------------+
|0  |[18.0,50.0,160.0]|[0.07894736842105263,0.21929824561403508,0.7017543859649122]|
|1  |[20.0,55.6,173.0]|[0.08045052292839903,0.22365245374094933,0.6958970233306516]|
|2  |[15.0,60.1,173.5]|[0.06033789219629928,0.24175382139983911,0.6979082864038616]|
+---+-----------------+------------------------------------------------------------+
```

图 6-8 Normalizer 归一化结果

（2）MinMaxScaler()归一化方法。常用的最小最大值归一化方法 MinMaxScaler()针对每一维特征进行处理，将每一维特征线性地映射到指定的区间中，通常是[0, 1]。MinMaxScaler()方法有两个参数可以设置，说明如下。

① min()：默认为 0，指定区间的下限。

② max()：默认为 1，指定区间的上限。

对图 6-7 所示的 Vector 类型的 dataFrame_vec 数据进行 MinMaxScale 归一化，将每一列数据映射在区间[0, 1]中，如代码 6-7 所示。

代码 6-7 MinMaxScaler 归一化

```
import org.apache.spark.ml.feature.MinMaxScaler
val scaler = new MinMaxScaler().setInputCol("features").setOutputCol ("scaledFeatures")
val scalerModel = scaler.fit(dataFrame_vec)
val scaledData = scalerModel.transform(dataFrame_vec)
scaledData.show(false)
```

MinMaxScaler 归一化结果如图 6-9 所示，features 列为未进行 MinMaxScaler 归一化的原数据列，scaledFeatures 列为进行 MinMaxScaler 归一化后的数据列，每一列的数据均被映射到区间[0,1]中。

```
scala> scaledData.show(false)
+---+-----------------+----------------------------------------+
|id |features         |scaledFeatures                          |
+---+-----------------+----------------------------------------+
|0  |[18.0,50.0,160.0]|[0.6000000000000001,0.0,0.0]            |
|1  |[20.0,55.6,173.0]|[1.0,0.5544554455445545,0.9629629629629629]|
|2  |[15.0,60.1,173.5]|[0.0,1.0,1.0]                           |
+---+-----------------+----------------------------------------+
```

图 6-9 MinMaxScaler 归一化结果

（3）StandardScaler()标准化方法。StandardScaler()方法处理的对象是每一列，即每一维特征，将特征标准化为单位标准差、零均值或零均值单位标准差的形式。StandardScaler()方法有两个参数可以设置，说明如下。

① setWithStd()：true 或 false，默认为 true，表示是否将数据标准化到单位标准差的形式。

② setWithMean()：true 或 false，默认为 false，表示是否将数据变换为零均值的形式，将返回一个稠密输出，因此不适用于稀疏输入。

进行 StandardScaler 标准化需要获取数据每一维的平均值和标准差，并以此缩放每一维特征。对图 6-7 所示的 Vector 类型的 dataFrame_vec 数据进行 StandardScaler 标准化，如代码 6-8 所示。

代码 6-8　StandardScaler 标准化

```
import org.apache.spark.ml.feature.StandardScaler
val scaler = new StandardScaler().setInputCol("features").setOutputCol(
 "scaledFeatures").setWithStd(true).setWithMean(false)
val scalerModel = scaler.fit(dataFrame_vec)
val scaledData = scalerModel.transform(dataFrame_vec)
scaledData.show(false)
```

标准化结果如图 6-10 所示，每一列数据均按比例进行缩放，features 列为未进行 StandardScaler 标准化的原数据列，scaledFeatures 列为进行 StandardScaler 标准化后的数据列。

```
scala> scaledData.show(false)
+---+------------------+-----------------------------------------------------------+
|id |features          |scaledFeatures                                             |
+---+------------------+-----------------------------------------------------------+
|0  |[18.0,50.0,160.0]|[7.152474728151237,9.881474383811199,20.904170702848425] |
|1  |[20.0,55.6,173.0]|[7.947194142390264,10.988199514798053,22.602634572454857]|
|2  |[15.0,60.1,173.5]|[5.960395606792698,11.87753220934106,22.66796010590126]  |
+---+------------------+-----------------------------------------------------------+
```

图 6-10　StandardScaler 标准化结果

（六）回归

在 spark.mllib 包中，有监督学习算法要求输入数据使用 LabeledPoint 类型。LabeledPoint 类型包含一个类别标签和一个特征向量。

回归模型有很多种，常用的算法有线性回归、逻辑回归。

1．线性回归

线性回归通过一组线性组合预测输出值。在 spark.ml 包中可以用于线性回归算法的类有 LinearRegression，调优方法如表 6-12 所示。

表 6-12　调优方法

方法	方法说明
setMaxIter()	设置线性回归算法的最大迭代次数
setRegParam()	设置线性回归算法的正则化参数，用于控制模型的复杂度
setElasticNetParam()	用于设置弹性网络方法的参数，主要用于设置模型在训练过程中 L1 范数和 L2 范数之间的比例

以 libsvm 格式存储的 lpsa.txt 文件作为输入数据，数据如表 6-13 所示。

表 6-13 lpsa.txt 数据

```
1 1:1.9
2 1:3.1
3 1:4
3.5 1:4.45
4 1:5.02
9 1:9.97
-2 1:-0.98
```

将 lpsa.txt 文件上传至 HDFS 的/data 目录下，调用线性回归算法构建模型，如代码 6-9 所示。设置模型参数后通过 fit()方法训练模型，训练结果如图 6-11 所示。

代码 6-9 线性回归

```
import org.apache.spark.ml.regression.LinearRegression
import org.apache.spark.ml.linalg.Vectors
import org.apache.spark.sql.Row
val data_path = "/data/lpsa.txt"
val training = spark.read.format("libsvm").load(data_path)
val lr = new LinearRegression().setMaxIter(10000).setRegParam(0.3).
setElasticNetParam(0.8)
val lrModel = lr.fit(training)
val trainingSummary = lrModel.summary
println(s"numIterations: ${trainingSummary.totalIterations}")
println(s"objectiveHistory:
[${trainingSummary.objectiveHistory.mkString(",")}]")
trainingSummary.residuals.show()
```

```
scala> println(s"numIterations: ${trainingSummary.totalIterations}")
numIterations: 2

scala> println(s"objectiveHistory: [${trainingSummary.objectiveHistory.mkString(",")}]")

objectiveHistory: [0.5,0.41543560544030766,0.08269406021049913]

scala> trainingSummary.residuals.show()
+--------------------+
|           residuals|
+--------------------+
| -0.0933754844464385|
|-0.18205104452058585|
|0.001442285423804...|
| 0.09318895039599973|
| 0.07606805936077965|
|  0.5852813740549223|
| -0.4805541402684861|
+--------------------+
```

图 6-11 线性回归训练结果

2. 逻辑回归

逻辑回归是预测分类的常用方法，用于预测结果的概率。在逻辑回归中，可以使用二项逻辑回归来预测二元结果，也可以使用多项逻辑回归来预测多类结果。当逻辑回归用于二分类情景时，预测的值为点属于哪个类的概率，将概率值大于等于阈值的分到一个类，小于阈值的分到另一个类。

在 spark.mllib 包中，逻辑回归算法的输入数据使用 LabeledPoint 类型。spark.mllib 包中有两个实现逻辑回归的算法，一个是 LogisticRegressionWithLBFGS，另一个是 LogisticRegressionWithSGD，算法说明如表 6-14 所示。

表 6-14 逻辑回归算法说明

算法	说明
LogisticRegressionWithLBFGS	使用 Limited-memory Broyden-Fletcher-Goldfarb-Shanno 算法（LBFGS）来训练逻辑回归模型，通过结合一阶和二阶信息的方法来优化损失函数，能够并行处理多个数据集
LogisticRegressionWithSGD	使用随机梯度下降法（Stochastic Gradient Descent，SGD）来训练逻辑回归模型，通过在每次迭代中随机选择少量数据样本来更新模型参数，从而逐步优化损失函数

LogisticRegressionWithSGD 在 Spark 3.0 中已舍弃，可使用 spark.ml 包中的 LogisticRegression 或 spark.mllib 包中的 LogisticRegressionWithLBFGS 进行代替。LogisticRegressionWithLBFGS 通过 train()方法可以得到一个 LogisticRegressionModel，对每个点的预测返回一个 0～1 的概率值，按照默认阈值 0.5 将该点分配到其中一个类中。阈值的设定可以采用 setThreshold()方法，在定义 LogisticRegressionWithLBFGS 时进行设置；也可以采用 clearThreshold()方法，设置为不分类，直接输出概率值。在数据不平衡的情况下可以调整阈值大小。

（七）分类

分类算法是一种有监督学习算法，即训练数据有明确的类别标签。因此分类算法需要使用 Spark MLlib 的 LabeledPoint 类作为模型数据类型。

1. 朴素贝叶斯

朴素贝叶斯是一种十分简单的分类算法。朴素贝叶斯思想是对于给出的特定特征，求解在该特征出现条件下各个类别出现的概率，并将其归类为概率最大的类别。

朴素贝叶斯算法的一般实现流程如图 6-12 所示。

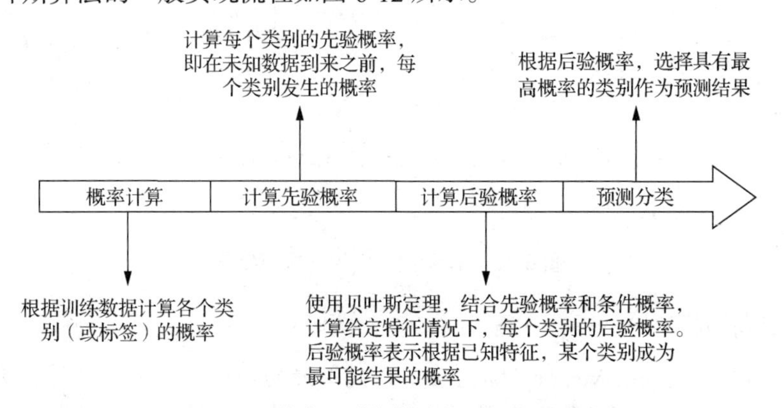

图 6-12 朴素贝叶斯算法的一般实现流程

在 Spark 中，可以通过调用 mllib.classification.NaiveBayes 类实现朴素贝叶斯算法，该类可以用于二分类和多分类问题。mllib.classification.NaiveBayes 类支持一个平滑化参数

lambda，用于控制特征的平滑处理。对于多分类问题，标签值的范围应在[0,C-1]，其中 C 是分类的数量。数据类型需要为 LabeledPoint 组成的 RDD。

在 Spark 中，朴素贝叶斯算法要求数据为数值类型的数据，因此将字符类型数据转化为数值类型数据，以 naive_bayes_data.txt 文件作为输入数据，数据如表 6-15 所示，第 1 列是分类，后面 3 列是特征。

表 6-15　naive_bayes_data.txt 数据

```
0,1 0 0
0,2 0 0
1,0 1 0
1,0 2 0
2,0 0 1
2,0 0 2
```

将数据上传至 HDFS 的/data 目录下，并调用朴素贝叶斯算法构建分类模型。将数据转化为 LabeledPoint 类型，通过 randomSplit()方法划分训练集和测试集，用训练集训练数据，再通过模型的 predict()方法预测测试集的分类结果，如代码 6-10 所示，预测结果如图 6-13 所示。

代码 6-10　朴素贝叶斯算法

```
import org.apache.spark.mllib.classification.{NaiveBayes, NaiveBayesModel}
import org.apache.spark.mllib.linalg.Vectors
import org.apache.spark.mllib.regression.LabeledPoint
val data = sc.textFile("/data/naive_bayes_data.txt")
val parsedData = data.map {line =>
 val parts = line.split(',')
 LabeledPoint(parts(0).toDouble, Vectors.dense(parts(1).split(' ').map(_.toDouble)))
}
val splits = parsedData.randomSplit(Array(0.6, 0.4), seed = 11L)
val training = splits(0)
val test = splits(1)
val model = NaiveBayes.train(training, lambda = 1.0)
val predictionAndLabel = test.map(p => (model.predict(p.features), p.label))
val accuracy = 1.0 * predictionAndLabel.filter(x => x._1 == x._2).count()/
test.count()
```

```
scala> val accuracy = 1.0 * predictionAndLabel.filter(x => x._1 == x._2).count()/test
.count()
accuracy: Double = 1.0
```

图 6-13　朴素贝叶斯算法预测结果

2. 支持向量机

支持向量机（Support Vector Machine，SVM）最初是作为一个二分类算法而开发的。然而，SVM 也可以扩展到多分类问题。在 spark.ml 包中，支持向量机可以通过线性或非线性分割平面对数据进行分类，有 0 或 1 两种标签。

对于给定数据集 $D=\{(\boldsymbol{x}_1,y_1),(\boldsymbol{x}_2,y_2),\cdots,(\boldsymbol{x}_n,y_n)\}$，$y_i\in\{0,1\}$，即 D 包含了 n 个样本，

每个样本由一个特征向量 $\boldsymbol{x}_i$ 和对应的类别标签 y_i 组成，支持向量机的思想是在样本空间中找到一个划分超平面，将不同类别的样本分开。将样本分开的划分超平面可能有很多，如图 6-14 所示，可以直观地看出应该选择位于两类样本“正中间”的划分超平面，即加粗的划分超平面。使用支持向量机的目的就是找到最优的划分超平面。

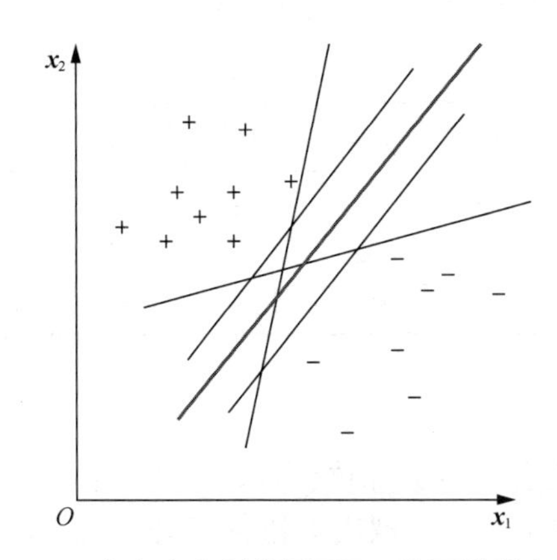

图 6-14　存在多个划分超平面可将两类样本分开

在 Spark MLlib 中调用 SVMWithSGD 可以实现 SVM 算法，位置在 mllib.classification.SVMModel 中，模型参数与线性回归的模型参数差不多，通过 train()方法可以返回一个 SVMModel 模型，该模型同 LogisticRegressionModel 模型一样是通过阈值进行分类的，因此 LogisticRegressionModel 设置阈值的方法和清除阈值的方法，SVMModel 同样也可以使用。SVMModel 模型通过 predict()方法可以预测数据的类别。

3. 决策树

决策树是分类和回归的常用算法，因为决策树方便处理类别特征，所以比较适合处理多分类问题。决策树是一种树状结构，每个非终节点（包括根节点和内部节点）代表一个向量，向量的不同特征值会使该非终节点有多条指向下一个内部节点或叶子节点的边，最底层的叶子节点为预测的结果，可以是分类的特征，也可以是连续的特征。哺乳动物分类问题的决策树如图 6-15 所示。其中，每个节点的选择都遵循某一种使模型更加优化的算法，如基于信息增益最大的算法。

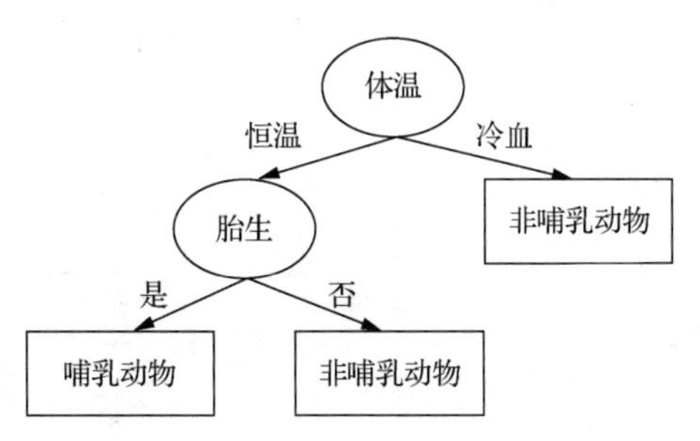

图 6-15　哺乳动物分类问题的决策树

在 Spark MLlib 中可以调用 mllib.tree.DecisionTree 类中的 trainClassifier()静态方法训练分类树、调用 trainRegressor()方法训练回归树。trainRegressor()方法参数说明如表 6-16 所示。

表 6-16 trainRegressor()方法参数说明

参数	参数说明
data	LabeledPoint 类型的 RDD
numClasses	分类时用于设置分类个数
maxDepth	树的最大深度
maxBins	每个特征分裂时，最大划分的节点数量
categoricalFeaturesInfo	一个映射表，用于指定哪些特征是分类的，以及各有多少个分类。若特征 1 是 0、1 的二元分类，特征 2 是 0、1、2、3 的 4 元分类，则应该传递 Map(1-> 2, 2 -> 4)；如果没有特征是分类的，那么传递一个空的 Map

4．随机森林

随机森林是决策树的集合。随机森林包含许多决策树，以减少过度拟合的风险。在 Spark MLlib 中，随机森林中的每一棵决策树都被分配到不同的节点上进行并行计算，以加速训练过程。随机森林算法在运行时，每当有新的数据传输到系统中，都会由随机森林的每一棵决策树独立处理该数据。如果随机森林用于回归任务，数据是连续的，那么每棵树的预测结果就会取平均值作为结果，这样做可以平衡每棵树的贡献，将随机森林中每一棵树视为等权重的。如果随机森林用于分类任务，数据是离散的，即数据是非连续的，那么通常采用投票法来决定最终的预测结果。每棵树都会给出一个类别预测结果，最终选择其中出现次数最多的类别作为整个随机森林的预测结果。随机森林分类示例如图 6-16 所示。

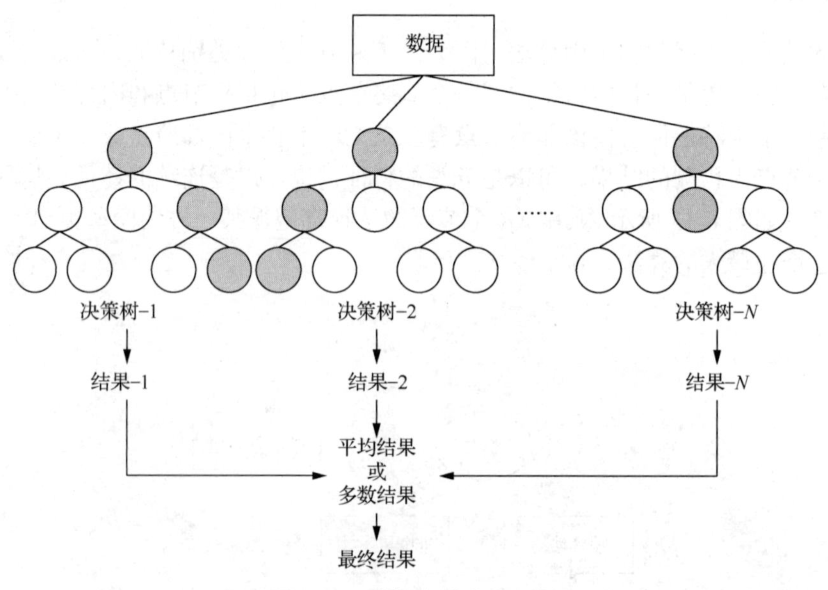

图 6-16 随机森林分类示例

Spark MLlib 的随机森林支持二分类和多分类以及回归任务，并且能够处理连续和离散（分类）特征。

（八）聚类

聚类没有类别标签，仅根据数据相似性进行分类，因此聚类通常用于数据探索、异常检测，也用于一般数据的分群。聚类的方法有很多种，计算相似度的方法也有很多。K-Means 聚类算法是较常使用的一种聚类算法。

K-Means 算法聚类过程如下。

（1）从 N 个样本数据中随机选取 K 个对象作为初始的聚类中心。

（2）分别计算每个样本到各个聚类中心的距离，将对象分配到距离最近的聚类中。

（3）所有对象分配完成后，重新计算 K 个聚类的中心。

（4）与前一次计算得到的 K 个聚类中心比较，如果聚类中心发生变化，转步骤（2），否则转步骤（5）。

（5）当聚类中心不发生变化时停止并输出聚类结果。

K-Means 算法的实现效果如图 6-17 所示。

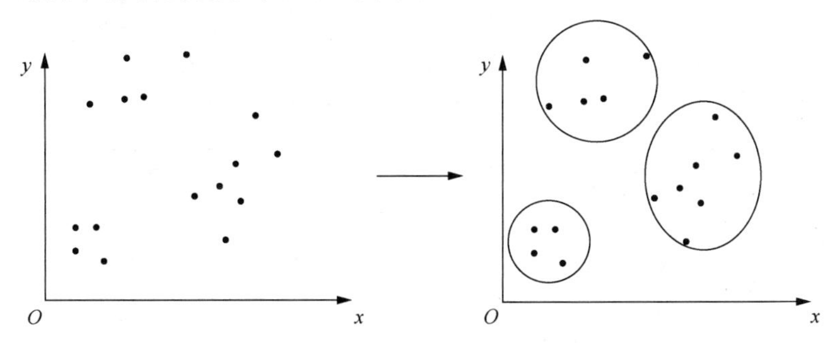

图 6-17　K-Means 算法的实现效果

Spark MLlib 包含 K-Means 算法以及 kmeans||算法（K-Means++方法的并行化变种算法），用于为并行环境提供更好的初始化策略，使 K 个初始聚类中心的选取更加合理。

K-Means 算法可以通过调用 mllib.clustering.KMeans 算法包实现，模型数据为 Vector 类型数据组成的 RDD。在 Spark MLlib 中，K-Means 算法调优参数如表 6-17 所示。

表 6-17　K-Means 算法调优参数

参数	参数说明
maxIterations	聚类算法的最大迭代次数，默认为 100
initializationMode	指定初始化聚类中心的方法，有“kmeans||”和“random”两个选择，“kmeans||”在选取初始聚类中心时会尽可能地找到 K 个距离较远的聚类中心
run	算法并发运行的数目，即运行 K-Means 的次数

以 kmeans_data.txt 文件作为输入数据，数据如表 6-18 所示。

表 6-18　kmeans_data.txt 数据

```
0.0 0.0 0.0
0.1 0.1 0.1
0.2 0.2 0.2
9.0 9.0 9.0
9.1 9.1 9.1
9.2 9.2 9.2
```

将数据上传至 HDFS 的/data 目录下，设置聚类相关的参数值和聚类个数，使用 KMeans.train()方法训练数据构建模型，最后使用模型的 predict()方法预测数据所属类别，并计算模型误差，如代码 6-11 所示。

代码 6-11　K-Means 算法

```
import org.apache.spark.mllib.clustering.{KMeans, KMeansModel}
import org.apache.spark.mllib.linalg.Vectors
val data = sc.textFile("/data/kmeans_data.txt")
val parsedData = data.map(s=>Vectors.dense(s.split(" ").map(_.toDouble))).cache()
// 使用 K-Means 算法将数据分为两个类
val numClusters = 2
val numIterations = 20
val clusters = KMeans.train(parsedData, numClusters, numIterations)
// 通过计算误差平方和用以评估聚类
val predict = parsedData.map(x=> (x,clusters.predict(x)))
val WSSSE = clusters.computeCost(parsedData)
println("误差平方和为" + WSSSE)
clusters.clusterCenters
```

模型误差平方和、聚类结果和聚类中心如图 6-18 所示。

```
scala> println("误差平方和为" + WSSSE)
误差平方和为0.11999999999999958

scala> clusters.clusterCenters
res37: Array[org.apache.spark.mllib.linalg.Vector] = Array([9.099999999999998,9.09999
9999999998,9.099999999999998], [0.1,0.1,0.1])
```

图 6-18　K-Means 运行结果

（九）关联规则

FP-growth 算法是较为常用的关联规则算法，mllib.fpm.FPGrowth 是 Spark MLlib 实现 FP-growth 算法的算法包，可以通过 FPGrowth 对象中的 run()方法训练模型，找出符合支持度的频繁项集，再通过模型的 generateAssociationRules()方法找出符合置信度的规则。

以一份购物清单为例，可以使用 FP-growth 算法计算一份购物清单中所有商品中每两件商品同时出现的次数，从而可以算出两件商品同时出现的概率（即支持度），也可以算出其中一件商品出现时另一件商品出现的概率（即置信度）。数据集为用数字代表物品组成的购物清单，如表 6-19 所示。

表 6-19　menu_orders.txt 数据

1,2,3,4
5,3,2,1
6,4,7,8,2

将数据上传至 HDFS 的/data 目录下，调用 FP-growth 算法计算购物清单之间的关联规则。模型数据无须转换为 Vector 数据，对数据进行分割即可直接运用至 FP-growth 模型中。先创建一个 FPGrowth 对象的实例，设置支持度，使用 run()方法训练模型，得到满足支持度的频繁项集，再使用 generateAssociationRules()方法找出符合置信度大于或等于 0.8 的强关联规则，如代码 6-12 所示，输出的关联规则部分结果如图 6-19 所示。

代码 6-12 FP-growth 算法

```
import org.apache.spark.mllib.fpm.FPGrowth
import org.apache.spark.rdd.RDD
val data = sc.textFile("/data/menu_orders.txt")
val examples = data.map(_.split(",")).cache()
// 构建模型
val minSupport = 0.2
val numPartition = 10
val model = new FPGrowth().setMinSupport(minSupport).setNumPartitions
(numPartition).run(examples)
model.freqItemsets.collect().foreach {itemset =>
println(itemset.items.mkString("[", ",", "]") + ", " + itemset.freq)
}
val minConfidence = 0.8
model.generateAssociationRules(minConfidence).collect().foreach {
rule =>println(rule.antecedent.mkString("[", ",", "]")
+ " => " + rule.consequent .mkString("[", ",", "]")
+ ", " + rule.confidence)
}
```

```
scala> model.generateAssociationRules(minConfidence).collect().foreach {
     | rule =>println(rule.antecedent.mkString("[", ",", "]")
     | + " => " + rule.consequent .mkString("[", ",", "]")
     | + ", " + rule.confidence)
     | }
[5,1,2] => [3], 1.0
[7,4,2] => [6], 1.0
[7,4,2] => [8], 1.0
[8,6,2] => [4], 1.0
[8,6,2] => [7], 1.0
[8] => [4], 1.0
[8] => [6], 1.0
[8] => [7], 1.0
[8] => [2], 1.0
[6] => [4], 1.0
[6] => [2], 1.0
[6] => [7], 1.0
[6] => [8], 1.0
[8,4,2] => [6], 1.0
```

图 6-19 FP-growth 算法关联规则部分结果

（十）智能推荐

目前热门的智能推荐算法主要是协同过滤算法。协同过滤算法有基于内容和基于用户两个方面，主要根据用户历史记录和对商品的评分记录计算用户间的相似性，找出与用户购买的商品最为相似的商品智能推荐给目标用户。

Spark MLlib 目前有一个实现智能推荐算法的包 ALS，根据用户对各种产品的交互和评分智能推荐新产品，通过最小二乘法来求解模型。mllib.recommendation.ALS 算法包中要求输入类型为 mllib.recommendation.Rating 的 RDD，通过 train()方法训练模型，得到一个 mllib.recommendation.MatrixFactorizationModel 对象。ALS 有显式评分（默认）和隐式反馈（ALS.trainImplicit()）两种方法，显式评分是指用户对商品有明确评分，预测结果也是评分；

隐式反馈是指用户和产品的交互置信度，预测结果也是置信度。ALS 模型的优化参数主要有 4 个，说明如表 6-20 所示。

表 6-20　ALS 模型的优化参数

参数	参数说明
rank	使用的特征向量的大小，更大的特征向量会产生更好的模型，但同时也需要花费更大的计算代价，默认为 10
iterations	算法迭代的次数，默认为 10
lambda	正则化参数，默认 0.01
alpha	用于在隐式反馈 ALS 中计算置信度的常量，默认值是 1.0

以 test.txt 为例，数据如表 6-21 所示，第一列为用户 ID，第 2 列为商品 ID，第 3 列为用户对商品的评分，调用 ALS 算法实现商品智能推荐。

表 6-21　test.txt 数据

```
1,1,5.0
1,2,1.0
1,3,5.0
1,4,1.0
2,1,5.0
```

将 test.txt 上传至 HDFS 的/data 目录下，读取 test.txt 文件的数据并将数据转化为 Rating 类型，设置模型参数，通过调用 ALS.train()方法训练数据以构建 ALS 模型，再通过模型的 predict()方法预测用户对商品的评分，比较实际值和预测值计算模型的误差，代码实现如代码 6-13 所示，运行结果如图 6-20 所示。

代码 6-13　ALS 实现

```
import org.apache.spark.mllib.recommendation.ALS
import org.apache.spark.mllib.recommendation.MatrixFactorizationModel
import org.apache.spark.mllib.recommendation.Rating
// 加载并解析数据
val data = sc.textFile("/data/test.txt")
val ratings = data.map(_.split(',') match {case Array(user, item, rate) =>
 Rating(user.toInt, item.toInt, rate.toDouble)
})
// 使用 ALS 构建智能推荐模型
val rank = 10
val numIterations = 10
val model = ALS.train(ratings, rank, numIterations, 0.01)
// 根据评级数据评估模型
val usersProducts = ratings.map { case Rating(user, product, rate) =>
 (user, product)
}
val predictions =
 model.predict(usersProducts).map { case Rating(user, product, rate) =>
  ((user, product), rate)
```

```
}
val ratesAndPreds = ratings.map { case Rating(user, product, rate) =>
 ((user, product), rate)
}.join(predictions)
val MSE = ratesAndPreds.map { case ((user, product), (r1, r2)) =>
val err = (r1 - r2)
 err * err
}.mean()
println("均方误差为" + MSE)
```

```
scala> println("均方误差为" + MSE)
均方误差为1.7343236415267117E-5
```

图 6-20　ALS 运行结果

三、掌握 Spark MLlib 的评估器与模型评估

对于机器学习而言，无论使用哪种算法，模型评估都是非常重要的。通过模型评估可以知道模型的效果以及预测结果的准确性，有利于对模型进行修正。机器学习算法常用的评估指标说明如表 6-22 所示。

表 6-22　机器学习算法常用的评估指标说明

<table>
<tr><th>算法</th><th>评估指标</th><th>说明</th></tr>
<tr><td rowspan="6">分类算法</td><td>准确率</td><td>准确率是分类算法中最常用的评估指标之一，它表示正确分类的样本数占总样本数的比例，数值越大越好</td></tr>
<tr><td>精确率</td><td>精确率反映了在所有被预测为正类的样本中，有多少是真正的正类样本，数值越高越好</td></tr>
<tr><td>召回率</td><td>召回率反映了所有真正为正类的样本中，有多少被正确地预测为正类，数值越高越好</td></tr>
<tr><td>F1 值</td><td>F1 值是精确率和召回率的调和平均值，用于平衡精确率和召回率，数值越高越好</td></tr>
<tr><td>ROC（Receiver Operating Characteristic，受试者操作特征）曲线</td><td rowspan="2">ROC 曲线和 AUC 可以反映分类算法的性能，ROC 曲线越靠近左上角，性能就越好；而 AUC 越接近 1，表示算法性能越好</td></tr>
<tr><td>AUC（Area Under Curve，曲线下面积）</td></tr>
<tr><td rowspan="4">回归算法</td><td>平均绝对误差（Mean Absolute Error，MAE）</td><td rowspan="3">MAE、MSE 和 RMSE 反映模型预测的误差程度，值越小表示模型拟合度越好</td></tr>
<tr><td>均方误差（Mean Square Error，MSE）</td></tr>
<tr><td>均方根误差（Root Mean Square Error，RMSE）</td></tr>
<tr><td>决定系数（R^2）</td><td>R^2 是反映模型对数据的拟合程度，值越接近 1 表示模型拟合度越好</td></tr>
</table>

续表

算法	评估指标	说明
聚类算法	轮廓系数	轮廓系数是衡量聚类效果的一种指标，值越接近 1 表示样本越应该被聚类到相应的聚类中，值越低则表示样本在不同聚类间的边界上
关联规则	支持度	支持度反映了规则在所有事务中应用的频繁程度，数值越高越好
	置信度	置信度表示了规则的预测精度，数值越高越好
智能推荐算法	准确率	准确率、召回率和 F1 值是智能推荐算法中非常常用的评估指标，数值越高越好
	召回率	
	F1 值	
	平均精确率（Average Precision，AP）	AP 是智能推荐算法中较为常用的一种评估指标，表示在所有被推荐的项目中，用户真正感兴趣的项目占所有推荐项目的比例，数值越高越好
	平均倒数排名（Mean Reciprocal Rank，MRR）	MRR 反映了用户对推荐结果的满意程度，数值越高越好

准确率（Accuracy），可直接通过对预测结果构建 spark.ml 包中的评估器获取；考虑到模型评估的重要性，Spark MLlib 在 mllib.evaluation 包中定义了很多方法，主要分布在 BinaryClassificationMetrics 和 MulticlassMetrics 等类中。通过 mllib.evaluation 包中的类可以从(预测,实际值)组成的 RDD 上创建一个 Metrics 对象，计算召回率、准确率、F1 值、ROC 曲线等评估指标。Metrics 对象对应的方法如表 6-23 所示。其中，metrics 是一个 Metrics 的实例。

表 6-23　Metrics 对象对应的方法

指标	方法
Precision（精确率）	metrics.precisionByThreshold
Recall（召回率）	metrics.recallByThreshold
F-measure（F1 值）	metrics.fMeasureByThreshold
ROC 曲线	metrics.roc
Precision-Recall 曲线	metrics.pr
Area Under ROC Curve（ROC 曲线下的面积）	metrics.areaUnderROC
Area Under Precision-Recall Curve（Precision-Recall 曲线下的面积）	metrics.areaUnderPR

在 Mllib 中还有很多的算法和数据处理方法，本书不一一详述。读者可以通过 Spark 官网进行进一步的学习。

【项目实施】

任务一 数据归一化

由于特征数据之间的差值较大，因此使用最小最大归一化进行处理，调用 spark.ml 包的 MinMaxScaler 实现，数据归一化如代码 6-14 所示。

代码 6-14 数据归一化

```
// 特征数据标准化
import org.apache.spark.ml.feature.VectorAssembler
import org.apache.spark.ml.linalg.Vectors
import org.apache.spark.ml.feature.MinMaxScaler
import org.apache.spark.ml.linalg.Vectors
import org.apache.spark.sql.DataFrame
val scaledFeatures = "scaledFeatures"
val ip="ip"
val N="N"
val N1="N1"
val N2="N2"
val N3="N3"
val ranks="rank"
val features="features"
val data=spark.sqlContext.read.table("ad_traffic.case_data_sample_model")
def getScaledData(data:DataFrame)={
  val assembe_data = new VectorAssembler().setInputCols(
   Array(N, N1, N2, N3)).setOutputCol(features).transform(data)
  val scaler = new MinMaxScaler().setInputCol(features).setOutputCol
(scaledFeatures)
  val scalerModel = scaler.fit(assembe_data)
  val scaledData = scalerModel.transform(assembe_data)
  scaledData
 }
val scaledData = getScaledData(data)
scaledData.select("label", "features", "scaledFeatures").show(5, false)
```

归一化建模数据如表 6-24 所示。

表 6-24 建模数据

label	features	scaledFeatures
0.0	[1.0,3.0,10.0,10.0]	[0.0,0.00211864406779661,0.0011539941018079243,0.0017956903431763768]
1.0	[1.0,52.0,229.0,207.0]	[0.0,0.05402542372881356,0.029234517245800746,0.04110135674381485]
1.0	[1.0,11.0,526.0,503.0]	[0.0,0.01059322033898305,0.06731632260546225,0.10015961691939346]
1.0	[97.0,1.0,1392.0,106.0]	[0.18147448015122875,0.0,0.17835619951275805,0.020949720670391064]
1.0	[1.0,29.0,1204.0,1166.0]	[0.0,0.029661016949152543,0.15425054494165918,0.23244213886671988]

scaledFeatures 列为归一化后的数据，将应用于模型构建中。

任务二 构建建模样本

完成数据归一化后，对数据集进行划分，使用 randomSplit()方法将数据按 7：3 进行划分，并分别保存为 trainingData（模型构建数据，训练数据）和 testData（模型加载数据，测试数据）。trainingData 用于后续的模型构建与评估，testData 则用于模拟真实的模型应用的阶段，将数据集划分为训练数据和测试数据如代码 6-15 所示，运行结果如图 6-21 所示。

代码 6-15　将数据集划分为训练数据和测试数据

```
import org.apache.spark.sql.DataFrame
import org.apache.spark.sql.SaveMode
//  数据划分
val Array(trainingData, testData)=scaledData.randomSplit(Array(0.7, 0.3))
// 保存数据
trainingData.write.mode(SaveMode.Overwrite).saveAsTable("ad_traffic.trainingDat
a")
testData.write.mode(SaveMode.Overwrite).saveAsTable("ad_traffic.testData")

println("模型训练数据量："+trainingData.count())
println("模型加载数据量："+testData.count())
```

```
scala> println("模型训练数据量："+trainingData.count())
模型训练数据量：1192821

scala> println("模型加载数据量："+testData.count())
模型后期加载数据量：511333
```

图 6-21　划分结果

任务三 使用 spark.ml.classification 模块构建分类模型

通过观察 label 标签可以看出，广告流量检测违规识别为经典的二分类问题，即该广告访问记录是否为违规访问记录。虚假流量识别可通过构建分类模型来实现，分别采用逻辑回归算法和随机森林算法构建虚假流量识别模型。

（一）使用逻辑回归算法实现广告流量检测违规识别

逻辑回归是二分类问题中常用的经典模型，而且逻辑回归原理简单，对于二分类的预测准确率也较高。

使用广告流量检测数据，构建逻辑回归模型，如代码 6-16 所示。

代码 6-16　构建逻辑回归模型

```
// 模型构建与预测
import org.apache.spark.ml.Pipeline
import org.apache.spark.ml.classification. LogisticRegressionModel
import org.apache.spark.ml.classification. LogisticRegression
import org.apache.spark.sql.DataFrame
val Array(train, test) = trainingData.randomSplit(Array(0.7, 0.3))
// 构建并训练逻辑回归模型
val model_lr = new LogisticRegression().setElasticNetParam(0.03).setMaxIter(15).
```

```
fit(train)
// 保存模型
model_lr.write.overwrite().save("/user/root/lrModel")
// 使用模型进行预测
val predictions_lr = model_lr.transform(test)
predictions_lr.select("label", "prediction").show(5, false)
```

逻辑回归模型对测试数据集中的样本进行预测的结果如图 6-22 所示，其中 label 列为实际类别，prediction 列为预测类别。图 6-22 中的 5 条广告流量检测数据的预测有正确的，也有错误的，预测的结果的效果还需要结合所有预测的结果进行进一步的评估。

```
scala> predictions_lr.select("label", "prediction").show(5, false)
+-----+----------+
|label|prediction|
+-----+----------+
|1.0  |1.0       |
|1.0  |0.0       |
|0.0  |0.0       |
|1.0  |0.0       |
|0.0  |0.0       |
+-----+----------+
only showing top 5 rows
```

图 6-22　逻辑回归模型预测结果

（二）使用随机森林算法实现广告流量检测违规识别

使用 spark.ml 包中提供的随机森林算法包 RandomForestClassifier，构建随机森林模型，如代码 6-17 所示。

代码 6-17　构建随机森林模型

```
//模型构建与预测
import org.apache.spark.ml.classification.{RandomForestClassificationModel,
RandomForestClassifier}
val Array(training, test) = trainingData.randomSplit(Array(0.7, 0.3))
// 训练决策树模型
val rf = new RandomForestClassifier().setLabelCol("label").setFeaturesCol
("scaledFeatures").setNumTrees(5)
val model_rf = rf.fit(training)
// 保存模型
model_rf.write.overwrite().save("/user/root/rfModel")
// 使用模型进行预测
val predictions_rf = model_rf.transform(test)
predictions_rf.select("label", "prediction").show(5, false)
```

模型构建完成后，对测试集中的数据进行预测，预测结果如图 6-23 所示，label 列为实际类别，prediction 列为预测类别。

```
scala> predictions_rf.select("label", "prediction").show(5, false)
+-----+----------+
|label|prediction|
+-----+----------+
|1.0  |1.0       |
|0.0  |0.0       |
|0.0  |0.0       |
|1.0  |0.0       |
|1.0  |1.0       |
+-----+----------+
only showing top 5 rows
```

图 6-23　随机森林模型预测结果

任务四 使用评估器实现模型评估

在广告流量检测数据集上训练得到逻辑回归模型和随机森林模型之后，需要评估这两个模型的效果，即得到的模型对数据的拟合程度，可使用评估器实现。

（一）模型评估

对任务三训练得到的逻辑回归模型和随机森林模型进行模型评估，即对测试数据进行识别，计算其分类精确率、召回率和 F1 值等，如代码 6-18 所示。

代码 6-18 模型评估

```
import org.apache.spark.ml.evaluation.MulticlassClassificationEvaluator
import org.apache.spark.mllib.evaluation.MulticlassMetrics
val evaluator = new MulticlassClassificationEvaluator().setLabelCol(
 "label").setPredictionCol("prediction").setMetricName("accuracy")
val accuracy_lr = evaluator.evaluate(predictions_lr)
val accuracy_rf = evaluator.evaluate(predictions_rf)
val metrics_lr = new MulticlassMetrics(predictions_lr.select("prediction",
"label").rdd.map(
 t => (t.getDouble(0),t.getDouble(1))))
val metrics_rf = new MulticlassMetrics(predictions_rf.select("prediction",
"label").rdd.map(
 t => (t.getDouble(0),t.getDouble(1))))
println("逻辑回归模型评估：")
println("准确率:"+accuracy_lr)
println("F1 值:"+metrics_lr.weightedFMeasure)
println("精确率:"+metrics_lr.weightedPrecision)
println("召回率:"+metrics_lr.weightedRecall)
println("随机森林模型评估：")
println("准确率:"+accuracy_rf)
println("F1 值:"+metrics_rf.weightedFMeasure)
println("精确率:"+metrics_rf.weightedPrecision)
println("召回率:"+metrics_rf.weightedRecall)
```

逻辑回归模型评估结果如图 6-24 所示。

```
scala> println("逻辑回归模型评估：")
逻辑回归模型评估：

scala> println("准确率:"+accuracy_lr)
准确率:0.8695291921049612

scala> println("F1值:"+metrics_lr.weightedFMeasure)
F1值:0.8693917567506866

scala> println("精确率:"+metrics_lr.weightedPrecision)
精确率:0.8708328995225846

scala> println("召回率:"+metrics_lr.weightedRecall)
召回率:0.869529192104961
```

图 6-24 逻辑回归模型评估结果

随机森林模型评估结果如图 6-25 所示。

```
scala> println("随机森林模型评估：")
随机森林模型评估：

scala> println("准确率:"+accuracy_rf)
准确率:0.8960641860230907

scala> println("F1值:"+metrics_rf.weightedFMeasure)
F1值:0.8960035802858091

scala> println("精确率:"+metrics_rf.weightedPrecision)
精确率:0.8972402612619432

scala> println("召回率:"+metrics_rf.weightedRecall)
召回率:0.8960641860230907
```

图 6-25 随机森林模型评估结果

（二）模型评估结果对比

对比逻辑回归模型与随机森林模型的评估结果，如表 6-25 所示。

表 6-25 模型评估结果对比（保留小数点后两位）

模型	准确率	F1 值	精确率	召回率
逻辑回归	0.87	0.87	0.87	0.87
随机森林	0.90	0.90	0.90	0.90

从表 6-25 可以看出，针对广告流量检测数据的预测，随机森林模型的分类效果与逻辑回归模型的分类效果相差不大，但随机森林模型的预测效果略优于逻辑回归的预测效果，这里选择效果略优的随机森林作为最终的分类模型。后期可对模型参数进行调优，进一步优化模型的效果。

【项目总结】

本项目首先介绍了 Spark MLlib 算法库，并介绍了 Spark MLlib 中的算法与算法包，详细举例介绍了 Spark MLlib 的数据类型、特征提取、回归算法以及分类算法等。最后介绍了 Spark MLlib 的评估器以及对模型的评估。基于知识介绍，在对广告流量检测数据进行数据标准化后，划分训练数据和测试数据，通过逻辑回归和随机森林两种算法对广告流量检测数据构建模型，并对两种分类模型进行评估对比，根据对比结果选择随机森林模型用于广告流量检测违规识别。通过本项目的模型构建，识别广告流量数据中的作弊流量，可以减少投放广告时的客户损失。

【技能拓展】

在项目实施中使用的是 Spark MLlib 中的 spark.ml 包构建模型，基于项目实施的步骤，使用 spark.mllib 包中的随机森林算法实现广告流量检测违规识别模型的构建与评估，如代码 6-19 所示，运行结果如图 6-26 所示。

代码 6-19　使用随机素材算法实现模型的构建与评估

```
import org.apache.spark.ml.feature.MinMaxScaler
import org.apache.spark.ml.feature.VectorAssembler
import org.apache.spark.mllib.regression.LabeledPoint
import org.apache.spark.mllib.linalg.Vectors
import org.apache.spark.mllib.tree.RandomForest
import org.apache.spark.mllib.tree.model.RandomForestModel
import org.apache.spark.rdd.RDD

val data=spark.sqlContext.read.table("ad_traffic.case_data_sample_model")
val assembler = new VectorAssembler().setInputCols(Array("N", "N1", "N2", "N3")).
setOutputCol("features")
val dfWithFeatures = assembler.transform(data)

// 最小最大归一化
val scaler = new MinMaxScaler().setInputCol("features").setOutputCol
("scaledFeatures")
val scalerModel = scaler.fit(dfWithFeatures)
val scaledData = scalerModel.transform(dfWithFeatures)
// 将 DataFrame 转换为 RDD[LabeledPoint]
val rddData: RDD[LabeledPoint] = scaledData.select("label", "scaledFeatures").
rdd.map( row => LabeledPoint(
  row.getDouble(0), Vectors.fromML(row.getAs[org.apache.spark.ml.linalg.Vector]
("scaledFeatures"))))
// 划分训练数据和测试数据
val Array(trainingData, testData) = rddData.randomSplit(Array(0.7, 0.3))
// 训练随机森林分类模型
val numClasses = 2
val categoricalFeaturesInfo = Map[Int, Int]()
val numTrees = 5
val featureSubsetStrategy = "auto"
val impurity = "gini"
val maxDepth = 4
val maxBins = 32
val model = RandomForest.trainClassifier(trainingData, numClasses,
categoricalFeaturesInfo, numTrees, featureSubsetStrategy, impurity, maxDepth,
maxBins)
// 使用测试数据评估模型
val predictions = model.predict(testData.map(_.features))
val labelsAndPredictions = testData.map(_.label).zip(predictions)
val accuracy = labelsAndPredictions.filter(r => r._1 == r._2).count().toDouble /
testData.count()
println(s"准确率: $accuracy")
```

```
scala> println(s"准确率: $accuracy")
准确率: 0.89459295736116
```

图 6-26　Spark MLlib 训练结果

【知识测试】

（1）【多选题】下列关于 Spark MLlib 的说法不正确的有（　　）。

A. Spark MLlib 基于 RDD

B. Spark MLlib 由一些通用的学习算法和工具组成，包括分类、回归、聚类等，同时还包括底层的优化原语和高层的管道 API

C. Spark MLlib 的数据类型中，包括 Vector 类型，但仅支持稠密向量不支持稀疏向量

D. Spark MLlib 就是 DataFrame 上一系列可供调用的函数的集合

（2）【多选题】下列关于 Spark MLlib 库的描述正确的有（　　）。

A. Spark MLlib 库从 1.2 版本以后分为两个包：spark.mllib 和 spark.ml

B. spark.mllib 包含基于 DataFrame 的原始算法 API

C. spark.mllib 包含基于 RDD 的原始算法 API

D. spark.ml 提供了基于 RDD 的、高层次的 API

（3）下列说法中错误的是（　　）。

A. 机器学习和人工智能是不存在关联关系的两个独立领域

B. 机器学习可以分为有监督学习、无监督学习、半监督学习 3 种

C. 机器学习指的是让机器能像人一样有学习的能力。在医疗诊断中可以用到机器学习的知识

D. 机器学习主要研究的是如何在经验学习中改善具体算法的性能

（4）下列关于机器学习处理过程的描述，错误的是（　　）。

A. 在数据的基础上，通过算法构建出模型并对模型进行评估

B. 如果效果达到要求，就用该模型来测试其他的数据

C. 如果效果达不到要求，就要调整算法来重新构建模型，再次进行评估

D. 通过算法构建出的模型不需要评估即可用于其他数据的测试

（5）下列关于管道（Pipeline）的描述，错误的是（　　）。

A. 一个 Pipeline 将多个 Transformer 和 Estimator 组装成一个特定的机器学习工作流

B. Spark ML Pipeline 对分布式机器学习过程进行模块化的抽象，使得多个算法合并成一个 Pipeline 或工作流变得更加容易

C. Pipeline API 采用了一系列 API 定义并标准化了机器学习中的工作流

D. 流水线构建好以后，就是一个转换器（Transformer）

（6）下列关于评估器 Estimator 的描述，错误的是（　　）。

A. 评估器是学习算法或在训练数据上的训练方法的概念抽象

B. 在机器学习工作流里，评估器通常是被用来操作 DataFrame 并生成一个转换

C. 评估器实现了方法 transfrom()，接收一个 DataFrame 并产生一个转换器

D. 评估器实现了方法 fit()，接收一个 DataFrame 并产生一个转换

（7）【多选题】下列描述中正确的有（　　）。

A. DataFrame 支持 Spark MLlib 特有的 Vector 类型

B. PipeLine 用 DataFrame 来存储源数据

C. 转换器（Transformer）是一种可以将一个 DataFrame 转换为另一个 DataFrame 的算法

D. 评估器（Estimator）是一种可以将一个 DataFrame 转换为另一个 DataFrame 的算法

（8）【多选题】下列选项中，属于 spark.ml.feature 类特征处理的方法有（　　）。

A. Normalizer()

B. VectorAssembler()

C. Transform()

D. MinMaxScaler()

（9）【多选题】下面的论述中，正确的有（　　）

A. 回归算法是一种有监督学习算法，利用已知标签或结果的训练数据训练模型并预测结果

B. 分类算法是一种有监督学习算法，即训练数据有明确的类别标签

C. 聚类是一种无监督学习算法，用于将高度相似的数据分到一类中，有类别标签

D. 分类算法有朴素贝叶斯、支持向量机、决策树、随机森林、聚类等

（10）【多选题】Spark MLlib 中的算法包包括（　　）。

A. 分类　　B. 聚类　　C. 特征抽取　　D. 模型评估

【技能测试】

测试　基于 Spark MLlib 实现新闻分类

1. 测试要点

（1）掌握 Spark MLlib 特征提取的方法。

（2）熟悉使用 Spark MLlib 贝叶斯算法包构建模型。

（3）熟悉使用 Spark MLlib 评估器对模型进行评估。

2. 需求说明

在新闻行业中，信息化媒体正逐步取代传统纸质媒体，人们更倾向于通过网络方便、快捷地获取新闻信息。但在享受互联网中丰富的多媒体信息资源的同时，人们也产生了相应的困扰：如何在海量的互联网新闻信息中准确地获取自己想要的信息？现实需求推动了信息检索技术和信息挖掘与处理技术的发展，人们迫切地需要对互联网新闻信息进行高效的处理和分类，方便读者准确获取新闻信息。本测试的语料库中有 10 个分类，每个分类下有几千个文档，将新闻文本语料进行分词，然后每一个分类生成一个文件，在该文件中，每一行数据表示一个文档的分类编号以及分词结果，用 0～9 作为这 10 个分类的编号，分类编号说明如表 6-26 所示。本测试通过这份语料库，实现新闻文本自动分类。

表 6-26 分类编号说明

分类编号	类别
0	汽车
1	财经
2	IT
3	健康
4	体育
5	旅游
6	教育
7	招聘
8	文化
9	军事

3. 实现步骤

（1）自定义样例类并通过数据集创建 RDD。

（2）划分训练集和测试集。

（3）使用 Tokenizer 分词器将词语转换成数组。

（4）计算每个词在文档中的词频。

（5）计算每个词的 TF-IDF。

（6）将训练集转换成 LabeledPoint 类型。

（7）将测试集做同样的特征表示及格式转换。

（8）将训练集输入模型训练并对测试集进行测试。

（9）统计模型预测结果的准确率。

项目 7 基于 Spark 开发环境实现广告流量检测违规识别

【教学目标】

1. 知识目标

（1）掌握 JDK 8 安装和环境配置。

（2）掌握 IntelliJ IDEA 中创建 Scala 工程。

（3）掌握 Spark 运行环境配置。

2. 技能目标

（1）能够在本地环境下配置 JDK 环境，实现 Java 环境搭建。

（2）能够在 IntelliJ IDEA 中配置相关插件和开发依赖包，实现 Scala 工程创建。

（3）能够在 IntelliJ IDEA 中配置 Spark 运行环境，实现 Spark 程序运行。

3. 素质目标

（1）具备新的学习思维模式，通过扩展思维空间，进而深入了解 Spark 开发环境搭建。

（2）具备刻苦钻研的学习态度，通过学习 Spark 运行环境配置，实现 Spark 程序运行。

（3）具备灵活运用思维的能力，通过学习 spark-shell 及 Spark 集成开发环境，将它们应用到实际需求中。

【思维导图】

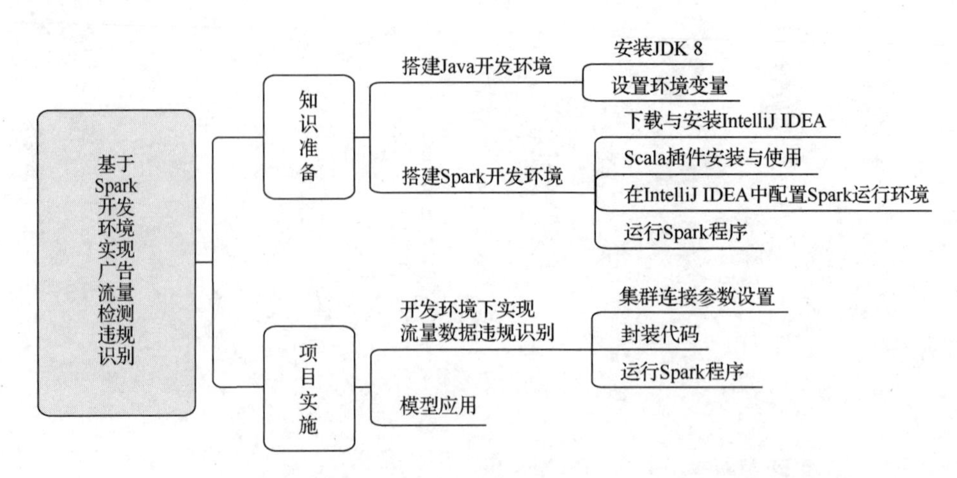

【项目背景】

在实际业务场景中，广告流量检测违规识别面临着数据量大和对违规识别的要求高等挑战。使用 spark-shell 会对每个指令做出反馈，能够快速执行 Spark 迭代操作并得到结果，适合用于快速测试和探索数据，但对于大规模的数据处理和复杂的任务，其性能可能不如集成开发工具的性能。同时，spark-shell 的交互式操作方式可能不够灵活，对于需要频繁运行和调试的任务来说，集成开发工具能够提供更好的开发和调试体验。因此，使用集成开发工具可以更好地解决实际的广告流量检测违规识别。当前的集成开发工具主要有 IntelliJ IDEA 和 Eclipse，本书采用比较大众化的 IntelliJ IDEA 开发工具。本项目通过搭建 Spark 开发环境，将多行代码、多个类进行协调，实现广告流量检测违规识别。

【项目目标】

通过搭建 Spark 开发环境，针对广告流量检测数据搭建模型，通过算法构建分类模型，并将程序提交到集群中运行，实现广告流量检测违规识别。

【目标分析】

（1）配置集群连接参数，将广告流量检测违规识别 Spark 程序编译成 JAR 包，在集群环境中运行。

（2）保存广告流量检测违规识别训练完成后的模型和预测结果。

【知识准备】

一、搭建 Java 开发环境

由于 Spark 是使用 Scala 语言开发的，而 Scala 是运行在 Java 虚拟机（Java Virtual Machine，JVM）之上的，可以兼容现有的所有 Java 程序，因此在搭建 Spark 开发环境之前先进行 Java 环境搭建。

（一）安装 JDK 8

在 JDK 官网下载 JDK 8 安装包，根据计算机的系统选择对应的版本，其中 x86 表示 32 位 Windows 系统，x64 表示 64 位 Windows 系统。以 64 位 Windows 系统为例安装 JDK 8，安装包名为 jdk-8u281-windows-x64.exe。

安装 JDK 8 的操作步骤如下。

（1）设置 JDK 安装目录。双击 JDK 8 安装包，进入安装向导界面，单击“下一步”按钮。弹出的 JDK 的定制安装对话框如图 7-1 所示，设置好 JDK 8 的安装目录（本书安装在 E 盘，路径为：E:\Program Files\Java\jdk1.8.0_281\），单击“下一步”按钮。

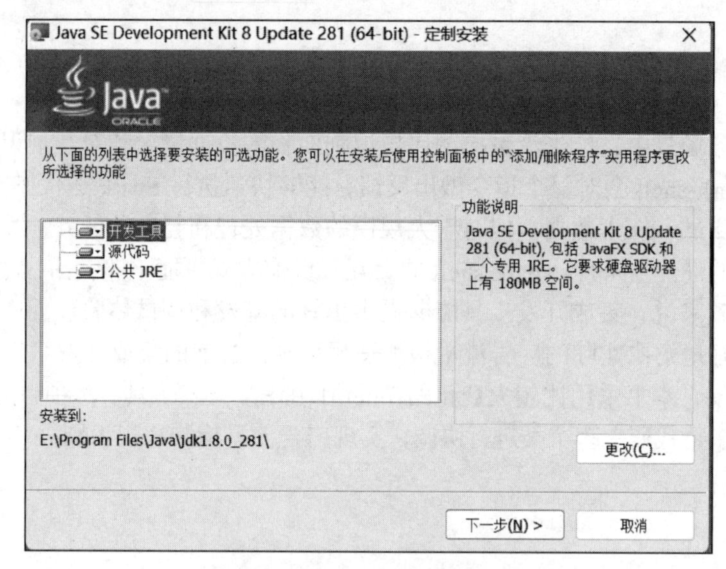

图 7-1　JDK 的定制安装对话框

（2）取消 Jre 安装。在安装的过程中，会跳出要求安装 Java 目标文件夹（Jre）的安装窗口，如图 7-2 所示。由于 JDK 自带了 Jre，所以无须单独安装 Jre，单击右上角的关闭按钮，弹出“Java 安装”对话框，如图 7-3 所示，单击“是”按钮。

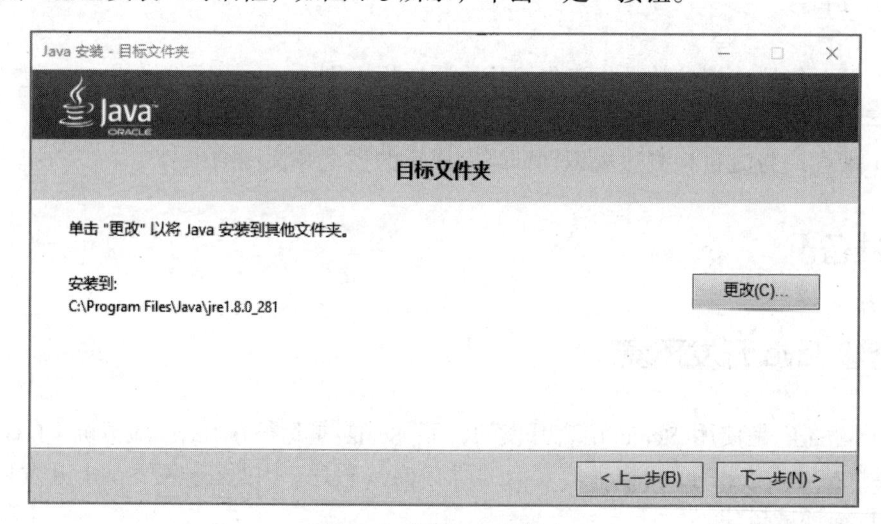

图 7-2　取消 Jre 安装 1

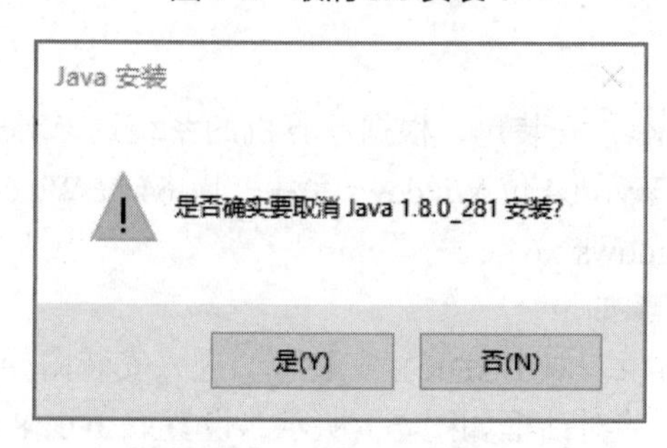

图 7-3　取消 Jre 安装 2

（3）JDK 安装完成。JDK 安装成功后的界面如图 7-4 所示，单击“关闭”按钮完成安装。

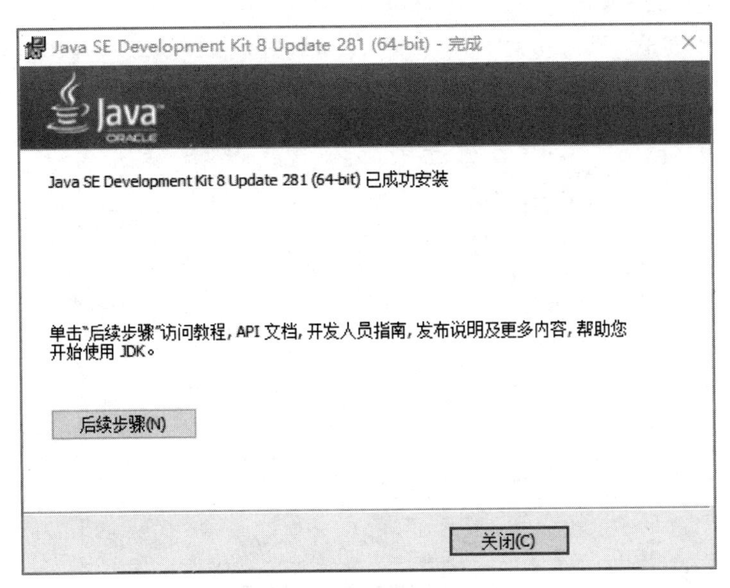

图 7-4　JDK 安装完成

（二）设置环境变量

环境变量一般指在操作系统中用来指定操作系统运行环境的一些参数（如 Path），当要求系统运行一个程序而没有告诉系统程序所在的完整路径时，系统除了在当前目录下面寻找此程序外，还会到 Path 指定的路径中去找。

在编译 Java 程序时，需要用到 javac 编译工具，而 javac 存放在 Java 的安装目录下。当需要在其他目录调用 javac 时，系统会因在当前目录找不到而报错，为了方便以后编译程序，不用每次编译时都在 Java 安装目录中寻找，所以需要设置环境变量。

设置环境变量的基本流程如图 7-5 所示。

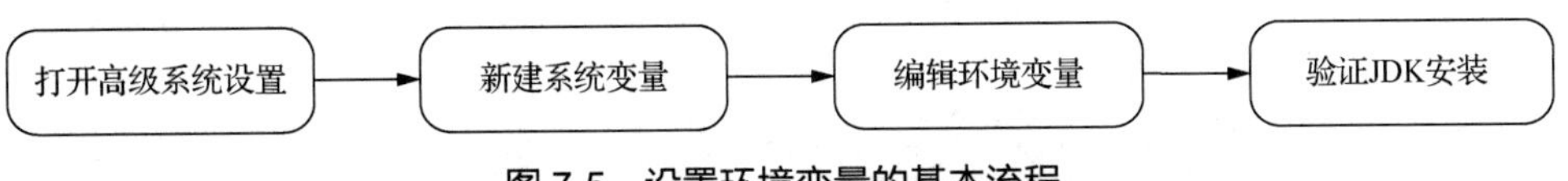

图 7-5　设置环境变量的基本流程

设置环境变量步骤如下。

（1）打开高级系统设置。鼠标右键单击“此电脑”，选择“属性”选项，在“相关设置”中单击“高级系统设置”选项，弹出“系统属性”对话框，如图 7-6 所示。

（2）新建系统变量。单击图 7-6 的“环境变量”按钮，在“系统变量”选项卡中单击“新建”按钮，新建“JAVA_HOME”变量，“变量值”为 JDK 8 安装路径，如图 7-7 所示，完成后单击“确定”按钮。

（3）编辑环境变量。在系统变量中找到 Path 变量，单击“编辑”按钮，在弹出的“编辑环境变量”对话框中，单击“新建”按钮，然后输入 JDK 8 安装路径下的 bin 目录，如图 7-8 所示，完成后单击“确定”按钮。

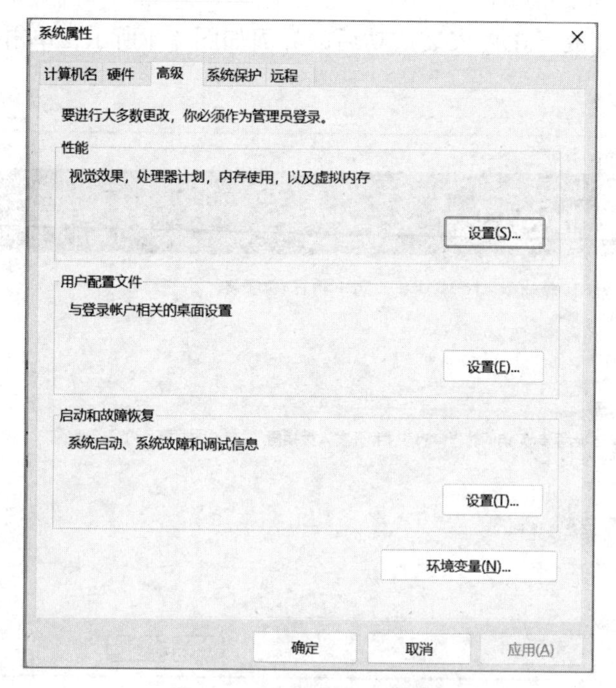

图 7-6　打开高级系统设置

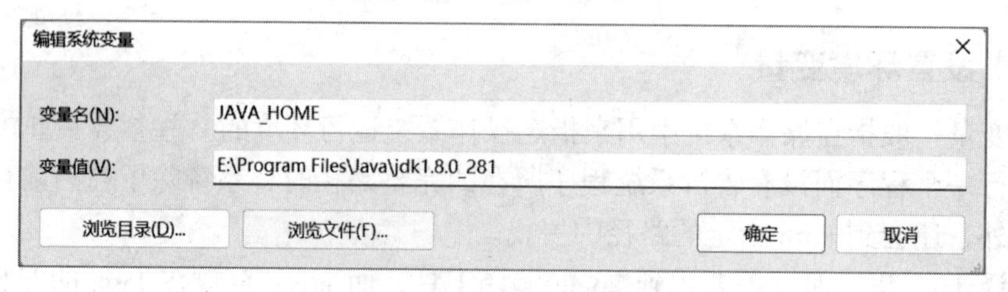

图 7-7　新建系统变量

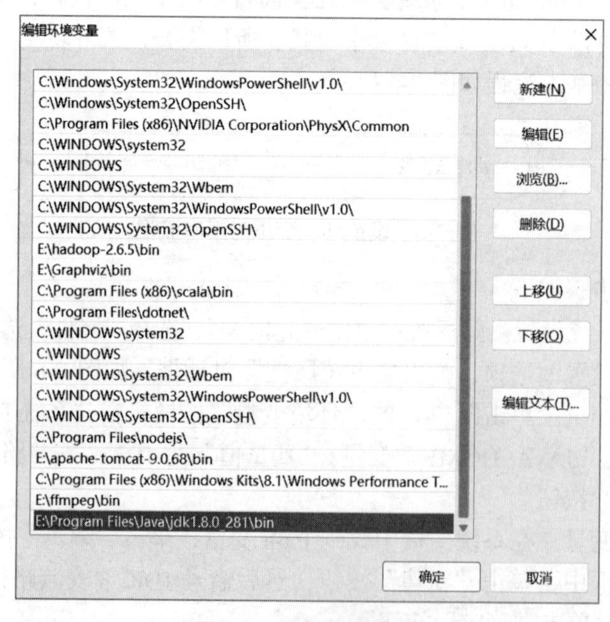

图 7-8　编辑环境变量

（4）验证 JDK 安装。按“Win+R”组合键，输入“cmd”，单击“确定”按钮，打开命令提示符窗口进行验证，输入“java -version”并按“Enter”键，显示 JDK 的版本为 1.8.0_281，如图 7-9 所示，则表示已经安装成功。

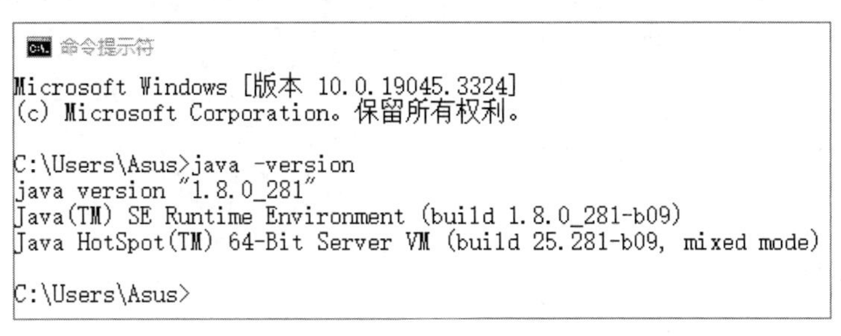

图 7-9　验证 JDK 安装

二、搭建 Spark 开发环境

搭建好 Java 开发环境后，即可搭建 Spark 开发环境，一般搭建流程为：先下载与安装 IntelliJ IDEA，并在 IntelliJ IDEA 中安装 Scala 插件；然后添加 Spark 开发依赖包，配置 Spark 运行环境，实现 Spark 工程的创建、Spark 程序的编写与运行。

（一）下载与安装 IntelliJ IDEA

在官网下载 IntelliJ IDEA 安装包，安装包名称为“idealC-2018.3.6.exe”，本书使用的 IntelliJ IDEA 版本为社区版（即 Community 版），社区版是免费的。

安装 IntelliJ IDEA 的基本流程如图 7-10 所示。

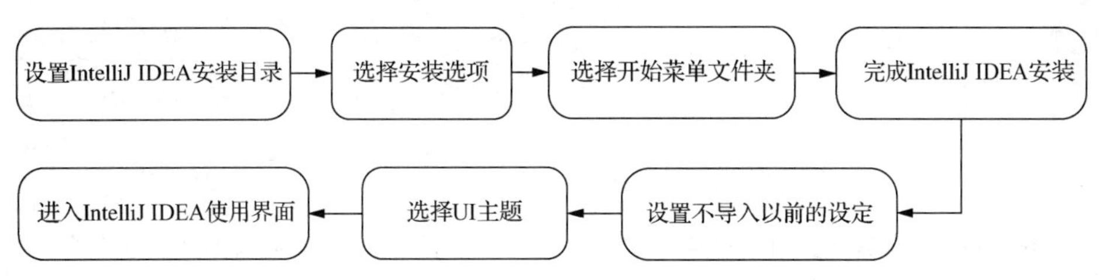

图 7-10　安装 IntelliJ IDEA 的基本流程

安装 IntelliJ IDEA 的操作步骤如下。

（1）设置 IntelliJ IDEA 安装目录。双击 IntelliJ IDEA 安装包，进入安装向导界面，单击“Next”按钮。设置 IntelliJ IDEA 安装目录界面如图 7-11 所示，设置好 IntelliJ IDEA 的安装目录后，单击“Next”按钮。

（2）选择安装选项。在弹出的“Installation Options”对话窗口中，按需进行勾选，本文设置情况如图 7-12 所示，其中“Create Desktop Shortcut”意为是否创建桌面快捷方式，本书所有的操作基于 64 位的 Windows 10 系统，所以勾选“64-bit launcher”选项；“Update PATH variable”意为是否将 IntelliJ IDEA 的环境变量添加至 Windows 系统的环境变量中，此处勾选了“Add launchers dir to PATH”选项，即添加环境变量。然后单击“Next”按钮。

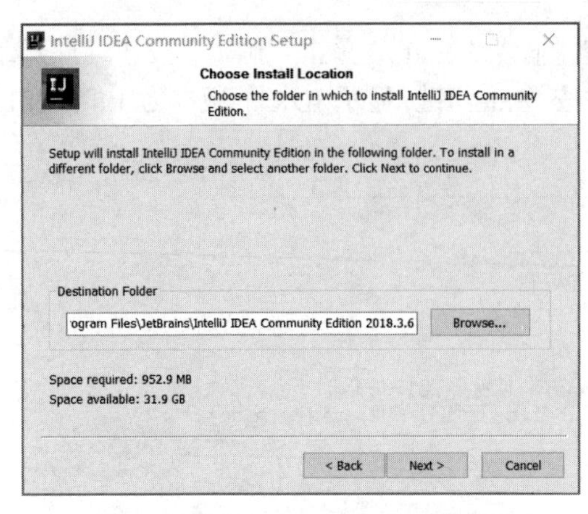

图 7-11　设置 IntelliJ IDEA 安装目录

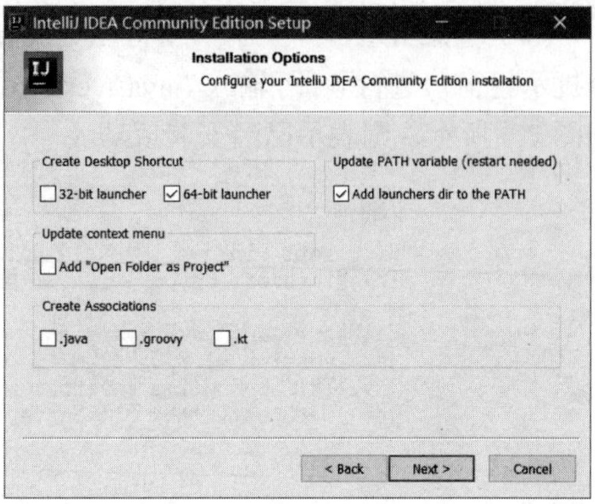

图 7-12　选择安装选项

（3）选择开始菜单文件夹。在弹出的“Choose Start Menu Folder”对话窗口中，保持默认设置，如图 7-13 所示，然后单击“Install”按钮。

（4）完成 IntelliJ IDEA 安装。接下来会弹出的“Installing”对话窗口，如图 7-14 所示，等待进度条拉满，IntelliJ IDEA 安装完成界面如图 7-15 所示，单击“Finish”按钮完成安装。

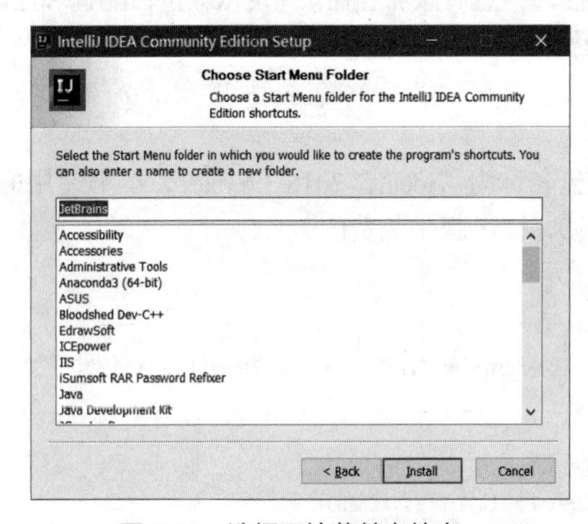

图 7-13　选择开始菜单文件夹

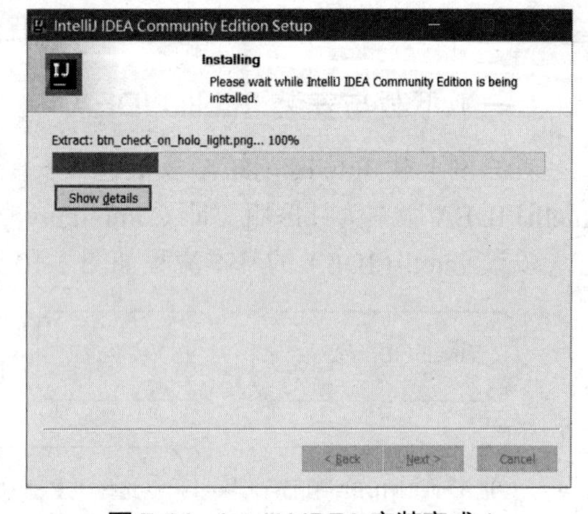

图 7-14　IntelliJ IDEA 安装完成 1

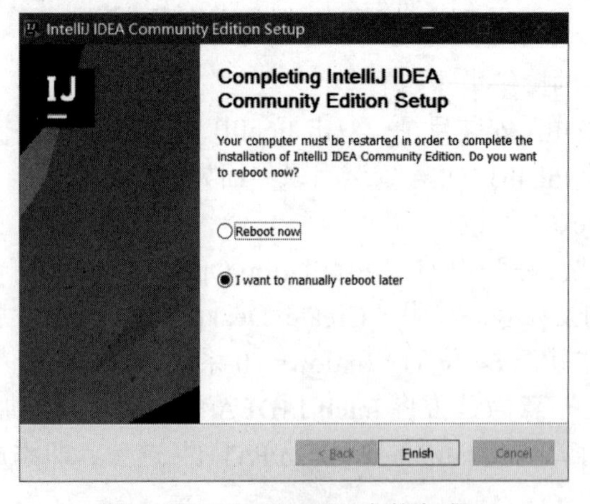

图 7-15　IntelliJ IDEA 安装完成 2

（5）设置不导入以前的设定。双击桌面生成的 IntelliJ IDEA 图标启动 IntelliJ IDEA，或在“开始”菜单中，依次单击“JetBrains”→“IntelliJ IDEA Community Edition 2018.3.6”启动 IntelliJ IDEA。第一次启动 IntelliJ IDEA 时会询问是否导入以前的设定，选择不导入（Do not import settings），如图 7-16 所示，单击“OK”按钮。

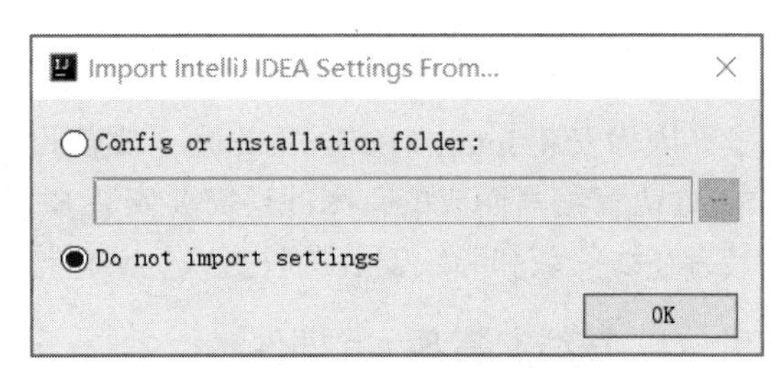

图 7-16　设置导入以前的设定

（6）选择 UI 主题。进入 UI 主题选择界面，如图 7-17 所示，可以选择白色或黑色背景，本书选择白色背景，选择“Light”，并单击左下角的“Skip Remaining and Set Defaults”按钮，跳过其他设置，采用默认设置即可。

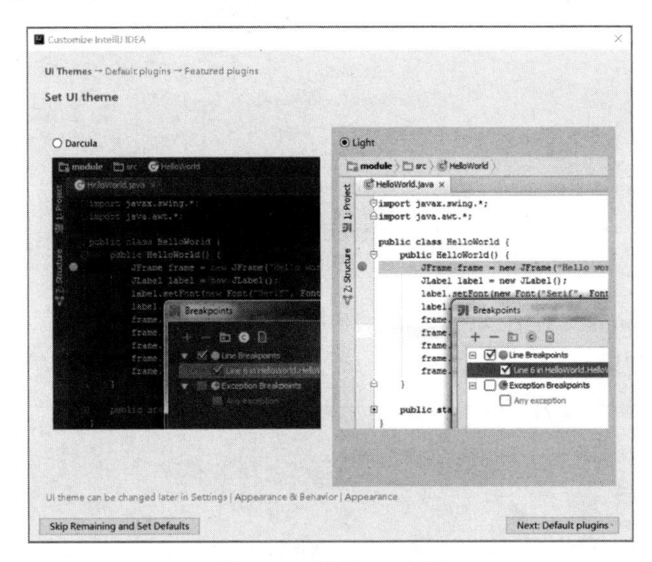

图 7-17　选择 UI 主题

（7）进入 IntelliJ IDEA 使用界面。设置完成，IntelliJ IDEA 使用界面如图 7-18 所示。

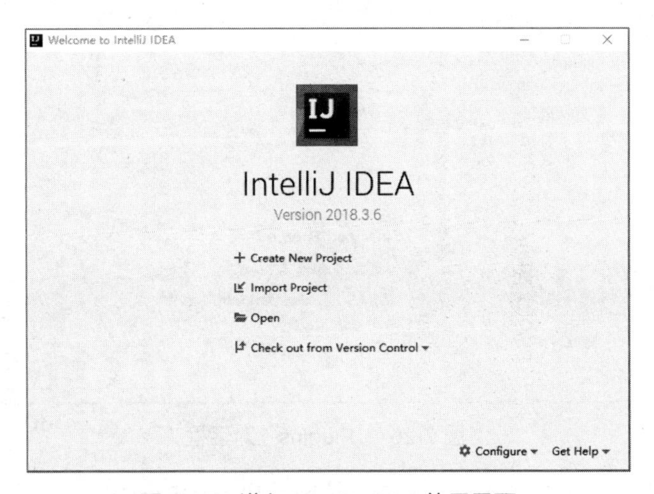

图 7-18　进入 IntelliJ IDEA 使用界面

（二）Scala 插件安装与使用

因为安装 IntelliJ IDEA 时采用了默认设置，所以 Scala 插件并没有被安装。Spark 是由 Scala 语言编写而成的，因此还需要安装 Scala 插件，配置 Scala 开发环境。Scala 插件的安装有在线安装和离线安装两种方式，具体操作过程如下。

1. 在线安装 Scala 插件

在线安装 Scala 插件的操作步骤如下。

（1）打开 IntelliJ IDEA，打开界面右下角的“Configure”下拉列表，选择“Plugins”选项，如图 7-19 所示。

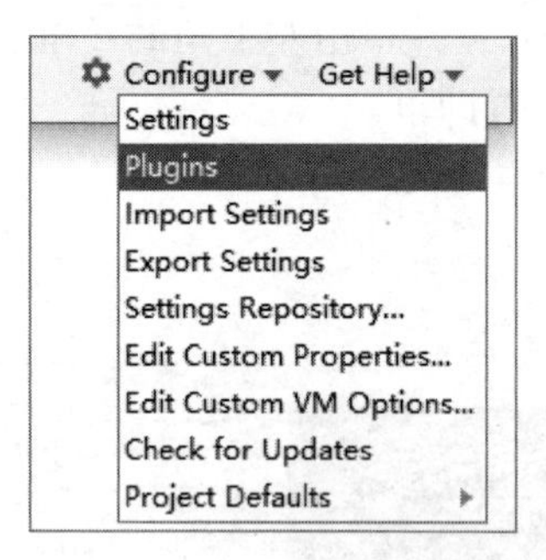

图 7-19 “Plugins”选项

（2）弹出“Plugins”对话框，如图 7-20 所示，直接单击“Scala”下方的“Install”按钮安装 Scala 插件即可。

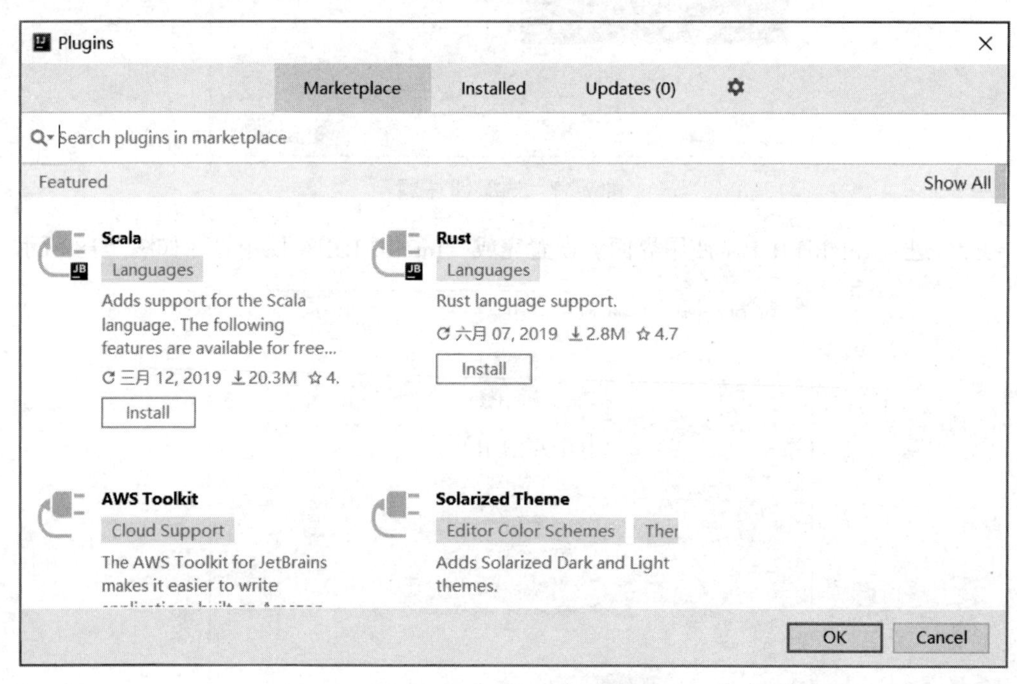

图 7-20 “Plugins”对话框

（3）下载完成后，单击“Restart IDE”按钮重启 IntelliJ IDEA，如图 7-21 所示。

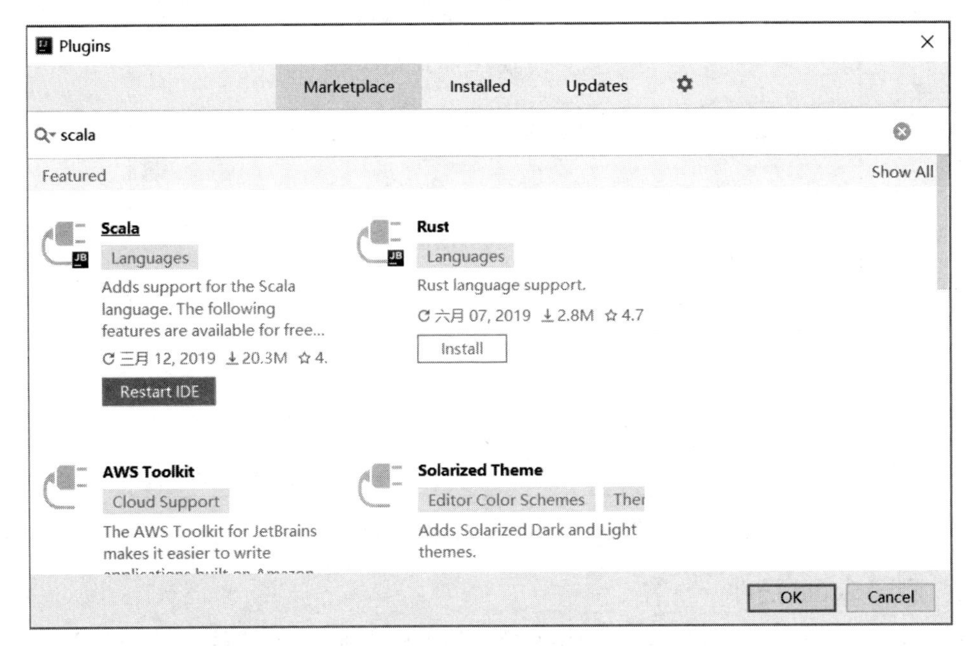

图 7-21　重启 IDEA

2. 离线安装 Scala 插件

使用离线安装的方式安装 Scala 插件时，Scala 插件需要提前下载至本地计算机中。本书中 IntelliJ IDEA 使用的 Scala 插件为“scala-intellij-bin-2018.3.6.zip”，可从 IntelliJ IDEA 官网下载。离线安装 Scala 插件的操作步骤如下。

（1）在图 7-17 所示的“Plugins”对话框中，单击⚙图标，在下拉列表中选择“Install Plugin from Disk”选项，弹出“Choose Plugin File”对话框，选择 Scala 插件所在路径，如图 7-22 所示，单击“OK”按钮进行安装。

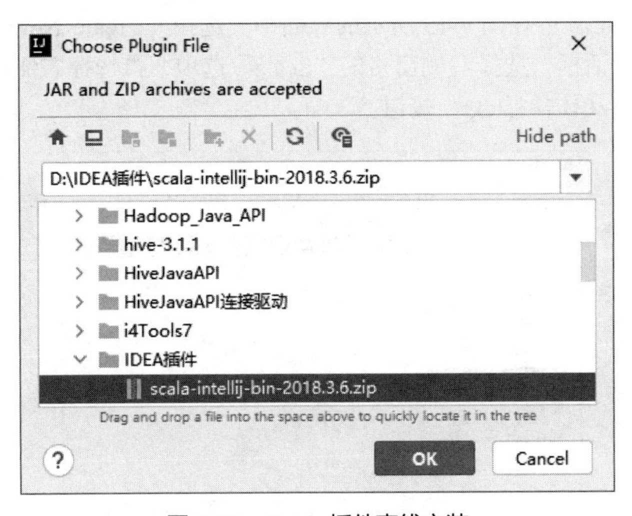

图 7-22　Scala 插件离线安装

（2）Scala 插件安装完成后的界面，如图 7-23 所示，单击右侧的“Restart IDE”按钮重启 IntelliJ IDEA 即可。

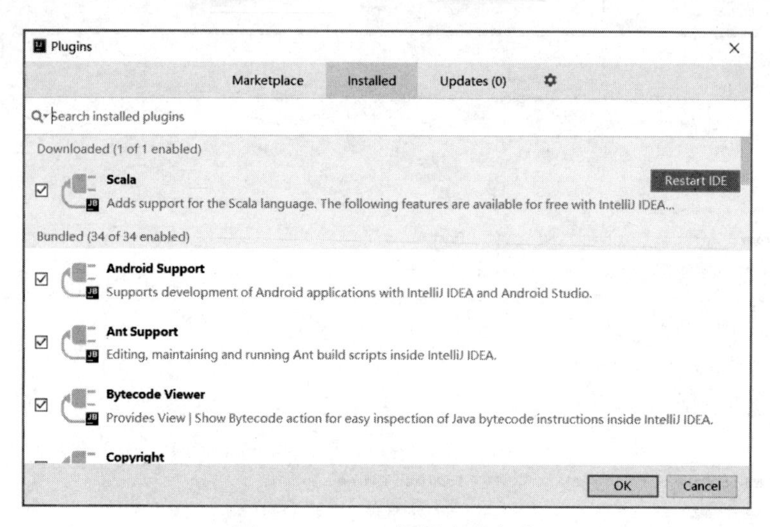

图 7-23　Scala 插件安装完成

3. 测试 Scala 插件

安装了 Scala 插件并重启 IntelliJ IDEA 后，如果想测试 Scala 插件是否安装成功，那么可以通过创建 Scala 工程来实现。测试 Scala 插件的基本流程如图 7-24 所示。

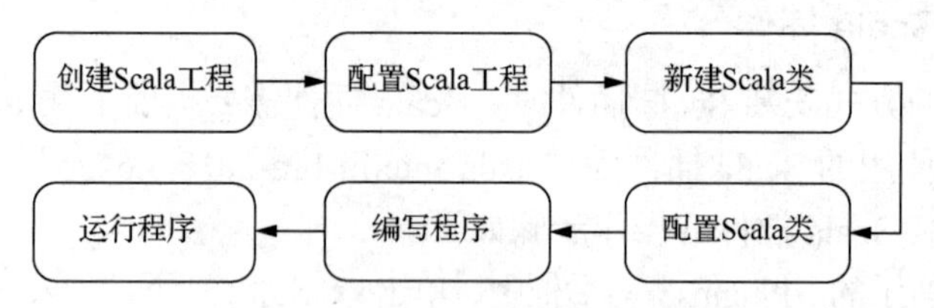

图 7-24　测试 Scala 插件的基本流程

测试 Scala 插件的操作步骤如下。

（1）创建 Scala 工程。在图 7-15 所示的界面中，选择“Create New Project”选项，弹出“New Project”对话框，选择左侧窗格的“Scala”选项，再选择右侧窗格的“IDEA”选项，如图 7-25 所示，单击“Next”按钮。

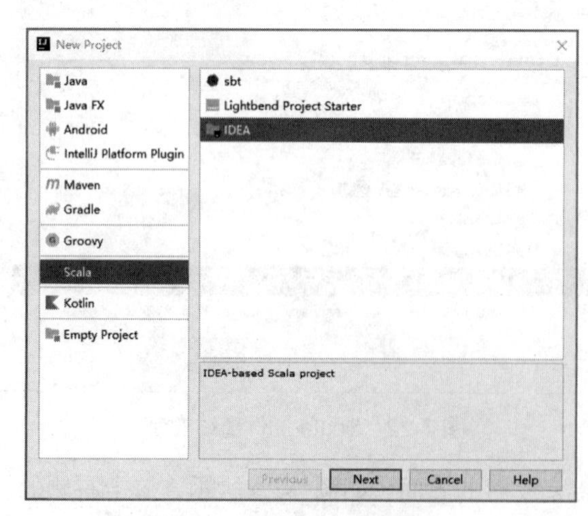

图 7-25　创建 Scala 工程

（2）配置 Scala 工程。在弹出的如图 7-26 所示的界面中，将工程名称定义为“HelloWorld”，自定义该工程存放路径，并选择工程所用 JDK 和 Scala SDK 版本，单击的“Finish”按钮，完成 Scala 工程配置。

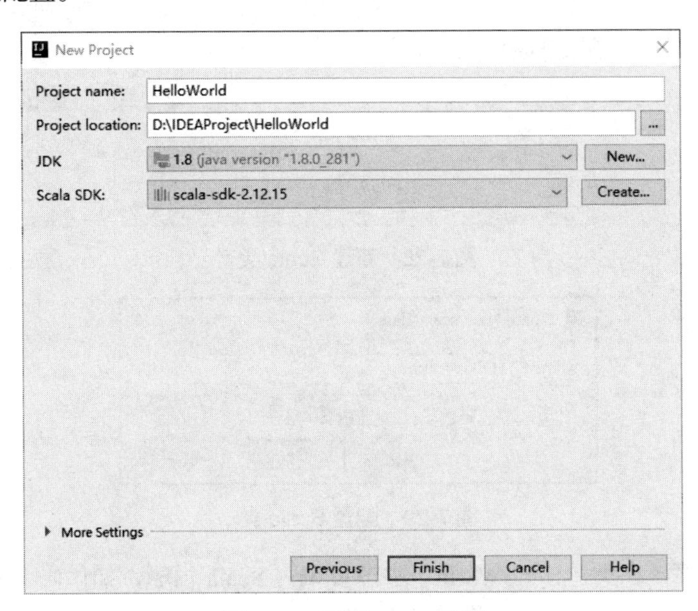

图 7-26 配置 Scala 工程

Scala 工程创建完成后，自动进入 IntelliJ IDEA 主界面，在左侧导航栏可看到创建好的工程，HelloWorld 工程结构如图 7-27 所示。

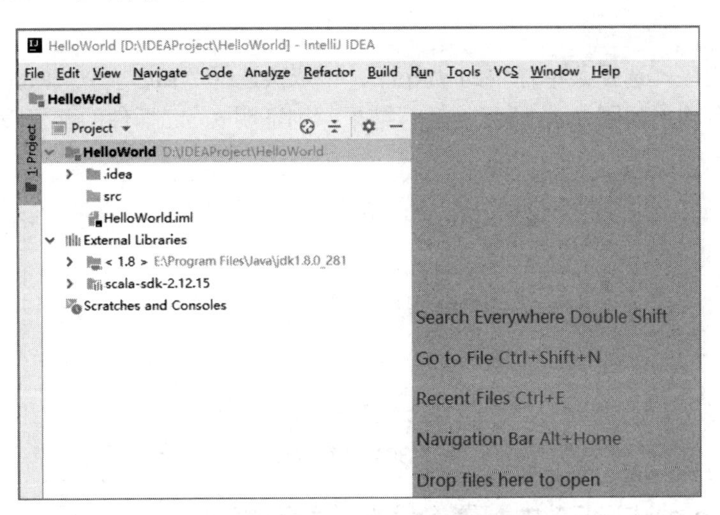

图 7-27 HelloWorld 工程结构

（3）新建 Scala 类。鼠标右键单击“HelloWorld”工程下的“src”文件夹，依次选择“New”→“Scala Class”选项，在包下新建一个 Scala 类，如图 7-28 所示。

（4）配置 Scala 类。在弹出的“Create New Scala Class”对话框中，将 Scala 类的类名设置为“HelloWorld”，并在“Kind”右侧的下拉列表中选择“Object”选项，如图 7-29 所示，完成后单击“OK”按钮，完成 Scala 类的创建。

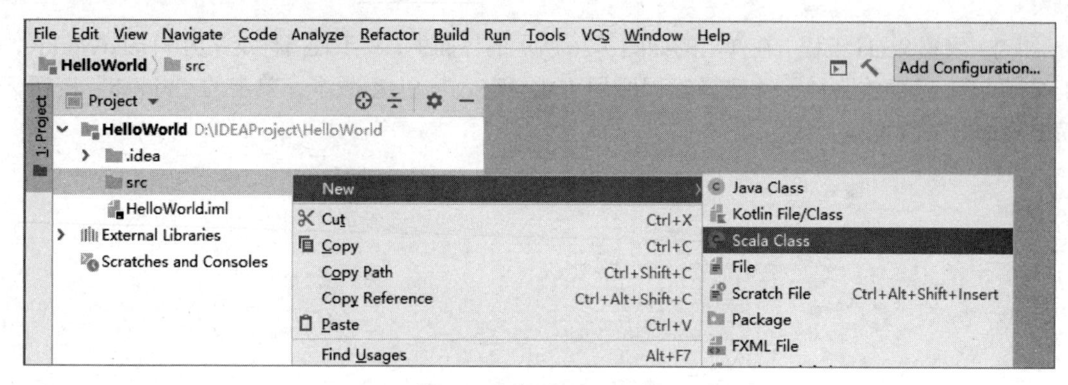

图 7-28　新建 Scala 类

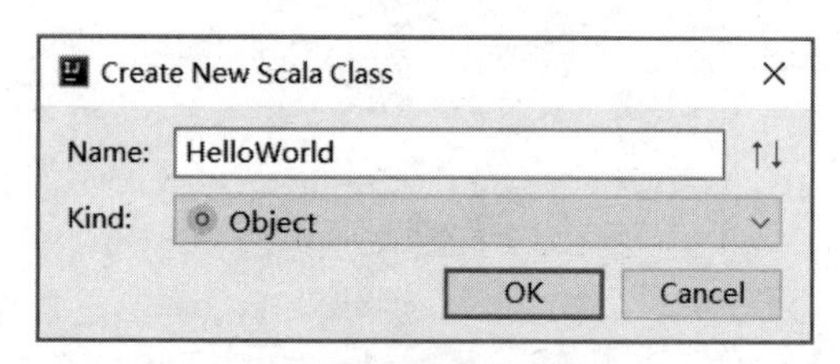

图 7-29　配置 Scala 类

（5）编写程序。在类“HelloWorld”中即可编写 Scala 程序，如代码 7-1 所示。

代码 7-1　HelloWorld

```
object HelloWorld{
  def main(args: Array[String]): Unit = {
println("Hello World!")
  }
}
```

（6）运行程序。选择菜单栏中的“Run”，再依次选择“Run”→“Run 'HelloWorld'”选项。若控制台输出如图 7-30 所示的运行结果，则证明 Scala 插件的配置没有问题。

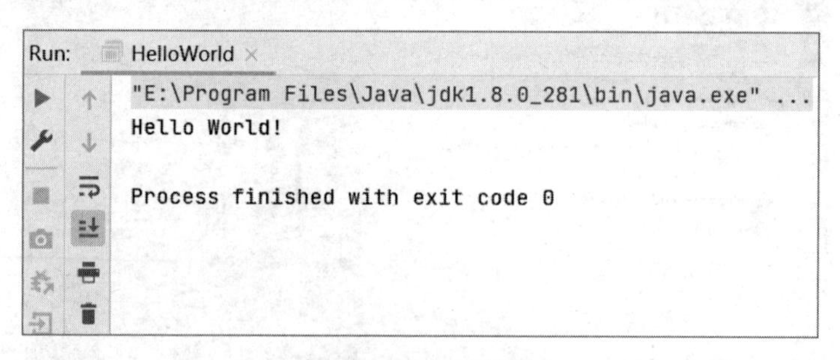

图 7-30　运行程序

（三）在 IntelliJ IDEA 中配置 Spark 运行环境

使用 IntelliJ IDEA 开发程序除了比 spark-shell 更加方便以外，还可以通过配置 Spark 运行环境，直接运行整个 Spark 程序。

1. 添加 Spark 开发依赖包

在 IntelliJ IDEA 中配置 Spark 运行环境，需要先在 IntelliJ IDEA 中添加 Spark 开发依赖包。

（1）选择菜单栏中的“File”→“Project Structure”选项，打开的工程结构配置界面如图 7-31 所示。也可以使用“Ctrl+Alt+Shift+S”组合键打开该界面。

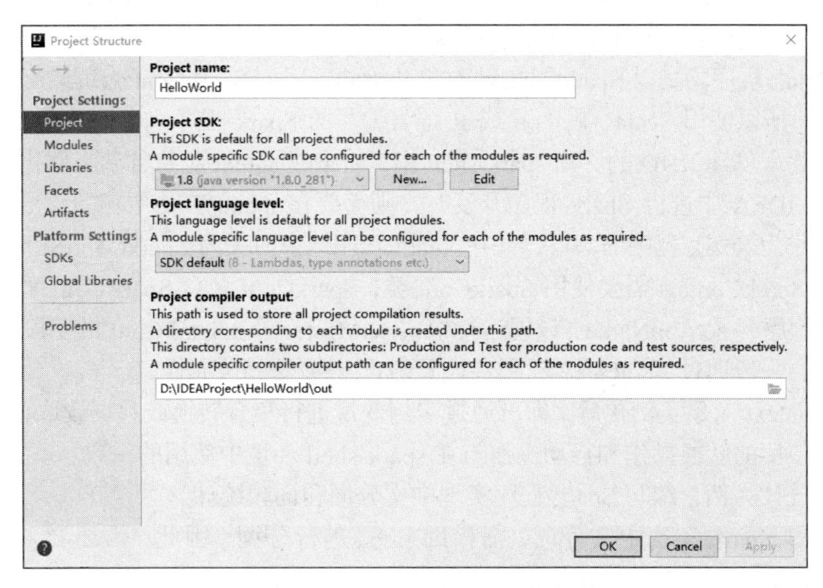

图 7-31 工程结构配置界面

（2）在图 7-31 所示的工程结构配置界面中，选择“Libraries”选项，单击 + 按钮，选择“Java”选项，如图 7-32 所示。

（3）在弹出的界面中找到 Spark 安装目录下的 jars 文件夹，将整个文件夹导入，如图 7-33 所示，单击“Apply”按钮与“OK”按钮即可将 Spark 开发依赖包添加到工程中。至此，Spark 的运行环境配置完成。

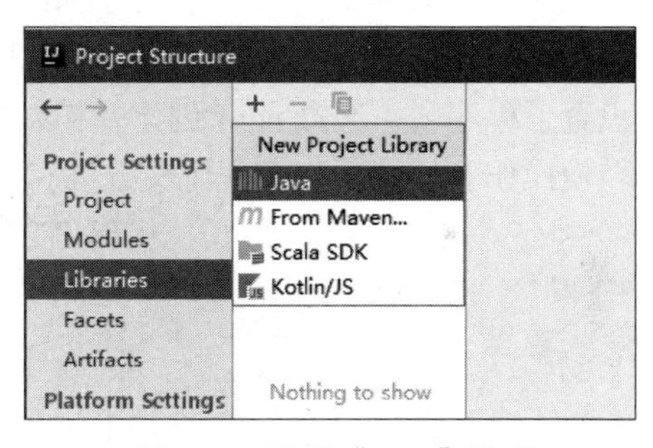

图 7-32 选择“Java”选项

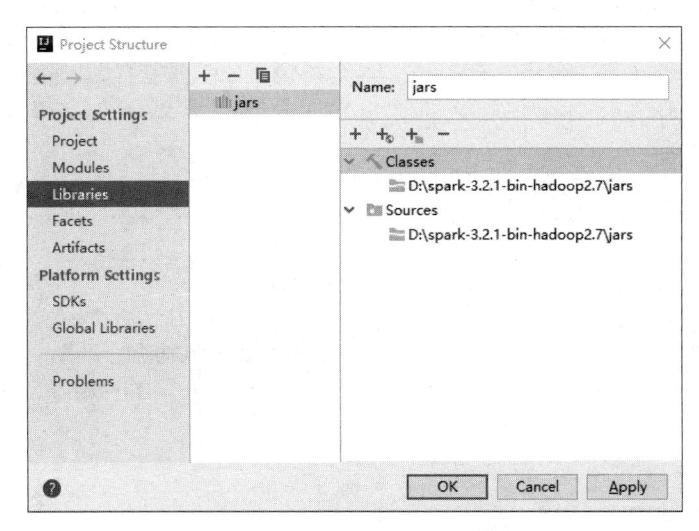

图 7-33 添加 Spark 开发依赖包

2. 编写 Spark 程序

Spark 运行环境配置完成后，即可开始在 IntelliJ IDEA 中编写 Spark 程序。但在编写 Spark 程序前需要先了解 Spark 程序运行的设计要点。

任何 Spark 程序均是以 SparkContext 对象开始的，因为 SparkContext 是 Spark 程序的上下文和入口，所以使用 Scala、Python 或 R 语言编写的 Spark 程序，均是通过 SparkContext 对象的实例化来创建 RDD 的。在 spark-shell 中，SparkContext 对象自动实例化为变量 sc。而在 IntelliJ IDEA 中进行 Spark 程序开发时，则需要在 main()方法中初始化 SparkContext 对象，将其作为 Spark 程序的入口，并在 Spark 程序结束时关闭 SparkContext 对象。

初始化 SparkContext 需要使用 SparkConf 类，SparkConf 包含 Spark 集群配置的各种参数，如设置程序名 setAppName、设置运行模式 setMaster 等。SparkConf 的字段参数以键值对形式表示，一般通过"set(属性名,属性设置值)"的方法修改属性。

SparkContext 对象实例化后，即可通过实例变量进行集合转换或数据读取，并且 Spark 计算过程中使用的转换操作和行动操作与在 spark-shell 环境中使用的一致。

以词频统计为例，编写 Spark 程序实现中文分词和词频统计。

要想通过 Spark 实现中文分词，需借助 jieba 进行分词，因此，需要导入依赖 jieba-analysis-1.0.2.jar。

在 HelloWorld 工程中下新建 WordCountLocal 类，并指定类型为 object，编写 Spark 程序实现词频统计，如代码 7-2 所示。程序中创建了一个 SparkConf 对象的实例 conf，并且设置了程序名，通过 conf 创建并初始化一个 SparkContext 的实例变量 sc，再通过 Spark 的转换操作和行动操作实现中文分词和词频统计。

代码 7-2 WordCountLocal 程序

```
import com.huaban.analysis.jieba.JiebaSegmenter
import org.apache.spark.{SparkContext, SparkConf}

object WordCountLocal{
  def main(args: Array[String]) {
    val conf = new SparkConf().setMaster("local").setAppName("wordCount")
    val sc = new SparkContext(conf)
    val str = "大自然是人类赖以生存发展的基本条件。尊重自然、顺应自然、保护自然，是全面建设社会主义现代化国家的内在要求。必须牢固树立和践行绿水青山就是金山银山的理念，站在人与自然和谐共生的高度谋划发展。"
    val ss = new JiebaSegmenter().sentenceProcess(str).toString
    val words = new JiebaSegmenter().sentenceProcess(str).toArray // 将中文进行分词后转换为数组
    val count = sc.parallelize(words) // 将数组转换为 RDD
      .map(x => (x, 1)) // 将每一项转换为 Key-Value（键值对），数据 x 是 Key，1 是 Value
      .reduceByKey((x, y) => x + y) // 将具有相同 Key 的项相加合并成一个
    count.foreach(x => println(x._1 + "," + x._2))  //输出计数结果
  }
}
```

（四）运行 Spark 程序

在开发环境中编写的类并不能像 spark-shell 环境中的类一样，直接在 Spark 集群中运

行，还需要配置指定的参数，并通过特定的方式才能在 Spark 集群中运行。运行 Spark 程序根据不同的运行位置可以分为两种方式，一种是在开发环境下运行 Spark 程序，另一种是在 Spark 集群环境中运行 Spark 程序。

1. 在开发环境下运行 Spark 程序

通过 SparkConf 对象的 setMaster()方法连接至 Spark 集群环境，即可在开发环境下直接运行 Spark 程序。

在 WordCountLocal 类中，通过 SparkConf 实例设置程序运行模式为“local”，如代码 7-3 所示。在 IntelliJ IDEA 中运行 Spark 程序时，文件的输入路径可以是本地路径，也可以是 HDFS 的路径。

代码 7-3 WordCountLocal 词频统计

```
import com.huaban.analysis.jieba.JiebaSegmenter
import org.apache.spark.{SparkContext, SparkConf}

object WordCountLocal {
  def main(args: Array[String]) {
    val conf = new SparkConf().setMaster("local").setAppName("wordCount")
    val sc = new SparkContext(conf)
    System.setProperty("hadoop.home.dir", "D:\\hadoop-3.1.4") // 指定 Hadoop 依赖所在路径
    val str = "大自然是人类赖以生存发展的基本条件。尊重自然、顺应自然、保护自然，是全面建设社会主义现代化国家的内在要求。必须牢固树立和践行绿水青山就是金山银山的理念，站在人与自然和谐共生的高度谋划发展。"
    val ss = new JiebaSegmenter().sentenceProcess(str).toString
    val words = new JiebaSegmenter().sentenceProcess(str).toArray // 将中文进行分词后转换为数组
    val count = sc.parallelize(words) // 将数组转换为 RDD
      .map(x => (x, 1)) // 将每一项转换为 Key-Value，数据 x 是 Key，1 是 Value
      .reduceByKey((x, y) => x + y) // 将具有相同 Key 的项相加合并成一个
    count.foreach(x => println(x._1 + "," + x._2))  //输出计数结果
  }
}
```

在开发环境下运行 Spark 程序，程序中有以下几点需要设置。

（1）设置 URL 参数。在 IntelliJ IDEA 中直接运行程序的关键点是设置 URL 参数。如果不使用 setMaster()方法设置，那么程序将找不到主（master）节点的 URL，会报出相应的错误。除了通过 setMaster()方法设置 URL 参数之外，还可以通过依次选择菜单栏的“Run”→“Edit Configurations”选项，在弹出的对话框中，选择“Application”→“HelloWorld”选项，并在右侧“VM options”对应的文本框中写入“-Dspark.master=local”设置为本地模式，如图 7-34 所示，然后依次单击“Apply”按钮和“OK”按钮。其中，“local”是指定使用的 URL 参数。

在代码 7-3 中指定要连接的集群的 URL 参数为“local”，即本地模式，可以在不开启 Spark 集群的情况下运行程序。除了本地运行模式“local”，还可以设置其他 URL 参数，如表 7-1 所示。

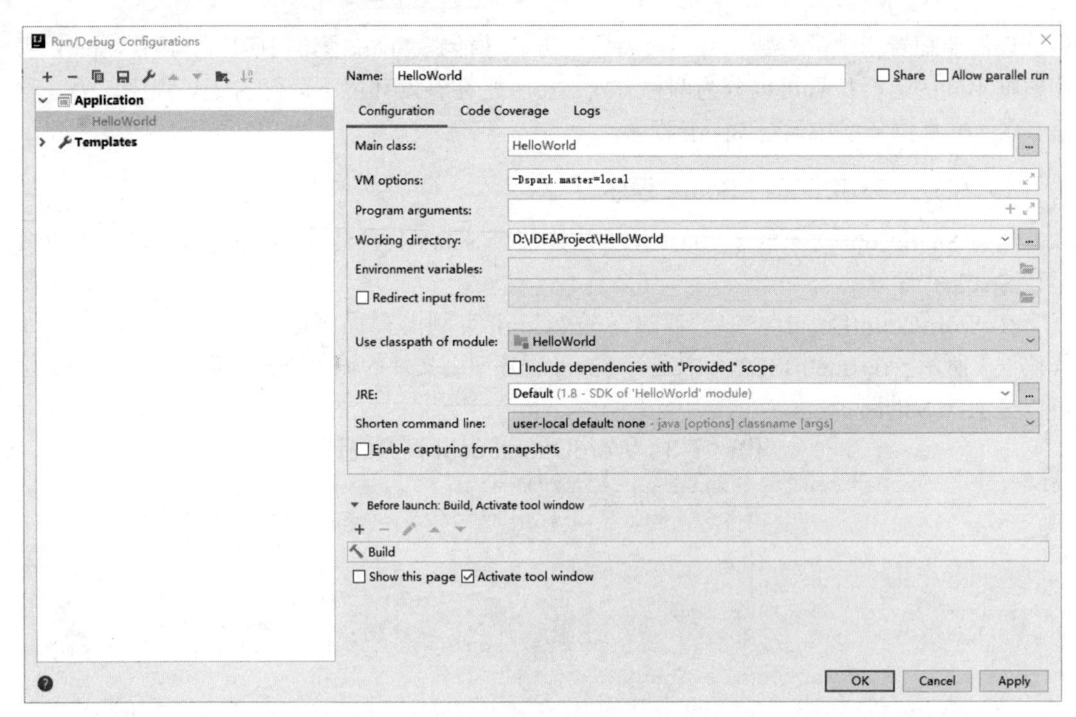

图 7-34　URL 参数设置

表 7-1　master 的 URL 参数说明

URL 参数	含义
local	使用一个工作线程在本地运行 Spark（即没有并行性）
local[K]	使用 K（理想情况下，将其设置为机器上的内核数）个工作线程在本地运行 Spark
local[*]	在本地运行 Spark，工作线程与机器上的逻辑内核一样多
spark://HOST:PORT	连接到指定端口的 Spark 独立集群上，默认为 7077 端口
mesos://HOST:PORT	连接到指定端口的 Mesos 集群
yarn	根据配置的值连接到 YARN 集群，使用 yarn-client 或 yarn-cluster 模式
yarn-client	应用程序以客户端模式运行，相当于 YARN 用--deploy-mode client 参数
yarn-cluster	应用程序以集群模式运行，相当于 YARN 用--deploy-mode cluster 参数。只能在集群中使用

需要注意的是，“spark://HOST:PORT”是独立集群 URL 参数，表示程序是在 Spark 集群中运行的，因此一定要启动 Spark 集群。若是以本地模式或 YARN 集群运行模式运行，则不用打开 Spark 集群，但使用 YARN 集群模式时需要启动 Hadoop 集群。

在开发环境中，只能指定 yarn-client 模式，不能指定 yarn-cluster 模式。而且在开发环境中指定 yarn-client 时还需要额外进行 YARN 的一些相关配置，因此不建议在开发环境中直接指定运行模式。

（2）指定 Hadoop 安装包的 bin 文件夹的路径。在开发环境下运行 Spark 程序时还需要指定 Hadoop 安装包的 bin 文件夹的路径，有两种方式，第一种是通过参数的方式进行设置，对应参数名是“hadoop.home.dir”，如代码 7-3 所示，指定的路径为“D:\\hadoop-3.1.4”。

第二种是在 Windows 的环境变量 Path 中添加 Hadoop 安装包的 bin 文件夹的路径，此时代码 7-3 所示的程序则不再需要指定该参数。在 Hadoop 安装包的 bin 文件夹中还需要添加几个 Hadoop 插件，分别是 winutils.exe、winutils.pdb、libwinutils.lib、hadoop.exp、hadoop.lib、hadoop.pdb。读者可在 GitHub 官网上自行下载并添加到 bin 文件夹中。

（3）设置自定义输入参数。如果程序有自定义的输入参数，那么运行程序之前还需要选择菜单栏中的“Run”→“Edit Configurations”→“Program arguments”选项进行设置。

在代码 7-3 中并没有设置输入参数，因此直接选择菜单栏中的“Run”→“Run”选项，运行 WordCountLocal 程序即可，控制台的输出的部分结果如图 7-35 所示。

```
Run: WordCountLocal
23/09/06 14:50:31 INFO ShuffleBlockFetcherIterator: Started 0 remote fetches in 37 ms
社会主义,1
共生,1
基本,1
赖以生存,1
必须,1
站,1
内在,1
是,2
建设,1
理念,1
```

图 7-35 控制台的输出的部分结果

2. 在 Spark 集群环境中运行 Spark 程序

直接在开发环境下运行 Spark 程序时通常选择的是本地模式。如果数据的规模比较庞大，更常用的方式还是将 Spark 程序编译打包为 JAR 包，并通过 spark-submit 命令提交到 Spark 集群环境中运行。

spark-submit 的脚本在 Spark 安装目录的 bin 目录下，spark-submit 是 Spark 为所有支持的集群管理器提供的一个提交作业的工具。Spark 在 example 目录下有 Scala、Java、Python 和 R 的示例程序，都可以通过 spark-submit 运行。

spark-submit 提交 JAR 包到 Spark 集群有一定的格式要求，需要设置一些参数，参数设置如代码 7-4 所示，其参数说明如表 7-2 所示。

代码 7-4 参数设置

```
./bin/spark-submit --class <main-class> \
--master <master-url> \
--deploy-mode <deploy-mode> \
--conf <"key=value"> \
... # other options
<application-jar> \
[application-arguments]
```

表 7-2 参数说明

参数	参数说明
--class	应用程序的入口点，指主程序
--master	指定要连接的集群 URL 的参数，具体参数说明如表 7-1 所示

续表

参数	参数说明
--deploy-mode	设置将驱动程序部署在集群（cluster）的工作节点，或将其部署在本地的外部客户端（client）
--conf	设置任意 Spark 配置属性，允许使用"key=value WordCount"的格式设置任意的 SparkConf 配置项
application-jar	包含应用程序和所有依赖关系的 JAR 包的路径
application-arguments	传递给 main()方法的参数

如果除了设置运行的 application.jar 之外不设置其他参数，那么 Spark 程序默认在本地运行。

在 HelloWorld 工程中下新建 AverageDriver 类，并指定类型为 object，将代码 7-3 所示的程序中的 URL 参数更改为在 Spark 集群环境中运行，如代码 7-5 所示。程序中无须设置 master 地址、Hadoop 安装包位置。输入、输出路径可通过 spark-submit 指定。

代码 7-5　更改后的 WordCountLocal 程序

```
import com.huaban.analysis.jieba.JiebaSegmenter
import org.apache.spark.{SparkConf, SparkContext}

object AverageDriver {
  def main(args: Array[String]): Unit = {
    val conf = new SparkConf().setAppName("wordCount")
    val sc = new SparkContext(conf)
    val output = args(0)
    val str = "大自然是人类赖以生存发展的基本条件。尊重自然、顺应自然、保护自然，是全面建设社会主义现代化国家的内在要求。必须牢固树立和践行绿水青山就是金山银山的理念，站在人与自然和谐共生的高度谋划发展。"
    val ss = new JiebaSegmenter().sentenceProcess(str).toString
    val words = new JiebaSegmenter().sentenceProcess(str).toArray // 将中文进行分词后转换为数组
    val count = sc.parallelize(words) // 将数组转换为 RDD
      .map(x => (x, 1)) // 将每一项转换为 Key-Value，数据 x 是 Key，1 是 Value
      .reduceByKey((x, y) => x + y) // 将具有相同 Key 的项相加合并成一个
    count.repartition(1).saveAsTextFile(output) // 将结果保存至 output
  }
}
```

程序编写完成后按照以下步骤进行编译打包。

（1）在 IntelliJ IDEA 中打包工程（输出 JAR 包）。在菜单栏中选择“File”→“Project Structure”选项，在弹出的对话框中选择“Artifacts”选项，单击 + 按钮，依次选择“JAR”→“Empty”，如图 7-36 所示。

在弹出的对话框中，“Name”对应的文本框用于自定义 JAR 包的名称，设置为“word”，双击右侧栏“HelloWorld”下的“'HelloWorld'compile output”，它会转移到左侧，如图 7-37 所示。表示已添加工程至 JAR 包中，再单击“OK”按钮即可。

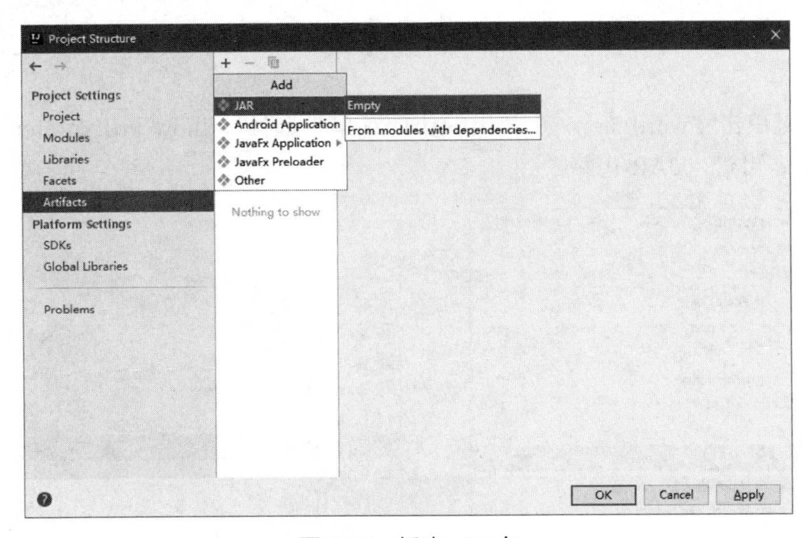

图 7-36　新建 JAR 包

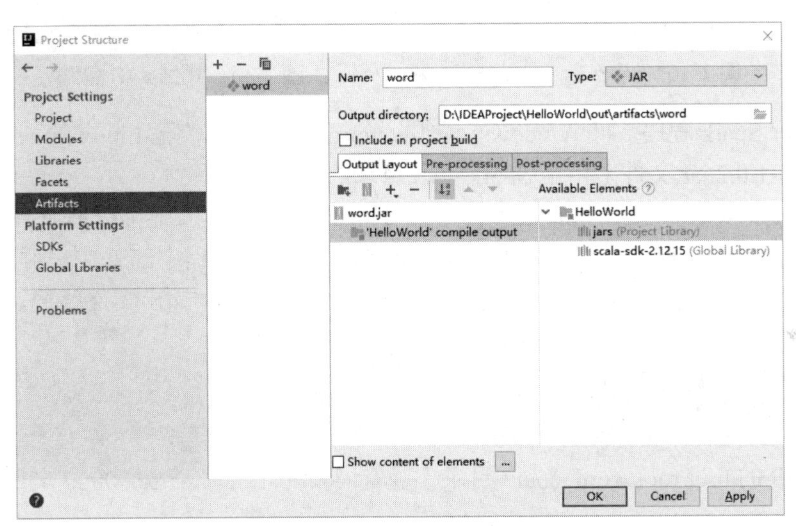

图 7-37　JAR 设置

（2）编译生成构件。构件（Artifact）是指在软件构建过程中生成的可部署的或可执行的文件。Artifact 包含了项目的源代码、依赖项以及其他必要的资源，可以被部署到目标环境中以供运行或使用。选择菜单栏中的“Build”→“Build Artifacts…”命令，如图 7-38 所示。在弹出的窗体中选择“word”→“Build”选项，如图 7-39 所示。

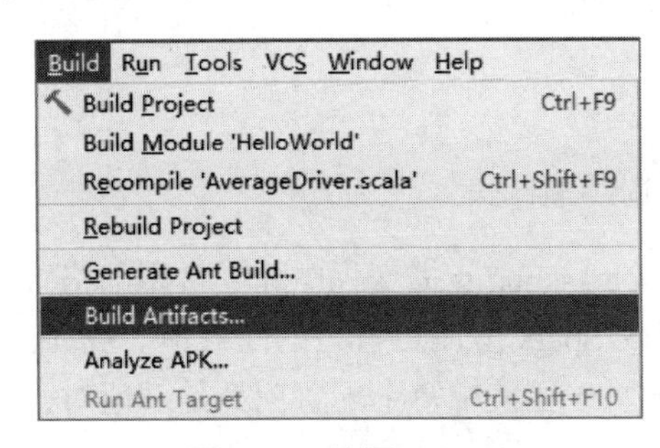

图 7-38　编译 Artifact

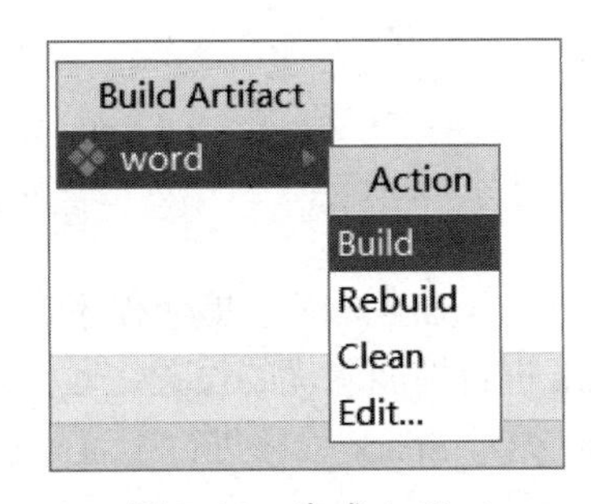

图 7-39　生成 Artifact

生成 Artifact 后，在工程目录中会有一个 out 目录，可以看到生成的 JAR 包，如图 7-40 所示。

鼠标右键单击“word.jar”，在弹出的快捷菜单中选择“Show in Explorer”命令，如图 7-41 所示，可进入 JAR 包路径。

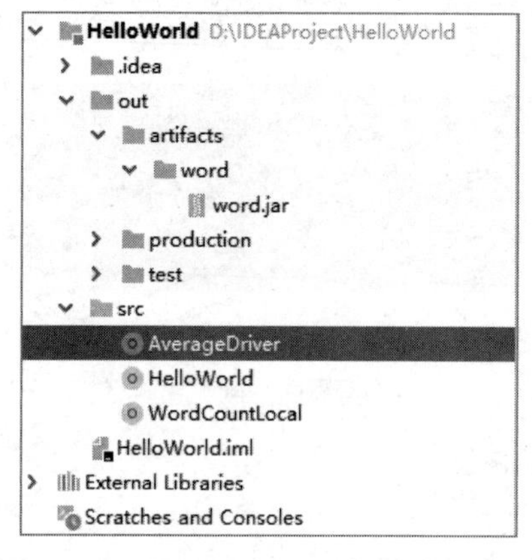

图 7-40　word.jar

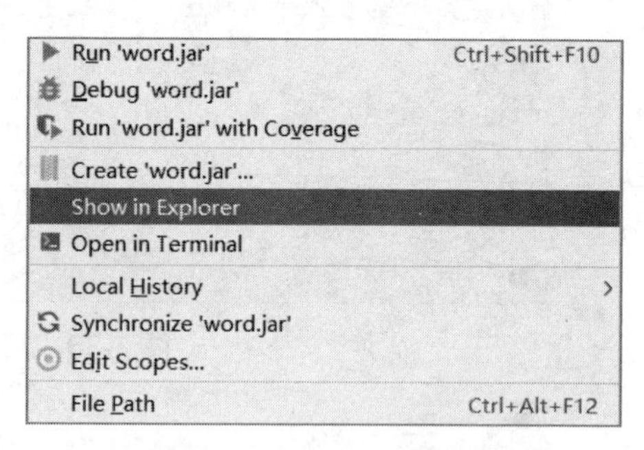

图 7-41　找到 JAR 包路径

（3）运行 Spark 程序。将 Windows 本地的 word.jar 文件上传至 Linux 的 opt 目录下，将 jieba-analysis-1.0.2.jar 文件上传至 Spark 安装目录的 jars 目录下。

进入 Spark 安装目录的 bin 目录下，使用 spark-submit 提交 Spark 程序至集群中，如代码 7-6 所示。--master 设置连接的集群 URL 参数为将驱动程序部署在集群的工作节点，--class 设置程序入口点，再设置 JAR 包路径、输入文件路径和输出文件路径。

代码 7-6　提交程序至集群中

```
./spark-submit --master yarn --deploy-mode cluster \
--class AverageDriver \
/opt/word.jar /user/root/word_count
```

在 HDFS 的/uscr/root/word_count 目录下查看词频统计结果 part-000000 文件，如图 7-42 所示。

图 7-42　词频统计结果

（4）优化 spark-submit 提交程序命令。spark-submit 提交程序除了常用的格式外，还包含对 Spark 进行性能调优的设置，通常是修改 Spark 应用运行时的配置项。Spark 主要通过 SparkConf 类对 Spark 程序进行配置。SparkConf 实例中每个配置项都是键值对，可以通过 set()方法设置。

如果在程序中通过 SparkConf 设置了程序运行时的配置，那么在更改时需要对程序修改并重新打包，过程比较烦琐。Spark 允许通过 spark-submit 脚本动态设置配置项。当程序被 spark-submit 脚本启动时，脚本即可将配置项设置到运行环境中。当创建 SparkConf 时，这些配置项将会被检测出来并进行自动配置。因此，使用 spark-submit 时，Spark 程序中只需要创建一个“空”的 SparkConf 实例，无须进行任何设置，直接传给 SparkContext 的构造方法即可。

spark-submit 支持从配置文件中读取配置项的值，这对一些与环境相关的配置项比较有用。默认情况下，spark-submit 脚本将在 Spark 安装目录中找到 conf/spark-default.conf 文件，读取文件中以空格隔开的键值对配置项，但也可以通过 spark-submit 的--properties-File 标记指定读取的配置文件的位置。

如果存在一个配置项在系统配置文件、应用程序、spark-submit 等多个地方均进行了设置的情况，那么 Spark 有特定的优先级选择实际的配置。优先级最高的是应用程序中 set() 方法设置的配置项，其次是 spark-submit 传递的参数，接着是写在系统配置文件中的值，最后是系统默认值。

spark-submit 为常用的 Spark 配置项提供了专用的标记，而对于没有专用标记的配置，可以通过通用的--conf 接收任意 Spark 配置项的值。Spark 的配置项有很多，常用配置项如表 7-3 所示。

表 7-3 Spark 常用配置项

选项	描述
--name Name	设置程序名
--jars JARS	添加依赖包
--driver-memory MEM	Driver 使用的内存大小
--executor-memory MEM	Executor 使用的内存大小
--total-executor-cores NUM	Executor 使用的总内核数
--executor-cores NUM	每个 Executor 使用的内核数
--num-executors NUM	启动的 Executor 数量
spark.eventLog.dir	保存日志相关信息的路径，可以是 hdfs://开头的 HDFS 路径，也可以是 file://开头的本地路径，路径均需要提前创建
spark.eventLog.enabled	是否开启日志记录
spark.cores.max	当应用程序运行在 Standalone 集群或粗粒度共享模式 Mesos 集群时，应用程序向集群请求的最大 CPU 内核总数（不是指一台机器，而是整个集群）。如果不设置，那么对于 Standalone 集群将使用 spark.deploy.defaultCores 中的数值，而 Mesos 集群将使用集群中可用的内核

设置 spark-submit 提交词频统计程序时的环境配置和运行时所启用的资源，如代码 7-7 所示。分配给每个 Executor 的内核数为 1，内存为 1GB。

代码 7-7 设置环境配置和运行时所启用的资源

```
./spark-submit --master yarn --deploy-mode cluster \
--executor-memory 1G \
```

```
--executor-cores 1 \
--class AverageDriver \
/opt/word.jar /user/root/word_count2
```

【项目实施】

任务一　开发环境下实现流量数据违规识别

在项目 4～项目 6 中，分步实现了广告流量数据的违规识别，代码分散，为便于他人使用，通过 IntelliJ IDEA 工具进行代码封装。

（一）集群连接参数设置

由于流量数据保存在 Hive 中，要使用 Scala 工程访问操作 Hive 表数据，则需要准备好如下配置。

（1）切换至 Hadoop 安装目录的/sbin 目录，执行命令“./start-all.sh”启动 Hadoop 集群，如图 7-43 所示。

```
[root@master sbin]# ./start-all.sh
Starting namenodes on [master]
Last login: Sun Aug  6 17:03:14 CST 2023 on pts/0
Starting datanodes
Last login: Sun Aug  6 17:10:35 CST 2023 on pts/0
Starting secondary namenodes [master]
Last login: Sun Aug  6 17:10:38 CST 2023 on pts/0
2023-08-06 17:11:51,263 WARN util.NativeCodeLoader: Unable to load native-hadoop library
 for your platform... using builtin-java classes where applicable
Starting resourcemanager
Last login: Sun Aug  6 17:11:05 CST 2023 on pts/0
Starting nodemanagers
Last login: Sun Aug  6 17:12:03 CST 2023 on pts/0
```

图 7-43　启动 Hadoop 集群

（2）启动 Hive 的元数据服务，如代码 7-8 所示。

代码 7-8　启动 Hive 的元数据服务

```
hive --service metastore &
```

（3）新建一个名为 SparkSQL 的 Scala 工程，创建好后，鼠标右键单击 SparkSQL，依次选择“New”→“Directory”，创建名为“resources”的文件夹，将 Hive 安装目录的/conf 目录中的 hive-site.xml 复制到 SparkSQL 工程下的 resources 文件夹中，并参考本项目第（三）小节，添加 Spark 开发依赖包，SparkSQL 工程结构如图 7-44 所示。

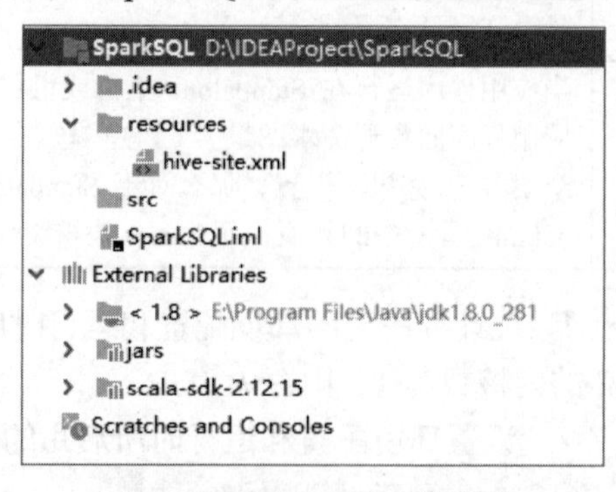

图 7-44　SparkSQL 工程结构

（二）封装代码

在 SparkSQL 工程里，鼠标右键单击 SparkSQL 工程下的“src”文件夹，依次选择“New”→“Package”选项，新建一个包，包名为“com.tipdm.demo”，在 com.tipdm.demo 包里编写 Spark 程序实现如下功能。

（1）连接到 Hive 数据库，读取流量检测数据。

（2）清洗读取的数据，包括数据预处理、缺失值处理等。

（3）使用随机森林算法对清洗后的数据进行建模和训练。

封装代码的实现步骤如下。

（1）鼠标右键单击 com.tipdm.demo 包，依次选择“New”→“Scala Class”选项，在包下新建一个 Scala 类，并指定类型为 object，新建 Data_Preprocessing 类，实现数据清洗，如代码 7-9 所示。

代码 7-9　封装数据清洗

```
package com.tipdm.demo
import org.apache.spark.sql.{SaveMode, SparkSession}
object Data_Preprocessing {
  def main(args: Array[String]): Unit = {
    val spark = SparkSession.builder()
      .appName("spark_hive")
      .enableHiveSupport()
      .getOrCreate()
    //数据预处理，删除缺失率过高的字段
    val df = spark.sql("select * from ad_traffic.case_data_sample")
    val df_new = df.drop("mac").drop("creativeid")
      .drop("mobile_os").drop("mobile_type")
      .drop("app_key_md5").drop("app_name_md5").drop("os_type")
    df_new.write.mode(SaveMode.Overwrite).saveAsTable("ad_traffic.case_data_
sample_new")
  }
}
```

（2）鼠标右键单击 com.tipdm.scalaDemo 包，依次选择“New”→“Scala Class”选项，在包下新建一个 Scala 类，并指定类型为 object，新建 Building_Features 类，实现特征构建，如代码 7-10 所示。

代码 7-10　封装特征构建

```
package com.tipdm.demo

import org.apache.spark.sql.{SaveMode, SparkSession}
import org.apache.spark.sql.functions.{col, count, countDistinct, max, min,
substring_index}

object Building_Features {
  def main(args: Array[String]): Unit = {
    val spark = SparkSession.builder()
      .appName("spark_hive")
      .enableHiveSupport()
      .getOrCreate()
```

```
    val timestamps = "timestamps"
    val dt = "dt"
    val cookie = "cookie"
    val ip = "ip"
    val N = "N"
    val N1 = "N1"
    val N2 = "N2"
    val N3 = "N3"
    val ranks = "rank"
    val data = spark.sql("select * from ad_traffic.case_data_sample_new2")
    // 取出时间戳最大值、最小值
    val max_min_timestamp = data.select(max(col(timestamps)) as "max_ts",
min(col(timestamps)) as "min_ts").rdd.collect
    val max_ts = max_min_timestamp(0).getString(0).toInt
    val min_ts = max_min_timestamp(0).getString(1).toInt
    // 以 18000s 切割时间段
    val times = List.range(min_ts, max_ts, 18000)
    // 计算每 5h 的特征值并合并
    for (i <- 0 to times.length-1) {
      val data_sub = {
        if (i == times.length - 1) {
            data.filter("timestamps>=" + times(i))
        }
        else {
            data.filter("timestamps>=" + times(i) + " and timestamps<" + times(i + 1))
        }
      }
      val data_N_sub = data_sub.groupBy(cookie, ip).agg(count(ip) as N)
        .join(data_sub, Seq(cookie, ip), "inner").select(ranks, N)
      val data_N1_sub = data_sub.groupBy(ip).agg(countDistinct(cookie) as N1)
        .join(data_sub, Seq(ip), "inner").select(ranks, N1)
      // 截取 IP 地址前两段作为一个新列
      val data_ip_two = data_sub.withColumn("ip_two", substring_index(col(ip), ".", 2))
      // 截取 IP 地址前 3 段作为一个新列
      val data_ip_three = data_sub.withColumn("ip_three", substring_index(col(ip),
".", 3))
      val data_N2_sub = data_ip_two.groupBy("ip_two").agg(count("ip_two") as N2)
        .join(data_ip_two, Seq("ip_two"), "inner").select(ranks, N2)
      val data_N3_sub = data_ip_three.groupBy("ip_three").agg(count("ip_three") as
N3)
        .join(data_ip_three, Seq("ip_three"), "inner").select(ranks, N3)
      // 连接 4 个关键特征
      data_N_sub.join(data_N1_sub, ranks).join(data_N2_sub, ranks).join
(data_N3_sub, ranks)
        .repartition(1).write.mode(SaveMode.Append)
        .saveAsTable("ad_traffic.case_data_sample_model_N2")
    }
    // 构建特征数据
    val data_model = spark.sqlContext.read.table("ad_traffic.case_data_sample_
model_N2")
```

```
    .join(data, ranks).select(col(ranks), col(N), col(N1), col(N2), col(N3),
col("label").cast("double"))
    data_model.write.mode(SaveMode.Overwrite).saveAsTable("ad_traffic.case_data_
sample_model2")
  }
}
```

（3）鼠标右键单击 com.tipdm.scalaDemo 包，依次选择“New”→“Scala Class”选项，在包下新建一个 Scala 类，并指定类型为 object，新建 Building_Model 类，实现模型构建，如代码 7-11 所示。

代码 7-11 封装模型构建

```
package com.tipdm.demo

import org.apache.spark.ml.feature.VectorAssembler
import org.apache.spark.ml.feature.MinMaxScaler
import org.apache.spark.sql.{DataFrame, SparkSession}
import org.apache.spark.ml.classification.RandomForestClassifier
import org.apache.spark.ml.feature.{IndexToString, StringIndexer, VectorIndexer}
import org.apache.spark.ml.evaluation.MulticlassClassificationEvaluator

object Building_Model {
  def main(args: Array[String]): Unit = {
    val spark = SparkSession.builder()
      .appName("spark_hive")
      .enableHiveSupport()
      .getOrCreate()

    val data = spark.sqlContext.read.table("ad_traffic.case_data_sample_model2")

    // 特征数据标准化
    val scaledData = getScaledData(data)
    //数据分割
    val Array(trainingData, testData) = scaledData.randomSplit(Array(0.7, 0.3))
    val Array(training, test) = trainingData.randomSplit(Array(0.7, 0.3))
    // 训练决策树模型
    val rf = new RandomForestClassifier()
      .setLabelCol("label").setFeaturesCol("scaledFeatures").setNumTrees(5)
    val model = rf.fit(training)
    // 保存模型
    model.write.overwrite().save("/user/root/rfModel")
    // 使用模型进行预测
    val predictions = model.transform(test)
    predictions.select("label", "prediction").show(5, false)
    val evaluator = new MulticlassClassificationEvaluator()
      .setLabelCol("label").setPredictionCol("prediction").setMetricName("accuracy")
    val accuracy = evaluator.evaluate(predictions)
    println("随机森林模型的准确率:" + accuracy)
  }

  def getScaledData(data: DataFrame) = {
```

```
    val assembe_data = new VectorAssembler().setInputCols(Array("N", "N1", "N2", "N3"))
      .setOutputCol("features").transform(data)
    val scaler = new MinMaxScaler().setInputCol("features").setOutputCol("scaledFeatures")
    val scalerModel = scaler.fit(assembe_data)
    val scaledData = scalerModel.transform(assembe_data)
    scaledData
  }
}
```

（三）运行 Spark 程序

将 Spark 程序提交到 spark-submit 中运行，其步骤如下。

（1）在 IntelliJ IDEA 中打包工程生成 SparkSQL.jar 包。

（2）将 SparkSQL.jar 包上传至 Linux 的/opt 目录下，进入 Spark 安装目录的/bin 目录下，使用 spark-submit 提交 Spark 程序至集群中运行，如代码 7-12 所示，运行结果如图 7-45 所示。

代码 7-12　提交 Spark 程序至集群中运行

```
// 运行 Data_Preprocessing 类
./spark-submit --class com.tipdm.demo.Data_Preprocessing /opt/SparkSQL.jar
// 运行 Building_Features 类
./spark-submit --class com.tipdm.demo.Building_Features /opt/SparkSQL.jar
// 运行 Building_Model 类
./spark-submit --class com.tipdm.demo.Building_Model /opt/SparkSQL.jar
```

```
+-----+----------+
|label|prediction|
+-----+----------+
|0.0  |0.0       |
|1.0  |0.0       |
|1.0  |1.0       |
|0.0  |0.0       |
|1.0  |1.0       |
+-----+----------+
only showing top 5 rows

随机森林模型的准确率:0.8988852946685939
```

图 7-45　spark-submit 提交 Spark 程序至集群中运行结果

需要注意的是，由于随机森林基于集成学习的算法特点，在构建每棵决策树时会进行随机特征选择和随机样本选择。因此，构建不同的决策树，最终的模型结构和性能可能会有所不同，模型评估的准确率会存在一些细微差别。

任务二　模型应用

在应用模型进行虚假流量识别时，首先需要对得到的流量数据进行数据处理，得到可以输入模型的数据后，再加载模型对这些数据进行预测，将预测结果返回即可。

鼠标右键单击“src”，依次选择“New”→“Scala Class”选项，在包下新建一个 Scala 类，并指定类型为 object，新建 Application 类，通过加载存储好的随机森林模型，进行虚假流量识别，如代码 7-13 所示。

代码 7-13　模型应用

```
import org.apache.spark.sql.SparkSession
import org.apache.spark.ml.classification.RandomForestClassificationModel
import org.apache.spark.ml.evaluation.MulticlassClassificationEvaluator

object Application {
  def main(args: Array[String]): Unit = {
    val spark = SparkSession.builder()
      .appName("Application")
      .getOrCreate()
    val TestData = spark.read.table("ad_traffic.testData")

    // 加载随机森林模型并使用
    val RandomForest = RandomForestClassificationModel.load(
      "hdfs://192.168.128.130:8020/user/root/rfModel")
    val RandomForestPre = RandomForest.transform(TestData)
    val RandomForestAcc = new MulticlassClassificationEvaluator()
      .setLabelCol("label")
      .setPredictionCol("prediction")
      .setMetricName("accuracy")
      .evaluate(RandomForestPre)
    println("随机森林模型后期数据准确率：" + RandomForestAcc)
  }
}
```

将程序打包上传至/opt 目录下，执行“./spark-submit --class Application /opt/SparkSQL.jar”命令运行程序，运行结果如图 7-46 所示。

```
随机森林模型后期数据准确率：0.8991655144494879
```

图 7-46　模型应用运行结果

真实场景中后期训练的数据是没有 label 标签的，但是由于在模拟情况下，所使用的数据依旧包含 label 列，因此可以对新数据的预测结果进行准确率计算，通过图 7-43 所示的运行结果可以了解到，保存的模型再次加载后并不会影响模型的效果。

【项目总结】

本项目首先介绍了如何搭建 Java 开发环境以及 Spark 开发环境，通过开发环境搭建，实现 Spark 程序在开发环境下运行。然后对广告流量检测违规识别项目的数据预处理、特征构建以及模型构建代码进行封装。最后将在 IntelliJ IDEA 中打包工程输出的 JAR 包在集群中运行。

【技能拓展】

Spark 注重建立良好的生态系统，不仅支持多种外部文件存储系统，还提供了多种多样的集成开发环境。Eclipse 本身不支持 Scala 语言，但是通过安装插件 Scala IDE，Eclipse 就能很好地支持 Scala 语言的开发。建议在 Scala IDE 官网下载专门开发的 Scala 的 Eclipse，安装时要保证 Scala-IDE 插件与本地的 Scala 版本相匹配。从官网下载插件后，解压压缩包，进入路径..\scala-SDK-4.7.0-vfinal-2.12-win32.win32.x86_64\eclipse，双击“eclipse.exe”应用程序，即可在 Eclipse 中运行 Spark 程序，基本流程如图 7-47 所示。

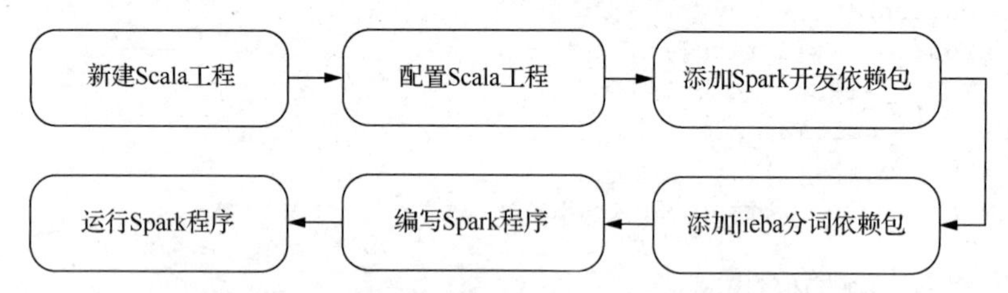

图 7-47　在 Eclipse 中运行 Spark 程序的基本流程

新建一个名为 WordCount 的工程，并运行 Spark 程序的步骤如下。

（1）新建 Scala 工程。单击 Eclipse 界面左上角“File”，在弹出的列表中单击“New”，选择“Scala Project”，如图 7-48 所示。

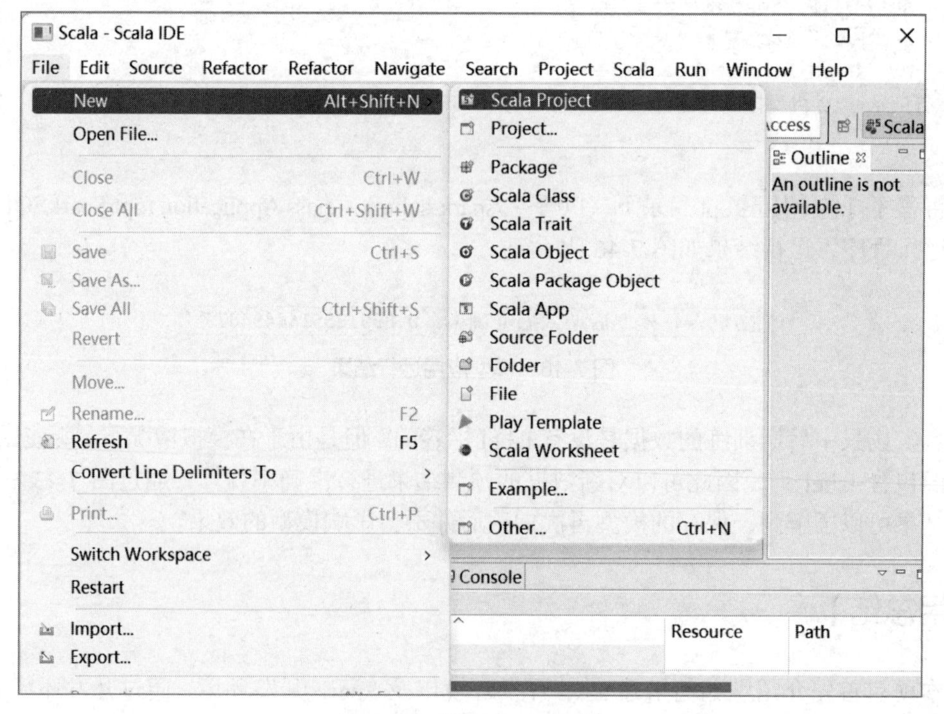

图 7-48　新建 Scala 工程

（2）配置 Scala 工程。在“Project name”文本框中输入工程名“WordCount”，单击“Finsh”按钮后，Scala 工程就创建完成了，如图 7-49 所示。

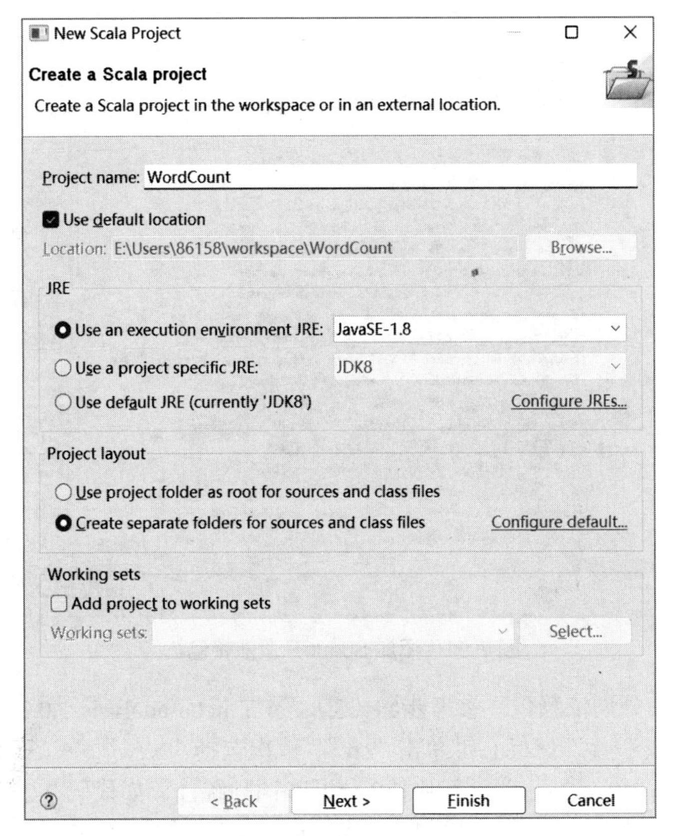

图 7-49 配置 Scala 工程

（3）添加 Spark 开发依赖包。鼠标右键单击“WordCount”，在弹出的快捷菜单中单击“Build Path”选项，在菜单栏选择“Configure Build Path”选项，如图 7-50 所示。在弹出的“Properties for WordCount”对话框中，保持左侧的选项框中的默认设置“Java Build Path”，然后单击“Libraries”选项卡，选择“Add External JARs...”按钮，在弹出的界面中找到 Spark 安装目录下的 jars 文件夹，全选所有文件并导入，如图 7-51 所示，然后单击“Apply and Close”按钮，完成 Spark 开发依赖包的添加。

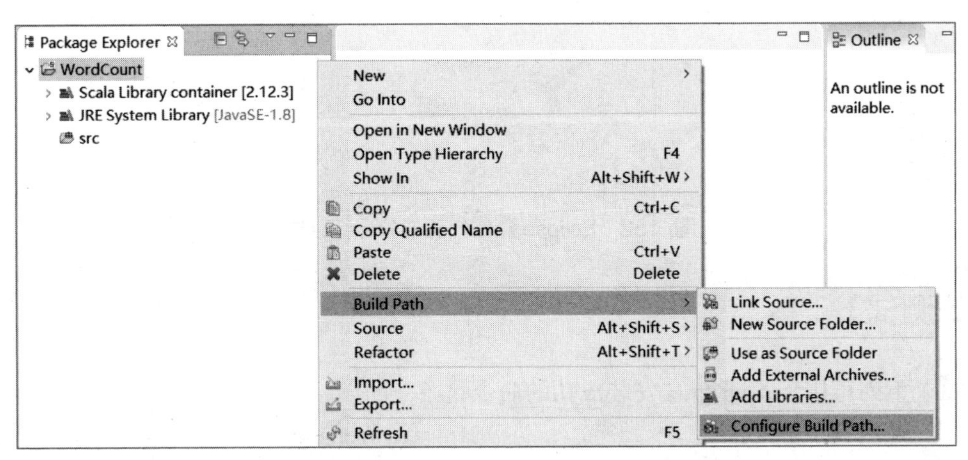

图 7-50 添加 Spark 开发依赖包 1

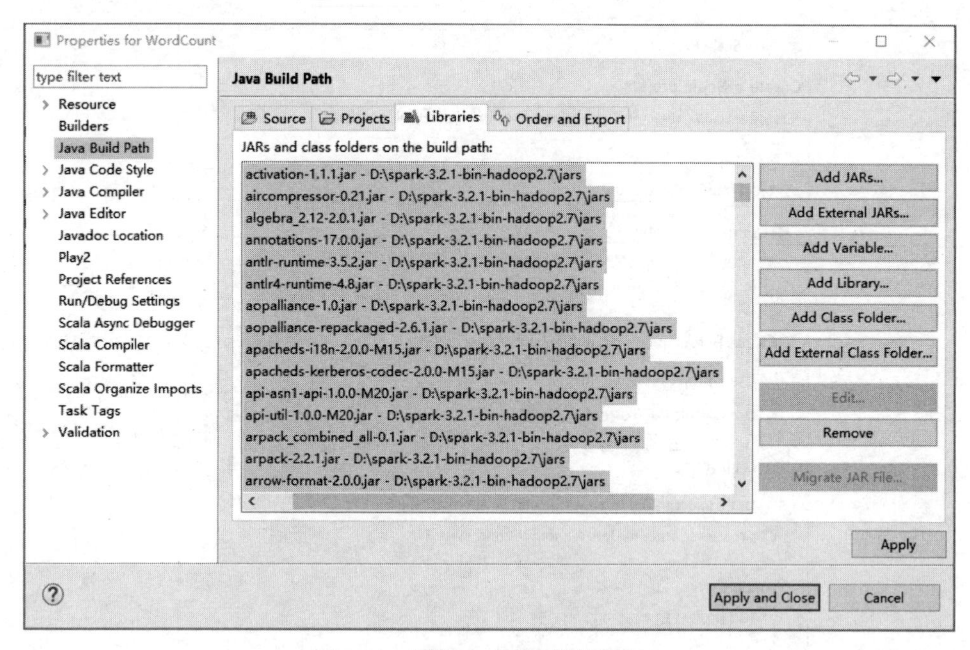

图 7-51　添加 Spark 开发依赖包 2

（4）添加 jieba 分词依赖包。参考步骤（3），添加 jieba-analysis-1.0.2.jar。

（5）编写 Spark 程序。鼠标右键单击“src”，依次选择“New”→“Scala Object”选项，新建一个 Scala 类“WordCount”，实现中文分词和词频统计，如代码 7-2 所示。

（6）运行 Spark 程序。鼠标右键单击，选择“Run As”，单击“Scala Application”，Eclipse 测试代码部分运行结果如图 7-52 所示。

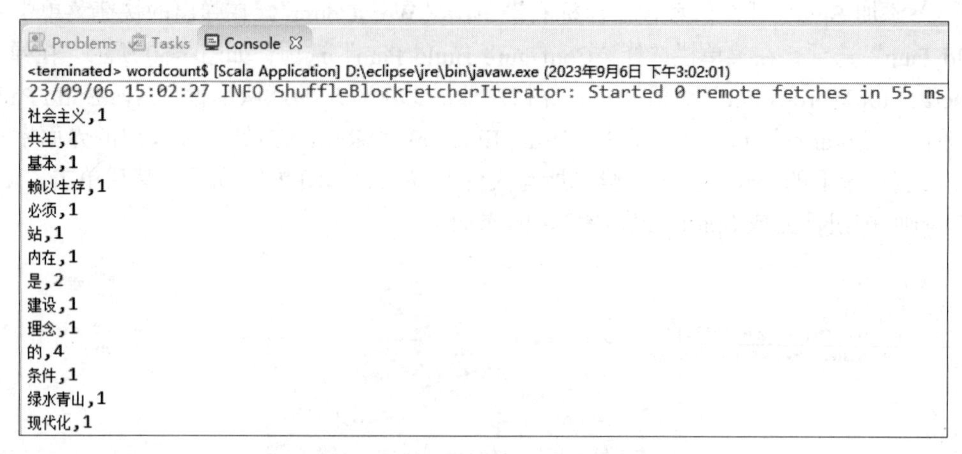

图 7-52　Eclipse 测试代码部分运行结果

【知识测试】

（1）下列可用于验证 Java 安装成功的命令是（　　）。

A. java version　　B. java -version

C. java --version　　D. java -v

（2）下列关于 Scala 插件安装说法错误的是（　　）。

A. IntelliJ IDEA 需要安装 Scala 插件，配置 Scala 开发环境

B. Scala 插件的安装有在线安装和离线安装两种方式

C. 使用离线安装的方式安装 Scala 插件时，Scala 插件需要提前下载至本地计算机中

D. Scala 插件安装完成后 IDEA 不需要重启

（3）下列说法错误的是（　　）。

A. 在 IntelliJ IDEA 中，不是所有 Spark 程序均从实例化 SparkContext 对象开始的

B. 使用 Scala、Python 或 R 语言编写的 Spark 程序，均是通过 SparkContext 对象的实例化来创建 RDD 的

C. 在 spark-shell 中，SparkContext 对象自动实例化为变量 sc

D. 在 IntelliJ IDEA 中进行 Spark 应用程序开发时，需要在 main()方法中初始化 SparkContext 对象

（4）设置 spark-submit 提交程序时的环境配置和运行时所启用的资源的配置项有很多，下列哪个选项用来配置 Executor 使用的内存大小？（　　）

A. --driver-memory MEM　　B. --executor-memory MEM

C. --total-executor-cores NUM　　D. --executor-cores NUM

（5）SparkConf 包含 Spark 集群配置的各种参数，下列哪个选项用来设置 Spark 的 URL 参数？（　　）

A. setSparkHome　　B. setMaster

C. setAppName　　D. setJars

（6）【多选题】Spark 的属性选项“master”的 URL 参数可分为 Local 模式和集群模式，Local 模式常用于本地开发与测试，集群模式又分为（　　）。

A. spark://HOST:POST 模式　　B. YARN 模式

C. mesos://HOST:POST 模式　　D. Local 模式

【技能测试】

测试　农产品销售分析

1. 测试要点

（1）掌握 Scala 工程创建。

（2）掌握将 Spark 程序提交到 spark-submit 中运行。

2. 需求说明

坚持农业农村优先发展，坚持城乡融合发展，畅通城乡要素流动。为加快建设农业强国，扎实推动乡村产业振兴，本测试采集的数据涵盖全国主要省份的 180 多家大型农产品批发市场，380 多种农产品品类，字段说明如表 7-4 所示，通过分析了解全国农产品市场的销售情况。

表 7-4　字段说明

字段	字段说明
name	农产品名称
price	批发价格，单位：元
craw_time	采集时间
market	农产品批发市场名称
province	省份
city	城市

3. 实现步骤

（1）创建 Scala 工程。

（2）统计每个省份的农产品批发市场总数。

（3）根据农产品类型数量，统计排名前 3 的省份。

（4）根据农产品类型数量，统计每个省份排名前 3 的农产品市场。

（5）计算山西省每种农产品的批发价格波动趋势。

项目 8 基于 TipDM 大数据挖掘建模平台实现广告流量检测违规识别

【教学目标】

1. 知识目标

了解 TipDM 大数据挖掘建模平台的相关概念和特点。

2. 技能目标

（1）能够使用 TipDM 大数据挖掘建模平台完成广告流量检测违规识别项目总体流程的设计、配置。

（2）能够使用 TipDM 大数据挖掘建模平台完成项目流程的实现。

3. 素质目标

（1）具备快速学习能力，能够快速上手使用 TipDM 大数据挖掘建模平台。

（2）具有总结概括信息能力，能够根据项目 4～项目 7 的内容，配置可用于 TipDM 大数据挖掘建模平台的总体流程。

（3）具有学以致用的实践能力，能够使用 TipDM 大数据挖掘建模平台的组件解决具体问题。

【思维导图】

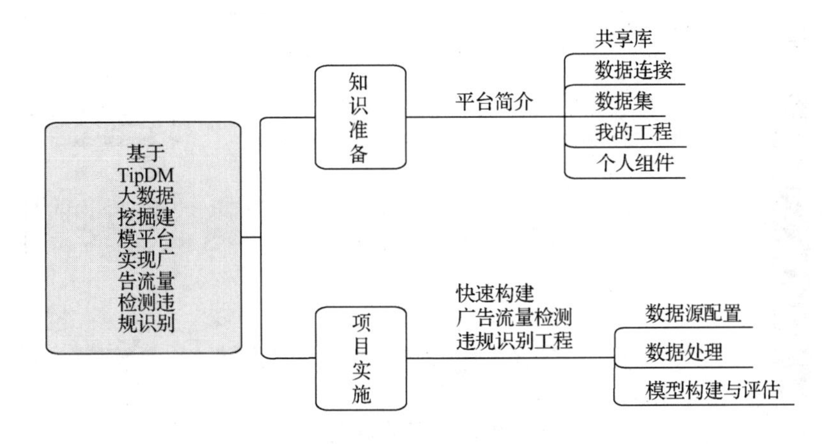

【项目背景】

在本书中介绍了使用 Spark 来实现广告流量检测违规识别项目，相较于传统 Spark 解析器，TipDM 大数据挖掘建模平台具有流程化、去编程化等特点，满足不懂编程的用户使用数据分析技术的需求。本项目将介绍如何使用 TipDM 大数据挖掘建模平台，然后通过该平台实现广告流量检测违规识别。

【项目目标】

根据项目 4～项目 7 的内容，设计广告流量检测违规识别项目的总体流程，通过 TipDM 大数据挖掘建模平台实现广告流量检测违规识别。

【目标分析】

（1）使用 TipDM 大数据挖掘建模平台实现广告流量检测数据的获取。
（2）使用 TipDM 大数据挖掘建模平台实现广告流量检测数据的处理。
（3）使用 TipDM 大数据挖掘建模平台实现模型的构建与评估。

【知识准备】

平台简介

TipDM 大数据挖掘建模平台是由广东泰迪智能科技股份有限公司自主研发，面向大数据挖掘项目的工具。平台使用 Java 语言开发，采用 B/S（Browser/Server，浏览器/服务器）结构，用户不需要下载客户端，可通过浏览器进行访问。平台具有支持多种语言、操作简单、用户无须具备编程语言基础等特点，以流程化的方式将数据输入/输出、统计分析、数据预处理、挖掘与建模等环节进行连接，从而实现大数据挖掘。平台界面如图 8-1 所示。

图 8-1　平台界面

读者可通过访问平台查看具体的界面情况，操作方法如下。

（1）微信搜索公众号“泰迪学社”或“TipDataMining”，关注公众号。

（2）关注公众号后，回复“建模平台”，获取平台访问方式。

在介绍如何使用大数据挖掘建模平台实现项目分析之前，需要引入平台的几个概念，其基本介绍如表 8-1 所示。

表 8-1　大数据挖掘建模平台的概念基本介绍

概念	基本介绍
组件	将建模过程中涉及的输入/输出、数据探索、数据预处理、绘图、建模等操作分别进行封装，每一个封装好的模块称为组件。 组件分为系统组件和个人组件。 （1）系统组件可供所有用户使用 （2）个人组件由个人用户编辑，仅供个人用户使用
工程	为实现某一数据挖掘目标，将各组件通过流程化的方式进行连接，整个数据流程称为一个工程
参数	每个组件都有提供给用户进行设置的内容，这部分内容称为参数
共享库	用户可以将配置好的工程、数据集，分别公开到模型库、数据集库中作为模板，分享给其他用户，其他用户可以使用共享库中的模板，创建一个无须配置组件便可运行的工程

TipDM 大数据挖掘建模平台主要有以下几个特点。

（1）平台组件基于 Python、R 以及 Hadoop/Spark 分布式引擎，适用于数据分析。Python、R 以及 Hadoop/Spark 是常见的用于数据分析的语言或工具，高度契合行业需求。

（2）用户可在没有 Python、R 或 Hadoop/Spark 编程基础的情况下，使用直观的拖曳式图形界面构建数据分析流程，无须编程。

（3）平台提供公开可用的数据分析示例实训，实现一键创建，快速运行。支持挖掘流程每个节点的结果在线预览。

（4）平台包含 Python、Spark、R 这 3 种工具的组件包，用户可以根据实际需求灵活选择不同的语言进行数据挖掘建模。

下面将对平台“共享库”“数据连接”“数据集”“我的工程”“个人组件”这 5 个模块进行介绍。

（一）共享库

登录平台后，用户即可看到“共享库”模块提供的示例工程（模板），如图 8-1 所示。

“共享库”模块主要用于标准大数据挖掘建模案例的快速创建和展示。通过“共享库”模块，用户可以创建一个无须导入数据及配置参数就能够快速运行的工程。用户可以将自己创建的工程公开到“共享库”模块，作为工程模板，供其他用户一键创建。同时，每一个模板的创建者都具有模板的所有权，能够对模板进行管理。

（二）数据连接

“数据连接”模块支持从 Db2、SQL Server、MySQL、Oracle、PostgreSQL 等常用关系数据库中导入数据，导入数据时的“新建连接”对话框如图 8-2 所示。

新建连接

* 连接名

* URL 请输入数据库连接地址

* 用户名

* 密码

取消 测试连接 确定

图 8-2 “新建连接”对话框

（三）数据集

“数据集”模块主要用于数据挖掘建模工程中数据的导入与管理，支持从本地导入任意类型的数据。导入数据时的“新增数据集”对话框如图 8-3 所示。

新增数据集

* 封面图片

* 名称

标签 请选择

* 有效期（天） 7天

描述 添加一些简短的说明 0/140

数据文件 将文件拖到此，或 点击上传（可上传12个文件，总大小不超过5120MB）

暂无待上传文件

取消 确定

图 8-3 “新增数据集”对话框

（四）我的工程

“我的工程”模块主要用于数据挖掘建模流程的创建与管理，工程示例流程如图 8-4 所示。通过单击“工程”栏下的 （“新建工程”）按钮，用户可以创建空白工程并通过“组件”栏下的组件进行工程配置，将数据输入/输出、预处理、挖掘建模、模型评估等环节通过流程化的方式进行连接，达到数据挖掘与分析的目的。对于完成度高的工程，可以将其公开到“共享库”中，作为模板让其他使用者学习和借鉴。

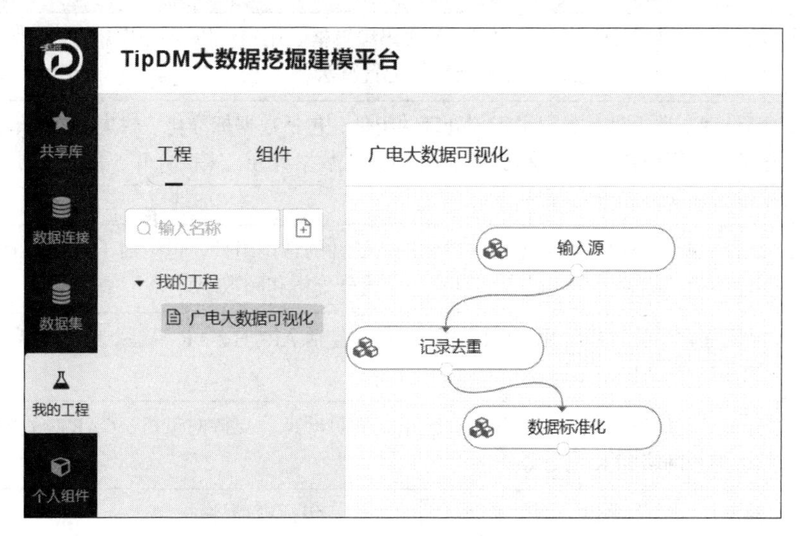

图 8-4　工程示例流程

在“组件”栏下，平台提供了输入/输出组件、Python 组件、R 语言组件、Spark 组件等系统组件，如图 8-5 所示，用户可直接使用。输入/输出组件包括输入源、输出源、输出到数据库等。下面具体介绍 Python 组件、R 语言组件和 Spark 组件。

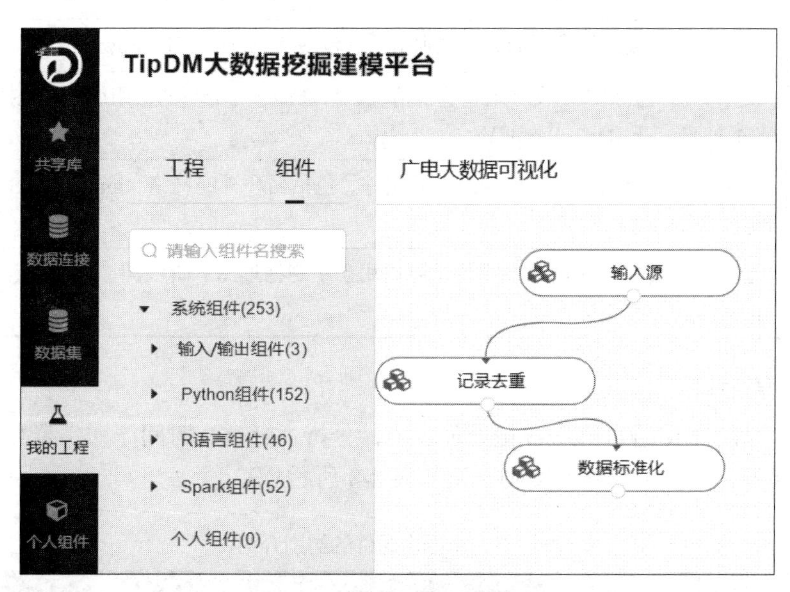

图 8-5　平台提供的系统组件

1. Python 组件

Python 组件包含 Python 脚本、预处理、统计分析、时间序列、分类、模型评估、模型预测、回归、聚类、关联规则、文本分析、深度学习和绘图，共 13 类。Python 组件的类别介绍如表 8-2 所示。

表 8-2 Python 组件的类别介绍

类别	介绍
Python 脚本	"Python 脚本"类提供一个 Python 代码编辑框。用户可以在代码编辑框中粘贴已经编写好的程序代码并直接运行，无须额外配置算法
预处理	"预处理"类提供对数据进行预处理的组件，包括数据标准化、缺失值处理、表堆叠、数据筛选、行列转置、修改列名、衍生变量、数据拆分、主键合并、新增序列、数据排序、记录去重和分组聚合等
统计分析	"统计分析"类提供对数据整体情况进行统计的常用组件，包括因子分析、全表统计、正态性检验、相关性分析、卡方检验、主成分分析和频数统计等
时间序列	"时间序列"类提供常用的时间序列组件，包括 ARCH、AR 模型、MA 模型、灰色预测、模型定阶和 ARIMA 等
分类	"分类"类提供常用的分类组件，包括朴素贝叶斯、支持向量机、CART 分类树、逻辑回归、神经网络和 K 最近邻等
模型评估	"模型评估"类提供了用于模型评估的组件，包括模型评估
模型预测	"模型预测"类提供了用于模型预测的组件，包括模型预测
回归	"回归"类提供常用的回归组件，包括 CART 回归树、线性回归、支持向量回归和 K 最近邻回归等
聚类	"聚类"类提供常用的聚类组件，包括层次聚类、DBSCAN 密度聚类和 KMeans 等
关联规则	"关联规则"类提供常用的关联规则组件，包括 Apriori 和 FP-Growth 等
文本分析	"文本分析"类提供对文本数据进行清洗、特征提取与分析的常用组件，包括情感分析、文本过滤、TF-IDF、Word2Vec 等
深度学习	"深度学习"类提供常用的深度学习组件，包括循环神经网络、implici ALS 和卷积神经网络
绘图	"绘图"类提供常用的画图组件，可以用于绘制柱形图、折线图、散点图、饼图和词云图等

2. R 语言组件

R 语言组件包含 R 语言脚本、预处理、统计分析、分类、时间序列、聚类、回归和关联分析，共 8 类，R 语言组件的类别介绍如表 8-3 所示。

表 8-3 R 语言组件的类别介绍

类别	介绍
R 语言脚本	"R 语言脚本"类提供一个 R 语言代码编辑框。用户可以在代码编辑框中粘贴已经编写好的代码并直接运行，无须额外配置组件
预处理	"预处理"类提供对数据进行预处理的组件，包括缺失值处理、异常值处理、表连接、表合并、数据标准化、记录去重、数据离散化、排序、数据拆分、频数统计、新增序列、字符串拆分、字符串拼接、修改列名等

续表

类别	介绍
统计分析	“统计分析”类提供对数据整体情况进行统计的常用组件，包括卡方检验、因子分析、主成分分析、相关性分析、正态性检验和全表统计等
分类	“分类”类提供常用的分类组件，包括朴素贝叶斯、CART 分类树、C4.5 分类树、BP 神经网络、KNN、SVM 和逻辑回归等
时间序列	“时间序列”类提供常用的时间序列组件，包括 ARIMA 和指数平滑等
聚类	“聚类”类提供常用的聚类组件，包括 KMeans、DBSCAN 密度聚类和系统聚类等
回归	“回归”类提供常用的回归组件，包括 CART 回归树、C4.5 回归树、线性回归、岭回归和 KNN 回归等
关联分析	“关联分析”类提供常用的关联规则组件，包括 Apriori 等

3. Spark 组件

Spark 组件包含预处理、统计分析、分类、聚类、回归、降维、协同过滤和频繁模式挖掘，共 8 类，Spark 组件的类别介绍如表 8-4 所示。

表 8-4 Spark 组件的类别介绍

类别	介绍
预处理	“预处理”类提供对数据进行预处理的组件，包括数据去重、数据过滤、数据映射、数据反映射、数据拆分、数据排序、缺失值处理、数据标准化、衍生变量、表连接、表堆叠和数据离散化等
统计分析	“统计分析”类提供对数据整体情况进行统计的常用组件，包括行列统计、全表统计、相关性分析和重复值缺失值探索
分类	“分类”类提供常用的分类组件，包括逻辑回归、决策树、梯度提升树、朴素贝叶斯、随机森林、线性支持向量机和多层感知分类器等
聚类	“聚类”类提供常用的聚类组件，包括 KMeans 聚类、二分 K 均值聚类和混合高斯聚类等
回归	“回归”类提供常用的回归组件，包括线性回归、广义线性回归、决策树回归、梯度提升树回归、随机森林回归和保序回归等
降维	“降维”类提供常用的数据降维组件，包括 PCA 降维等
协同过滤	“协同过滤”类提供常用的智能推荐组件，包括 ALS 算法、ALS 推荐和 ALS 模型预测
频繁模式挖掘	“频繁模式挖掘”类提供常用的频繁项集挖掘组件，包括 FP-Growth 等

（五）个人组件

“个人组件”模块主要是为了满足用户的个性化需求。用户在使用过程中，可根据自己的需求定制组件，方便使用。目前支持通过 Python 和 R 语言进行个人组件的定制，定制个人组件如图 8-6 所示。

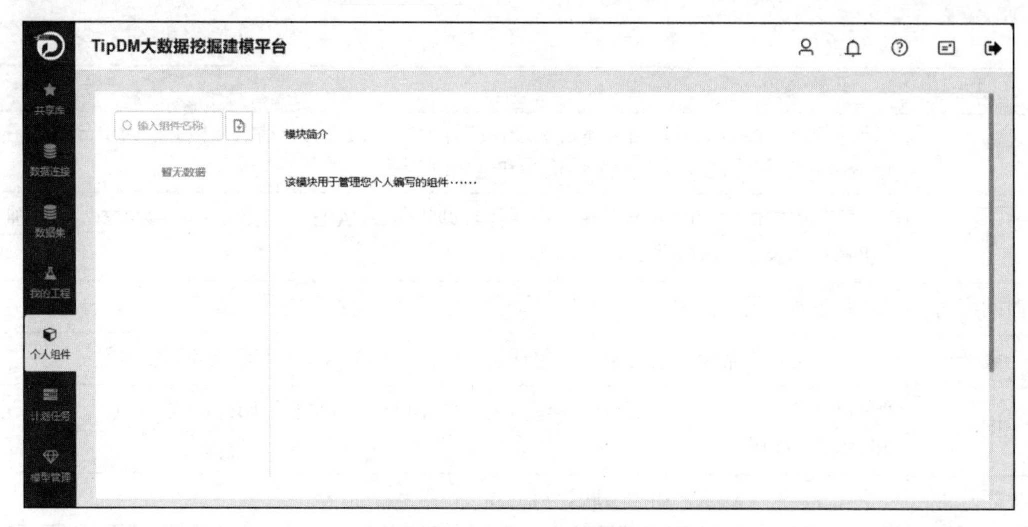

图 8-6　定制个人组件

【项目实施】

任务　快速构建广告流量检测违规识别工程

在 TipDM 大数据挖掘建模平台上构建广告流量检测违规识别项目，主要包括以下 3 个步骤。

（1）配置数据源，导入广告流量检测数据到 TipDM 大数据挖掘建模平台。

（2）对数据进行数据处理。

（3）基于处理好的数据，利用随机森林算法建立分类模型，预测广告流量是否违规，实现模型构建与评估。

在平台上配置得到的广告流量检测违规识别项目的工程结构如图 8-7 所示。

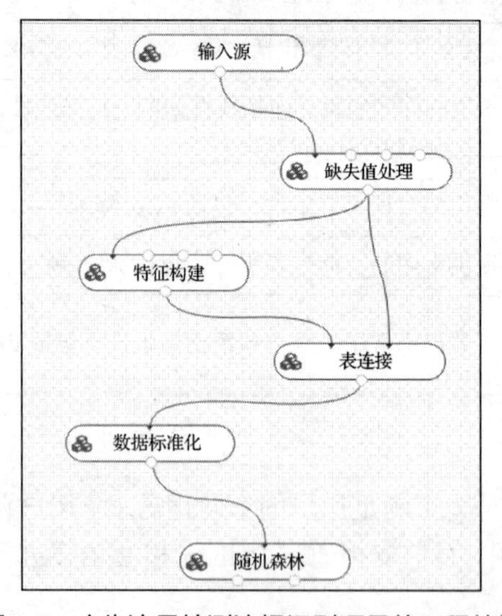

图 8-7　广告流量检测违规识别项目的工程结构

（一）数据源配置

使用 TipDM 大数据挖掘建模平台进行数据源配置的基本流程如图 8-8 所示。

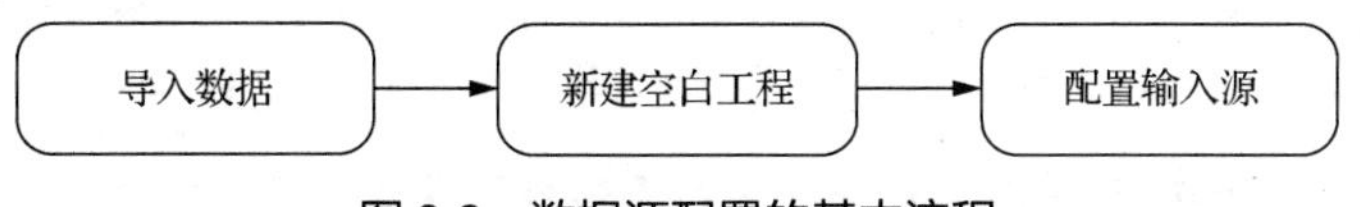

图 8-8　数据源配置的基本流程

1. 导入数据

本项目使用的数据为广告流量检测数据，对应的数据文件为 CSV 文件，使用 TipDM 大数据挖掘建模平台导入数据，步骤如下。

（1）新增数据集。单击“数据集”模块，在“数据集”中选择“新增”，如图 8-9 所示。

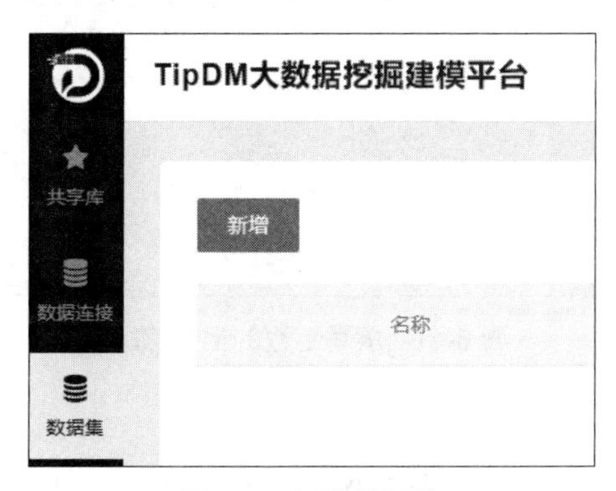

图 8-9　新增数据集

（2）设置新增数据集参数。任意选择一张封面图片，此处使用默认的封面图片，在“名称”文本框中输入“广告流量检测数据”，在“有效期（天）”中选择“永久”，单击“点击上传”链接选择“case_data_new.csv”文件，如图 8-10 所示，等到数据载入成功后，单击“确定”按钮，即可上传数据。

图 8-10　设置新增数据集参数

2. 新建空白工程

数据上传完成后，新建一个命名为“广告流量检测违规识别”的空白工程。

（1）新建空白工程。单击“我的工程”模块，单击按钮，新建一个空白工程。

（2）在“新建工程”对话框中填写工程的相关信息，包括名称和描述，如图 8-11 所示。

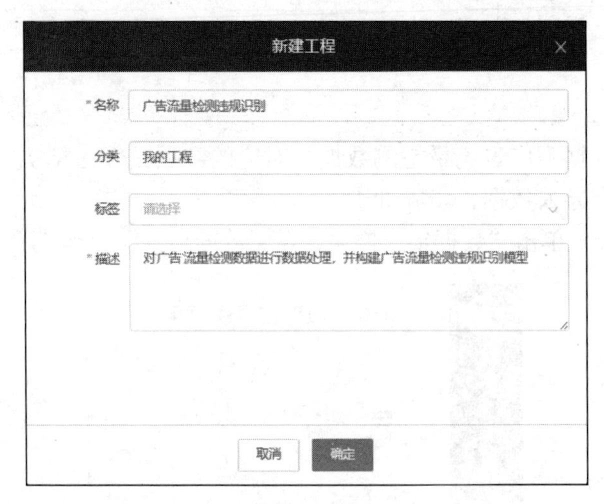

图 8-11　填写工程的相关信息

3. 配置输入源

在“广告流量检测违规识别”工程中配置“输入源”组件，操作步骤如下。

（1）拖曳“输入源”组件。在“我的工程”模块的“组件”栏中，搜索“输入源”，拖曳“输入源”组件至画布中。

（2）配置“输入源”组件。单击画布中的“输入源”组件，然后单击画布右侧“参数配置”栏中的“数据集”框中输入“广告流量检测数据”，在弹出的下拉框中选择“广告流量检测数据”，在“文件列表”中勾选“case_data_new.csv”，如图 8-12 所示。

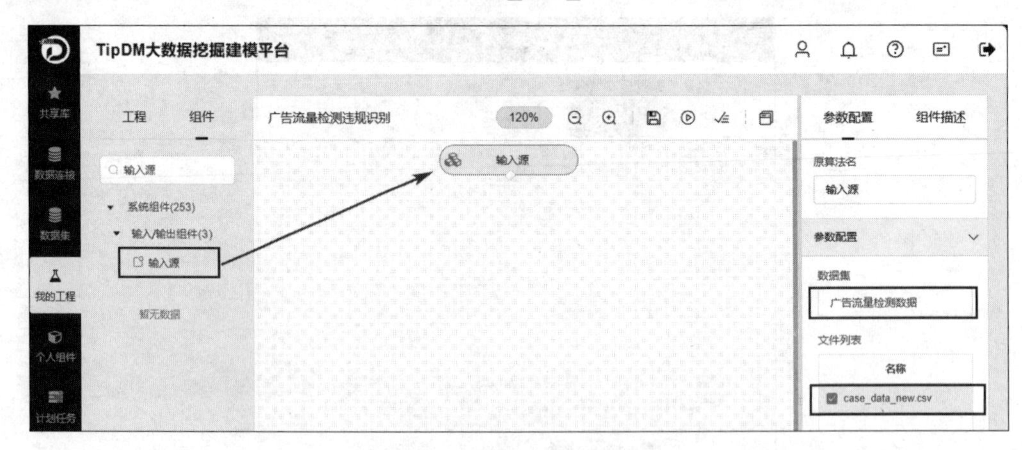

图 8-12　配置“输入法”组件

（3）加载数据。鼠标右键单击“输入源”组件，选择“运行该节点”。运行完成后，可看到“输入源”组件变为绿色，如图 8-13 所示。

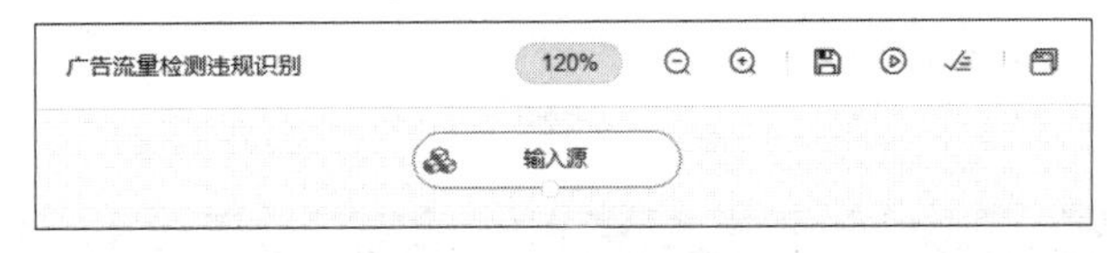

图 8-13　加载数据

（4）查看日志。鼠标右键单击运行完成后的“输入源”组件，选择“查看日志”，可看到“数据载入成功”信息，如图 8-14 所示，说明已成功将广告流量检测数据加载到平台上。

图 8-14　数据载入成功

（二）数据处理

本项目的数据处理主要是对广告流量检测数据进行缺失值处理、特征构建、数据合并、数据标准化等操作。

1. 缺失值处理

基于项目 4 的缺失值统计结果，需将缺失率过高的 mac、creativeid、mobile_os、mobile_type、app_key_md5、app_name_md5、os_type 等字段进行删除，实现缺失值处理。对加载后的广告流量检测数据进行缺失值处理，步骤如下。

（1）拖曳“Spark 脚本”组件至画布中，连接“输入源”组件和“Spark 脚本”组件。鼠标右键单击“Spark 脚本”组件，在弹出的快捷菜单中选择“重命名”并输入“缺失值处理”，再单击“确定”按钮。

（2）配置“缺失值处理”组件。单击画布中的“缺失值处理”组件，删除缺失率过高的 7 个字段，在“代码编辑”中填入本书配套资料中“删除缺失率过高的字段.scala”文件中的内容，如图 8-15 所示（注意：由于平台限制了各框架的大小，所以可能会导致一些输入内容显示不全）；“运行参数”保持默认选择。

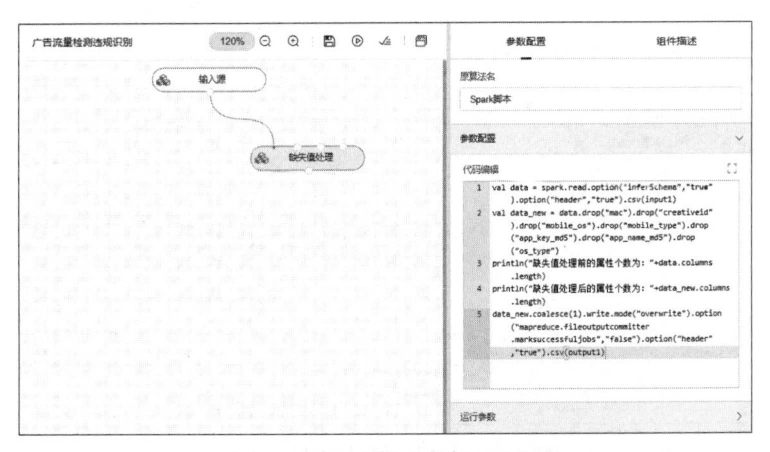

图 8-15　配置“缺失值处理”组件

（3）预览数据。鼠标右键单击“缺失值处理”组件，选择“运行该节点”；运行完成后，鼠标右键单击该组件，选择“查看日志”，其结果如图 8-16 所示。

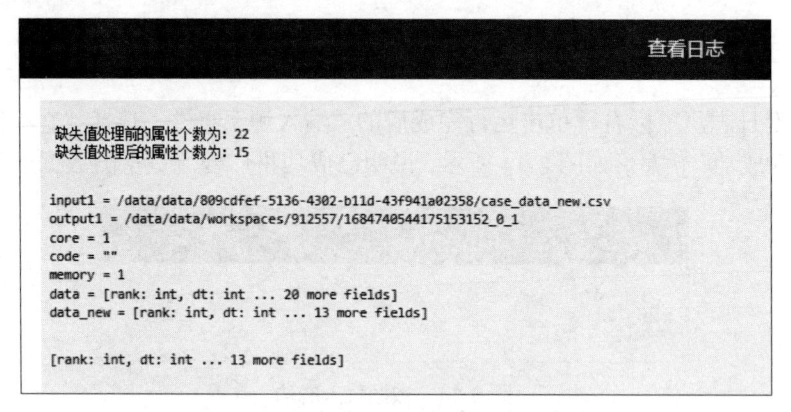

图 8-16　预览“缺失值处理”组件的日志

由“缺失值处理”组件的日志可以看到，缺失值处理前的字段个数为 22 个，处理后的字段个数为 15 个，已成功删除 7 个字段。

2．特征构建

基于处理好缺失值的数据，构建 N、N1、N2、N3 特征，步骤如下。

（1）拖曳“Spark 脚本”组件至画布中，连接“缺失值处理”组件和“Spark 脚本”组件。鼠标右键单击“Spark 脚本”组件，选择“重命名”并输入“特征构建”。

（2）配置“特征构建”组件。单击画布中的“特征构建”组件，构建 N、N1、N2、N3 特征，在“代码编辑”中填入本书配套资料中“特征构建.scala”文件中的内容，配置如图 8-17 所示；“运行参数”的“内存大小”中填入“32”，“核心数”中填入“32”，如图 8-18 所示。

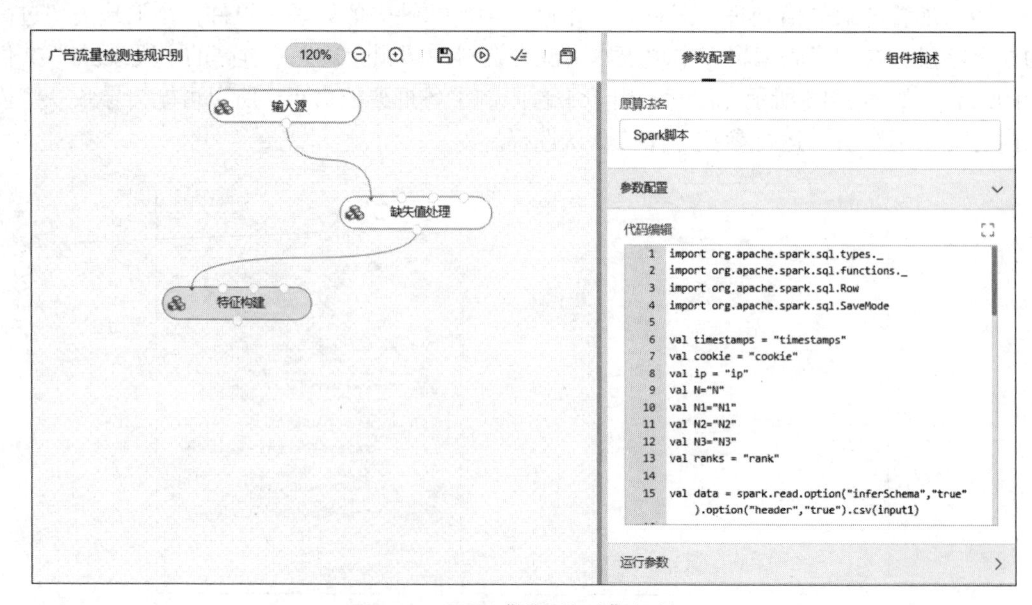

图 8-17　配置“特征构建”组件 1

图 8-18　配置“特征构建”组件 2

（3）预览数据。鼠标右键单击“特征构建”组件，选择“运行该节点”；运行完成后，鼠标右键单击该组件，选择“查看数据”。运行结果如图 8-19 所示。

预览数据

rank	N	N1	N2	N3
8098521	1	104	306	136
8101073	1	135	386	231
8102195	1	47	87	86
8114531	1	11	732	11
8121332	1	49	2694	149
8131976	1	123	6138	3172
8136761	1	168	629	539

图 8-19　预览“特征构建”组件的数据

由“特征构建”组件的日志可以看到，处理后的数据字段存在 N、N1、N2、N3 特征。

3. 数据合并

经过特征构建后的数据只存在 5 个字段，不包含 label 字段，label 字段存在于完整数据集中，因此需要将 4 个特征字段和 label 字段进行数据合并，步骤如下。

（1）拖曳“表连接”组件至画布中，连接“特征构建”组件、“缺失值处理”组件和“表连接”组件。

（2）配置“表连接”组件。鼠标右键单击画布中的“表连接”组件，在“字段设置”中，单击“左表特征”旁的 ⟳ 按钮后，勾选所有字段，如图 8-20 所示；单击“右表特征”旁的 ⟳ 按钮后，勾选“rank”“label”字段，“选择连接函数”选择“根据相同字段连接”。

在“根据相同字段连接参数设置”中，单击“连接主键”旁的 ⟳ 按钮后，勾选“rank”字段，“选择连接方式”选择“inner”，如图 8-21 所示；其余保持默认选择。

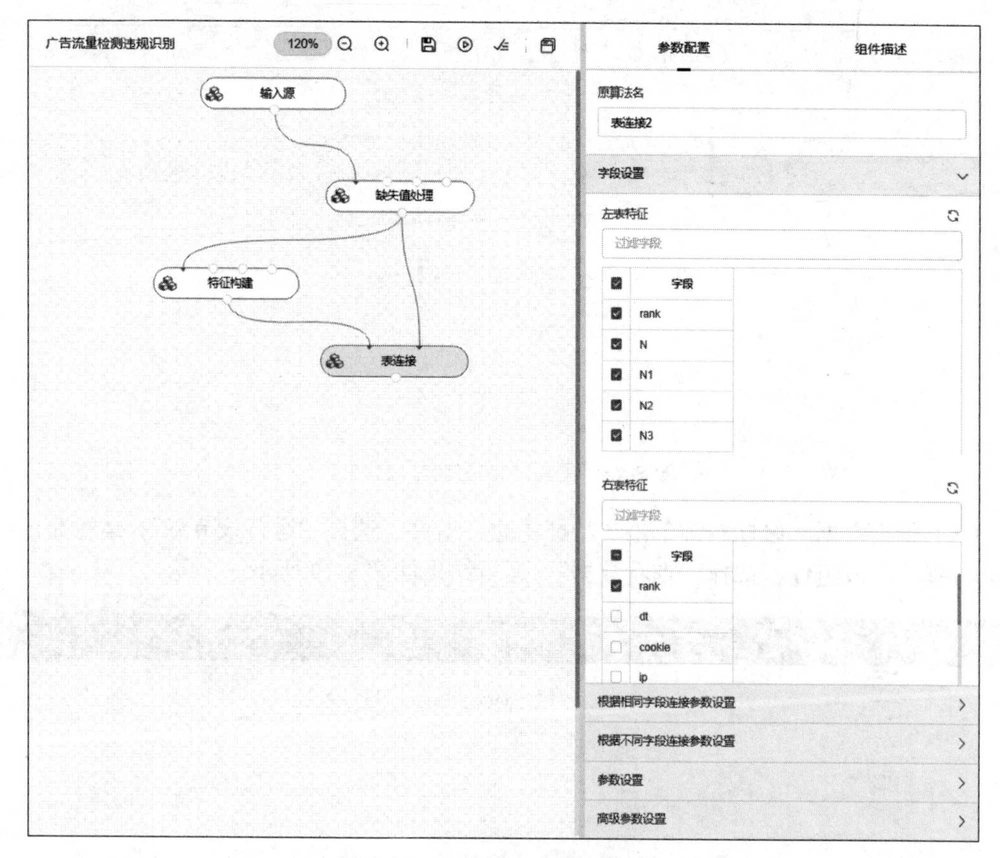

图 8-20　配置“表连接”组件 1

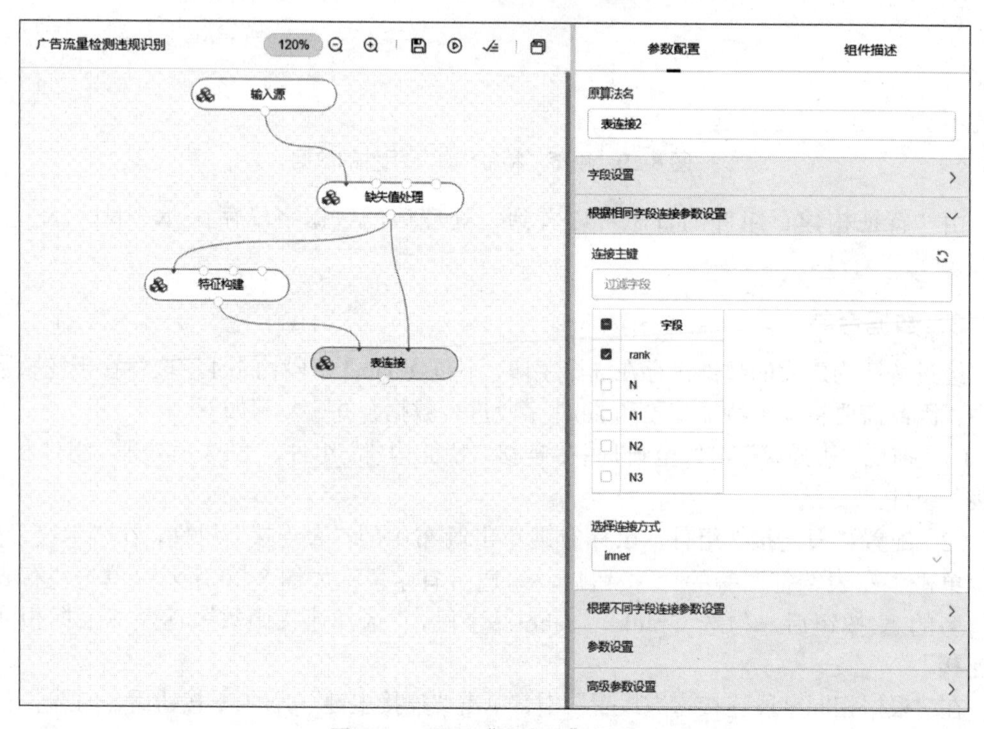

图 8-21　配置“表连接”组件 2

（3）预览数据。鼠标右键单击“表连接”组件，选择“运行该节点”；运行完成后，鼠标右键单击该组件，选择“查看数据”，其结果如图 8-22 所示。

预览数据

rank	N	N1	N2	N3	label
16339	3	60	526	503	1
16339	3	60	526	503	1
18498	1	1	13	1	0
18498	1	1	13	1	0
24347	1	36	1847	943	1
24347	1	36	1847	943	1
28146	1	41	1204	1166	1

图 8-22　预览“表连接”组件的数据

4. 数据标准化

如果特征之间的值存在很大的差异，那么可能会导致某一特征对模型的预测结果有着更大且不合理的影响，因此需要对特征数据进行标准化处理。由于特征数据之间的差值较大，因此将使用最小最大归一化方法进行处理，步骤如下。

（1）拖曳“数据标准化”组件至画布中，连接“表连接”组件和“数据标准化”组件。

（2）配置“数据标准化”组件。单击画布中的“数据标准化”组件，在“字段设置”中，单击“特征列”旁的 ↻ 按钮后，勾选“rank”以外的所有字段，如图 8-23 所示；在“参数设置”中，在“标准化方法”中选择“最大-最小规范化”，如图 8-24 所示；“运行参数”保持默认设置。

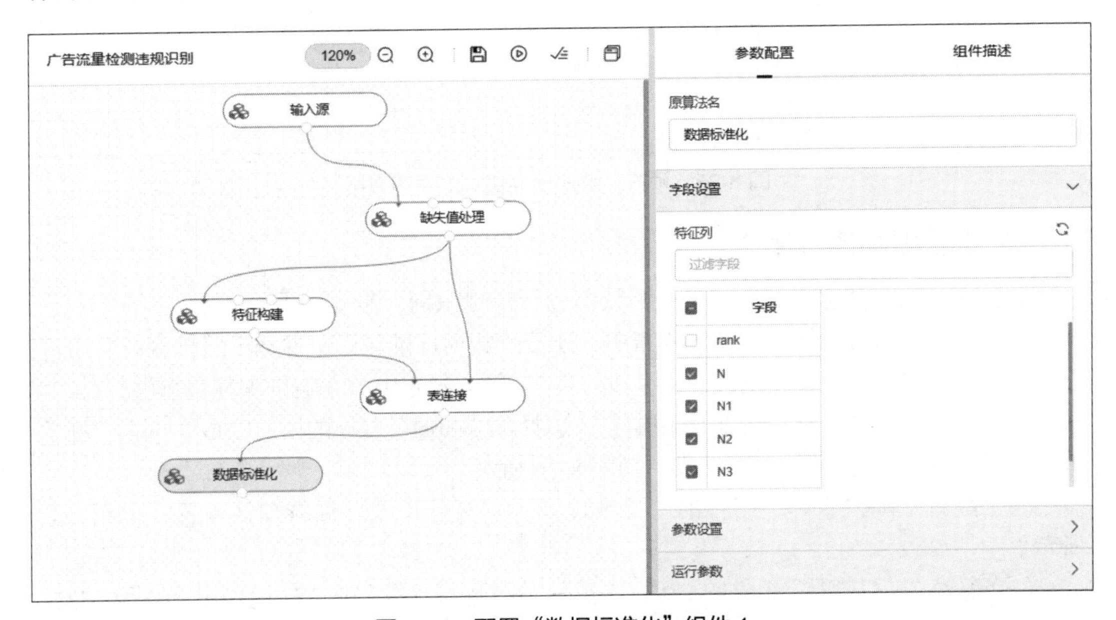

图 8-23　配置“数据标准化”组件 1

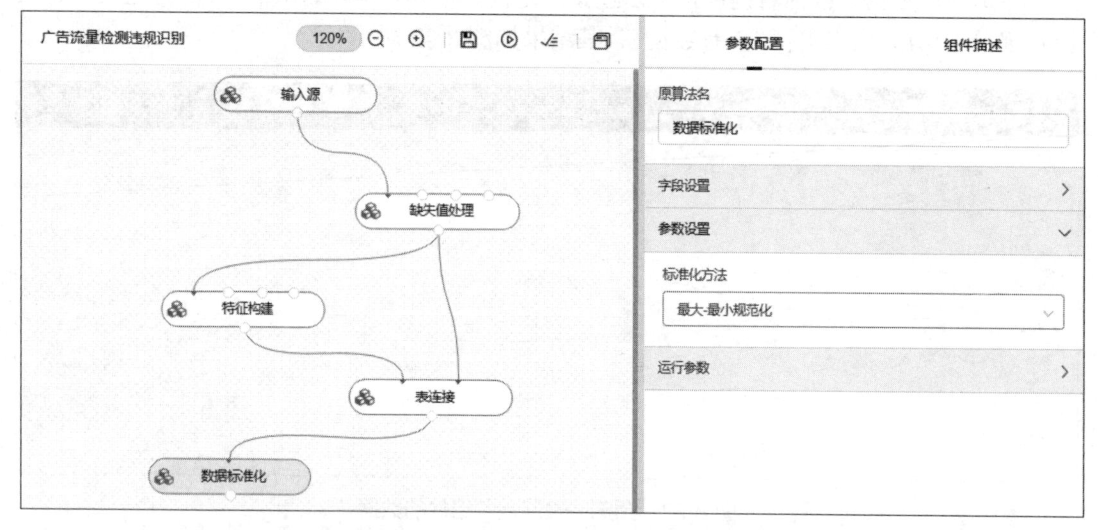

图 8-24　配置“数据标准化”组件 2

（3）预览数据。鼠标右键单击“数据标准化”组件，选择“运行该节点”；运行完成后，鼠标右键单击该组件，选择“查看数据”，其结果如图 8-25 所示。

预览数据

N	N1	N2	N3	label
0.003780718336483932	0.0625	0.06731632260546225	0.10015961691939346	1.0
0.003780718336483932	0.0625	0.06731632260546225	0.10015961691939346	1.0
0.0	0.0	0.0015386588024105655	0.0	0.0
0.0	0.0	0.0015386588024105655	0.0	0.0
0.0	0.037076271186440676	0.236697012437492	0.1879489225857941	1.0
0.0	0.037076271186440676	0.236697012437492	0.1879489225857941	1.0
0.0	0.0423728813559322	0.15425054494165918	0.23244213886671988	1.0

图 8-25　预览“数据标准化”组件的数据

（三）模型构建与评估

通过随机森林算法对广告流量检测数据进行违规识别，步骤如下。

（1）拖曳“随机森林”组件至画布中，连接“数据标准化”组件和“随机森林”组件。

（2）配置“随机森林”组件的“字段设置”。单击画布中的“随机森林”组件，在“字段设置”中，单击“特征”旁的 ⟳ 按钮后，选择除“label”以外的所有字段，单击“标签”旁的 ⟳ 按钮后，选择“label”字段，如图 8-26 所示。

（3）配置“随机森林”组件的“参数设置”。“参数设置”保持默认设置，如图 8-27 所示。

（4）配置“随机森林”组件的“运行参数”。在“运行参数”的“内存大小”中填入“32”，“核心数”中填入“32”，如图 8-28 所示。

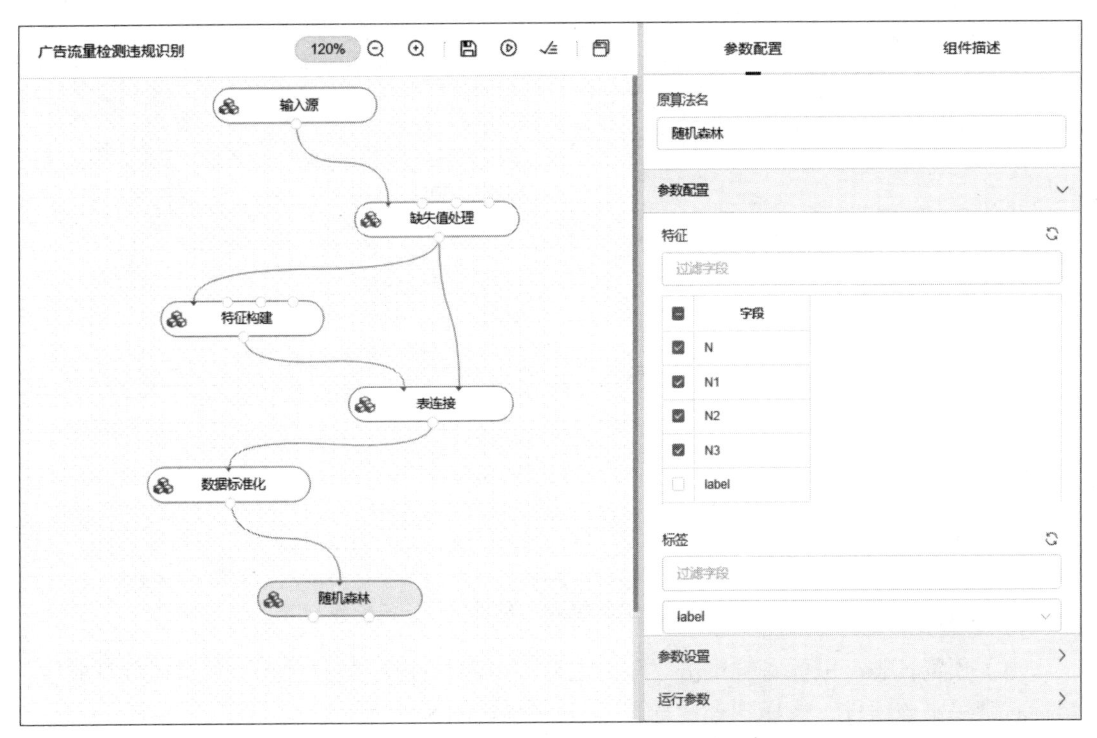

图 8-26 配置“随机森林”组件的“字段设置”

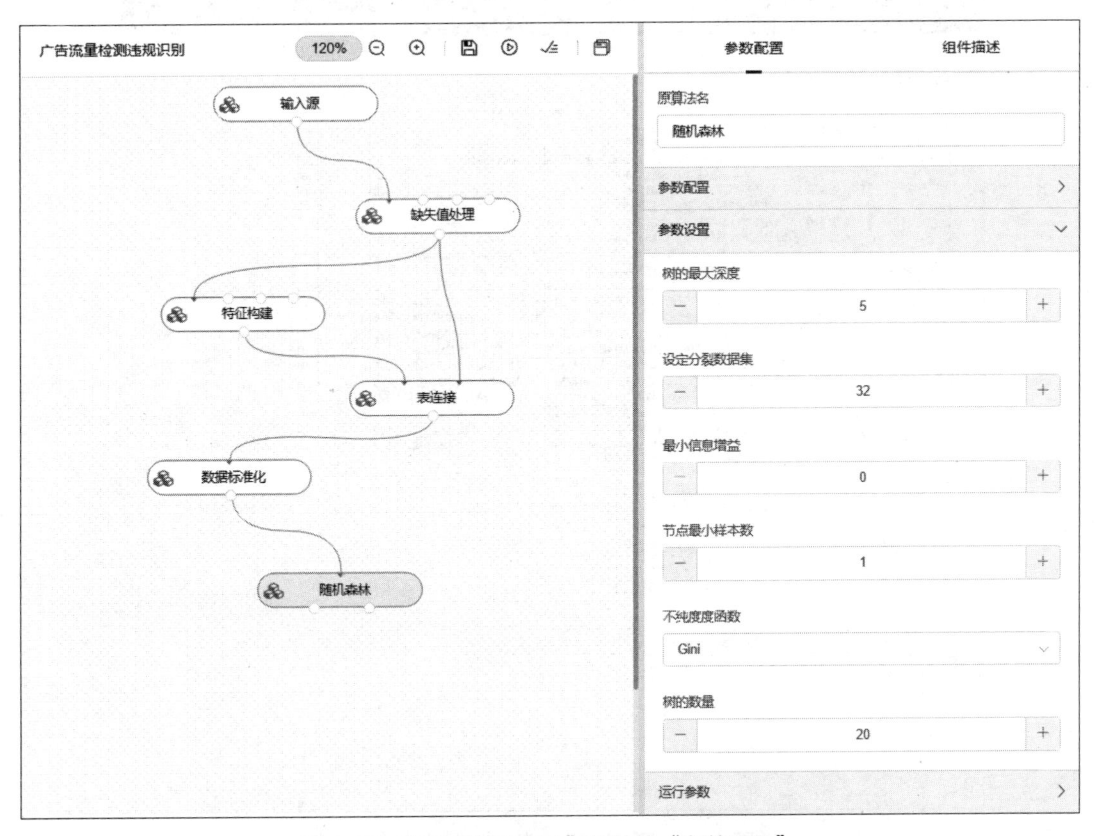

图 8-27 配置“随机森林”组件的“参数设置”

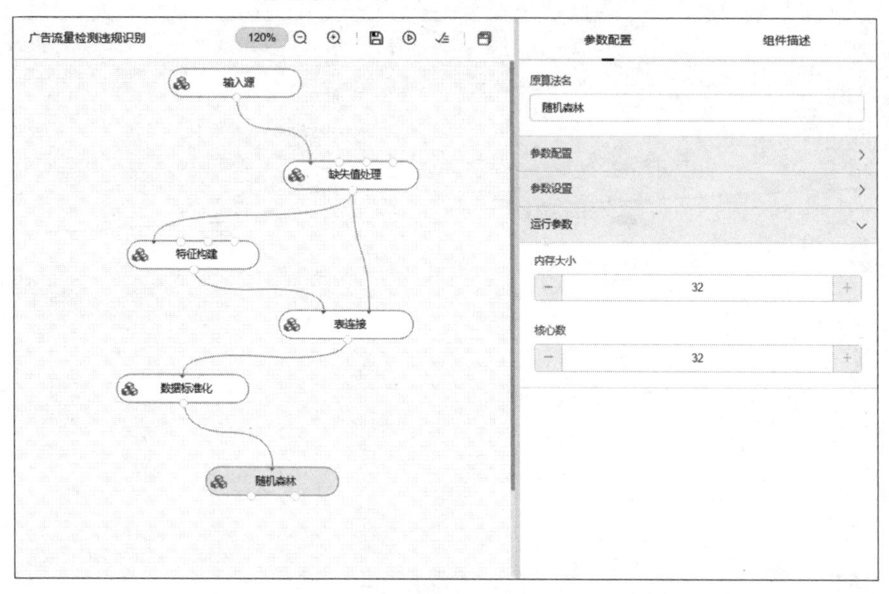

图 8-28 配置“随机森林”组件的“运行参数”

（5）预览日志。鼠标右键单击“随机森林”组件，选择“运行该节点”；运行完成后，鼠标右键单击该组件，选择“查看日志”，其结果如图 8-29 所示。

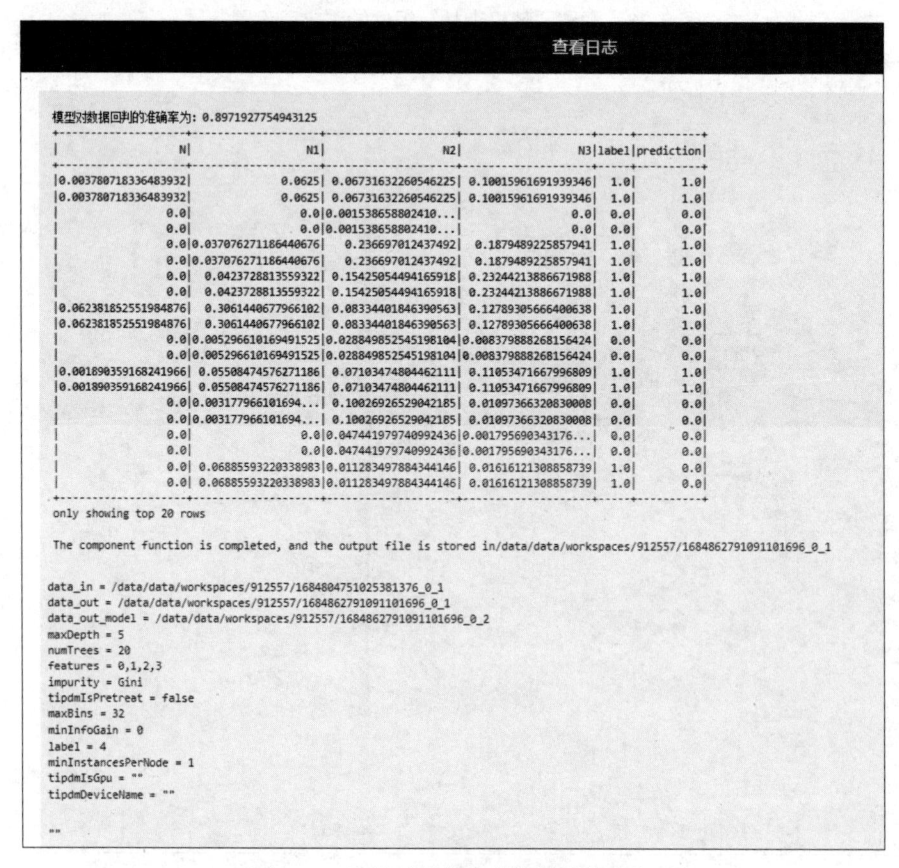

查看日志

```
模型对数据回判的准确率为: 0.8971927754943125
+--------------------+--------------------+--------------------+--------------------+-----+----------+
|                   N|                  N1|                  N2|                  N3|label|prediction|
+--------------------+--------------------+--------------------+--------------------+-----+----------+
|0.003780718336483932|              0.0625| 0.06731632260546225| 0.10015961691939346|  1.0|       1.0|
|0.003780718336483932|              0.0625| 0.06731632260546225| 0.10015961691939346|  1.0|       1.0|
|                 0.0|                 0.0|0.001538658802410...|                 0.0|  0.0|       0.0|
|                 0.0|                 0.0|0.001538658802410...|                 0.0|  0.0|       0.0|
|                 0.0|0.037076271186440676|   0.236697012437492|  0.1879489225857941|  1.0|       1.0|
|                 0.0|0.037076271186440676|   0.236697012437492|  0.1879489225857941|  1.0|       1.0|
|                 0.0|  0.0423728813559322| 0.15425054494165918| 0.23244213886671988|  1.0|       1.0|
|                 0.0|  0.0423728813559322| 0.15425054494165918| 0.23244213886671988|  1.0|       1.0|
| 0.06238185255198487|  0.3061440677966102| 0.08334401846390563| 0.12789305666400638|  1.0|       1.0|
| 0.06238185255198487|  0.3061440677966102| 0.08334401846390563| 0.12789305666400638|  1.0|       1.0|
|                 0.0|0.005296610169491525|0.028849852545198104|0.008379888268156424|  0.0|       0.0|
|                 0.0|0.005296610169491525|0.028849852545198104|0.008379888268156424|  0.0|       0.0|
|0.001890359168241966| 0.05508474576271186| 0.07103474804462111| 0.11053471667996809|  1.0|       1.0|
|0.001890359168241966| 0.05508474576271186| 0.07103474804462111| 0.11053471667996809|  1.0|       1.0|
|                 0.0|0.003177966101694...| 0.10026926529042185| 0.01097366320830008|  0.0|       0.0|
|                 0.0|0.003177966101694...| 0.10026926529042185| 0.01097366320830008|  0.0|       0.0|
|                 0.0|                 0.0|0.047441979740992436|0.001795690343176...|  0.0|       0.0|
|                 0.0|                 0.0|0.047441979740992436|0.001795690343176...|  0.0|       0.0|
|                 0.0| 0.06885593220338983|0.011283497884344146| 0.01616121308858739|  1.0|       0.0|
|                 0.0| 0.06885593220338983|0.011283497884344146| 0.01616121308858739|  1.0|       0.0|
+--------------------+--------------------+--------------------+--------------------+-----+----------+
only showing top 20 rows

The component function is completed, and the output file is stored in/data/data/workspaces/912557/1684862791091101696_0_1


data_in = /data/data/workspaces/912557/1684804751025381376_0_1
data_out = /data/data/workspaces/912557/1684862791091101696_0_1
data_out_model = /data/data/workspaces/912557/1684862791091101696_0_2
maxDepth = 5
numTrees = 20
features = 0,1,2,3
impurity = Gini
tipdmIsPretreat = false
maxBins = 32
minInfoGain = 0
label = 4
minInstancesPerNode = 1
tipdmIsGpu = ""
tipdmDeviceName = ""


""
```

图 8-29 预览“随机森林”组件的日志

“数据回判”是对已经分类或归类的数据再次验证或复核的过程，该过程旨在评估分类模型的准确性或判断分类结果的可靠性。由图 8-29 可知，使用随机森林算法构建的模型对数据回判的准确率约为 89.72%，随机森林模型的分类效果较为理想。由于随机森林是一种基于集成学习的算法，在构建每棵决策树时会进行随机特征选择和随机样本选择。因此，构建不同的决策树，最终的模型结构和性能可能会有所不同，模型评估的准确率会存在一些细微差别。

【项目总结】

本项目简单介绍了如何在 TipDM 大数据挖掘建模平台上构建广告流量检测违规识别工程，从数据源配置开始，再到使用随机森林构建模型，向读者展示平台流程化的思维，加深读者对数据分析流程的理解。

参考文献

[1] 张军,张良均,余明辉,等.Hadoop 大数据开发基础(微课版)[M].2版.北京:人民邮电出版社,2021.

[2] 肖芳,张良均,张天俊,等.Spark 大数据技术与应用(微课版)[M].2版.北京:人民邮电出版社,2022.

[3] 曾文权,张良均,黄红梅,等.Python数据分析与应用(微课版)[M].2版.北京:人民邮电出版社,2021.

[4] 王哲,张良均,李国辉,等.Hadoop 与大数据挖掘[M].2版.北京:机械工业出版社,2022.

[5] 马静,娜仁.网络时代下的广告播发平台——智能广告系统[J].数字传媒研究,2019,36(8):4-7.